教材+教案+授课资源+考试系统+题库+教学辅助案例

一站式IT系统就业应用教程

网页设计与制作（HTML+CSS）（第2版）

黑马程序员◎编著

中国铁道出版社有限公司
CHINA RAILWAY PUBLISHING HOUSE CO., LTD.

内 容 简 介

HTML 与 CSS 是网页制作技术的核心和基础，也是每个网页制作者必须要掌握的基本知识，两者在网页设计中不可或缺。本书从初学者的角度，以实用的案例、通俗易懂的语言详细介绍了使用 HTML 与 CSS（包括 HTML5 和 CSS3）进行网页设计与制作的各方面内容和技巧。

全书共 11 章。第 1～3 章主要讲解 HTML 与 CSS 的基础知识，包括 Web 基本概念、HTML 与 CSS 简介、Dreamweaver 工具的使用、HTML 文本与图像标签、CSS 选择器、CSS 文本样式属性、CSS 的继承性/优先级；第 4～9 章分别讲解盒子模型、列表与超链接、表格与表单、标签的浮动与定位、音频与视频的嵌入、过渡、变形、动画等，它们是学习网页制作的核心；第 10 章主要讲解 CSS 的高级技巧、布局与常见的兼容性，掌握这些实用的技巧，可以使初学者在制作网页时得心应手；第 11 章为实战开发，结合前面学习的基础知识，带领初学者开发一个电商网站的首页。

本书附有配套视频、源代码、习题、教学课件等资源，为了帮助初学者更好地学习本书讲解的内容，还提供在线答疑，希望得到更多读者的关注。

图书在版编目（CIP）数据

网页设计与制作：HTML+CSS/黑马程序员编著. —2 版. —北京：中国铁道出版社有限公司，2021.9（2024.7 重印）
“十四五”应用技术型人才培养规划教材
ISBN 978-7-113-28296-7

Ⅰ.①网… Ⅱ.①黑… Ⅲ.①超文本标记语言-程序设计-高等学校-教材②网页制作工具-高等学校-教材 Ⅳ.①TP312.8②TP393.092.2

中国版本图书馆 CIP 数据核字（2021）第 166259 号

书　　名：网页设计与制作（HTML+CSS）
作　　者：黑马程序员

策　　划：翟玉峰　　　　编辑部电话：（010）51873135
责任编辑：翟玉峰　徐盼欣
封面设计：王　哲
封面制作：刘　颖
责任校对：苗　丹
责任印制：樊启鹏

出版发行：中国铁道出版社有限公司（100054，北京市西城区右安门西街 8 号）
网　　址：https://www.tdpress.com/51eds/
印　　刷：三河市国英印务有限公司
版　　次：2014 年 8 月第 1 版　2021 年 9 月第 2 版　2024 年 7 月第 6 次印刷
开　　本：787 mm×1 092 mm 1/16　印张：22　字数：520 千
印　　数：35 001～41 000 册
书　　号：ISBN 978-7-113-28296-7
定　　价：56.00 元

序

本书的创作公司——江苏传智播客教育科技股份有限公司（简称“传智教育”）作为我国第一个实现 A 股 IPO 上市的教育企业，是一家培养高精尖数字化专业人才的公司，主要培养人工智能、大数据、智能制造、软件开发、区块链、数据分析、网络营销、新媒体等领域的人才。传智教育自成立以来贯彻国家科技发展战略，讲授的内容涵盖了各种前沿技术，已向我国高科技企业输送数十万名技术人员，为企业数字化转型、升级提供了强有力的人才支撑。

传智教育的教师团队由一批来自互联网企业或研究机构，且拥有 10 年以上开发经验的 IT 从业人员组成，他们负责研究、开发教学模式和课程内容。传智教育具有完善的课程研发体系，一直走在整个行业的前列，在行业内树立了良好的口碑。传智教育在教育领域有两个子品牌：黑马程序员和院校邦。

一、黑马程序员——高端IT教育品牌

黑马程序员的学员多为大学毕业后想从事 IT 行业，但各方面的条件还达不到岗位要求的年轻人。黑马程序员的学员筛选制度非常严格，包括了严格的品德测试、技术测试、自学能力测试、性格测试、压力测试等。严格的筛选制度确保了学员质量，可在一定程度上降低企业的用人风险。

自黑马程序员成立以来，教学研发团队一直致力于打造精品课程资源，不断在产、学、研三个层面创新自己的执教理念与教学方针，并集中黑马程序员的优势力量，有针对性地出版了计算机系列教材百余种，制作教学视频数百套，发表各类技术文章数千篇。

二、院校邦——院校服务品牌

院校邦以“协万千院校育人、助天下英才圆梦”为核心理念，立足于中国职业教育改革，为高校提供健全的校企合作解决方案，通过原创教材、高校教辅平台、师资培训、院校公开课、实习实训、协同育人、专业共建、“传智杯”大赛等，形成了系统的高校合作模式。院校邦旨在帮助高校深化教学改革，实现高校人才培养与企业发展的合作共赢。

1. 为学生提供的配套服务

（1） 请同学们登录“传智高校学习平台”，免费获取海量学习资源。该平台可以帮助同学们解决各类学习问题。

（2） 针对学习过程中存在的压力过大等问题，院校邦为同学们量身打造了 IT 学习小助手——邦小苑，可为同学们提供教材配套学习资源。同学们快来关注“邦小苑”微信公众号。

2. 为教师提供的配套服务

（1） 院校邦为其所有教材精心设计了“教案+授课资源+考试系统+题库+教学辅助案例”的系列教学资源。教师可登录“传智高校教辅平台”免费使用。

（2） 针对教学过程中存在的授课压力过大等问题，教师可添加“码大牛”QQ（2770814393），或者添加“码大牛”微信（18910502673），获取最新的教学辅助资源。

黑马程序员

前言

HTML与CSS是网页制作技术的核心和基础，也是每个网页制作者必须要掌握的基本知识，两者在网页设计中不可或缺。本书从初学者的角度，以实用的案例、通俗易懂的语言详细介绍了使用HTML与CSS进行网页设计与制作的各方面内容和技巧。

本书是在第一版《网页设计与制作（HTML+CSS）》的基础上修订而成。关于本书的修订工作说明如下：

（1）增加了HTML5部分基础标签和CSS3新属性的讲解和应用。

（2）增加了网页视听技术的应用，主要包括音频、视频的嵌入和动画效果。

（3）全面审核并修改第一版中的不妥之处，并替换了原书中较为陈旧的案例和图片。

为什么学习本书

在互联网技术高速发展和激烈竞争的大背景下，HTML5和CSS3技术一直受到各方的高度重视。市面上也有许多关于HTML5和CSS3技术的图书。但大多数图书知识的讲解生涩难懂，不注重实践练习。其实作为一种技术的入门教程，最重要也最难的是要将一些非常复杂、难以理解的问题简单化，能够让读者轻松理解，并通过练习快速掌握。本书采用通俗易懂的语言对每个知识点进行深入的分析，并针对每个知识点精心设计相关案例，然后模拟这些知识点在实际工作中的运用，真正做到了由浅入深、由易到难，有助于读者快速入门。

如何使用本书

本书针对网页设计与制作的初学者，以理论+案例式的编写体例规划理论知识点，并用实际的操作展示学习过程，通过实际的操作让学生掌握项目中的技能点。

全书共分11章，下面分别对每章进行简单的介绍：

第1章主要介绍网页制作的基础知识。通过本章的学习，初学者可简单地认识网页，了解HTML与CSS语言，熟练地使用Dreamweaver工具创建一个简单的网页。

第2、3章为HTML入门与CSS入门，要求初学者掌握HTML5与CSS3语言的基本语法，熟悉常用的HTML文本标签、图像标签，能够熟练地使用CSS控制网页中的字体和文本外观样式。

第4~7章是学习网页制作的核心，分别讲解盒子模型、列表和超链接、表格和表单、网页布局。读者只有掌握好这部分内容，才能在以后的网页制作中随意地控制各种网页元素。

第8、9章主要讲解网页音频、视频、动画的制作技巧。掌握这部分内容能够让读者制作出更加绚丽的网页效果。

第10章主要讲解CSS高级技巧，包括CSS精灵技术、滑动门技术、margin负值设置压线效果。掌握这些实用的技巧，可以使初学者在制作网页时得心应手。

第11章为实战开发，结合前面学习的基础知识，带领读者开发一个电商网站首页。初学者应按照书中的思路和步骤动手实践，以更好地掌握开发一个网站项目的流程。

在上面所提到的11章中，第2~9章主要是针对HTML与CSS基础（包括HTML5和CSS3的新内容）进行的讲解，每一章的最后一个小节均为本章的阶段案例，在学习这些章节时，初学者可以通过阶段案例加深对本章知识点的理解。第10章比较特殊，是对CSS高级技巧和布局与常见的兼容性的介绍，主要通过案例的形式进行讲解，学习这个章节时，读者需要多思考，认真地分析书中的每个案例。

在学习过程中，读者一定要亲自实践书中的案例代码。如果不能完全理解书中所讲知识，读者可以登录博学谷平台，通过平台中的教学视频进行深入学习。学习完一个知识点后，要及时在博学谷平台上进行测试，以巩固学习内容。

另外，如果读者在理解知识点的过程中遇到困难，建议不要纠结于某个地方，可以先往后学习。通常来讲，通过逐步的学习，前面不懂和疑惑的知识也能够理解了。在学习本书时多动手实践是必要的，如果在实践的过程中遇到问题，建议多思考，理清思路，认真分析问题发生的原因，并在问题解决后总结出经验。

致谢

本书的编写和整理工作由传智播客教育科技有限公司高教产品研发部完成，主要参与人员有王哲、孟方思等，全体人员在近一年的编写过程中付出了很多辛勤的汗水，在此一并表示衷心的感谢。

意见反馈

尽管我们尽了最大的努力，但书中仍难免会有不妥之处，欢迎各界专家和读者朋友们来信给予宝贵意见，我们将不胜感激。您在阅读本书时，如发现任何问题或有不认同之处，可以通过电子邮件与我们取得联系。

请发送电子邮件至：itcast_book@vip.sina.com

黑马程序员

2021年5月

目录

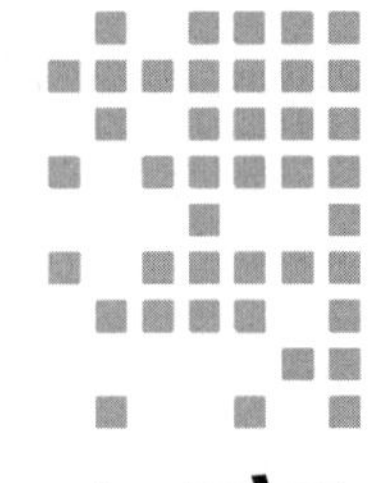

第1章 HTML和CSS网页制作概述

学习目标

- 了解网页，能够举例说明网页的构成和相关名词的含义。
- 熟悉网页制作的入门技术，能够归纳总结这些技术的特点。
- 了解网页的展示平台——浏览器，能够说出各主流浏览器的特点。
- 掌握 Dreamweaver 工具的使用，能够运用 Dreamweaver 工具搭建一个简单的网页。

在学习 HTML 和 CSS 之前，首先需要了解一些与网页制作相关的知识，为学习后面章节的内容夯实基础。本章将从网页概述、网页制作技术、网页展示平台以及网页代码编辑工具四个方面详细讲解网页制作的相关知识。

1.1 网页概述

说到网页，其实大家并不陌生，我们上网时浏览新闻、查询信息、看视频等都是在浏览网页。网页可以看作承载各种网站应用和信息的容器，所有可视化的内容都会通过网页展示给用户。然而，网页是由什么构成的？我们经常提及的 Web、网址又是什么？网页有哪些标准？本节将从网页的构成、网页相关名词、Web 标准三个方面详细讲解网页的相关知识。

1.1.1 网页的构成

我们想要制作网页，首先要了解网页的构成。网页看似复杂，但构成非常简单。下面我们以淘宝网首页为例，进行具体分析。我们可以在浏览器地址栏中输入淘宝网的地址，按“Enter”键，此时浏览器中显示的页面即为淘宝网的首页，如图 1–1 所示。

从图 1–1 可以看到，网页主要由文字、图像和超链接（超链接为单击可以跳转到其他页面的元素）等元素构成。当然除了这些元素，网页中还可以包含音频、视频以及动画等。

图1-1　淘宝网的首页

为了让初学者快速了解网页的构成，接下来我们查看一下网页的源代码。我们可以按“F12”键，谷歌浏览器中便会弹出当前网页的源代码。淘宝网首页源代码截图如图 1–2 所示。

```
Elements  Console  Sources  Network  Performance  Memory  Application  Security  Audits
<!DOCTYPE html>
<html lang="zh-CN" class="ks-webkit537 ks-webkit ks-chrome63 ks-chrome">
▶<head>…</head>
▼<body data-spm="jianhua" class="taobao"> == $0
  <a id="ariaTipText" role="pagedescription" aria-label="欢迎进入 淘宝网 - 淘! 我喜欢，    用户使用操作智能引导，请按快捷键Ctrl+Alt+R; 阅读详细操
  作说明请按快捷键Ctrl+Alt+问号键。" href="javascript:void(0)"></a>
  <script id="tb-beacon-aplus" src="//g.alicdn.com/alilog/mlog/aplus_v2.js" exparams=
  "category=&userid=&aplus&udpid=&&yunid=&&trid=7d274c971657518948149244 3e&asid=AQAAAABku8tiiiL0cwAAAAD1Y5YV2ytM0g=="></script>
 ▶<script>…</script>
 ▶<div class="cover J_Cover">…</div>
 ▶<div class="cup J_Cup search-fixed">…</div>
 ▶<div class="screen-outer clearfix">…</div>
 ▶<div class="layer clearfix">…</div>
 ▶<div class="layer">…</div>
 ▶<div class="layer">…</div>
 ▶<div class="layer">…</div>
 ▶<div class="tbh-corner J_Module" data-name="corner" data-bucket="A">…</div>
  <input id="J_TBBucket" data-version="0.0.33" class type="hidden" value data-container data-stop="1">
 ▶<script>…</script>
  <div class="J_Module tbh-inject tb-pass" data-name="injectBefore" data-bucket="A">

  </div>
  <script src="//g.alicdn.com/??kissy/k/6.2.4/seed-min.js,kg/global-util/1.0.7/index-min.js,secdev/sufei_data/3.8.7/index.js"
  crossorigin="anonymous"></script>
  <script>KISSY.use('kg/global-util/1.0.7/',{sync:true});</script>
 ▶<script>…</script>
  <script src="//g.alicdn.com/??universal/polyfill/0.0.2/p/index/index.js,mtb/lib-env/1.9.9/env.js,mtb/lib-mtop/2.5.1/mtop.js"
  crossorigin="anonymous"></script>
  <script src="//g.alicdn.com/code/npm/@ali/privacy-sdk/0.0.1/index.js" crossorigin="anonymous"></script>
  <script src="//g.alicdn.com/main-search/new-search-suggest/0.0.5/bundle.js" crossorigin="anonymous"></script>
  <script src="//g.alicdn.com/tbhome/tb-recommend/0.0.3/bundle.js" crossorigin="anonymous"></script>
  <script src="//g.alicdn.com/??kissy/k/6.2.4/event-custom-min.js,kissy/k/6.2.4/e…kg/datalazyload/6.0.10/index-min.js,kg/route-map-
  http/0.0.3/index.js" crossorigin="anonymous"></script>
  <script src="//g.alicdn.com/??tbhome/taobao-2021/0.0.33/index.js,kg/pattern/2.1.…/0.0.33/c/fixedtool/index.css.js,kg/pattern/2.1.3/
  lib/event-min.js" crossorigin="anonymous"></script>
  <script>KISSY.use('tbhome/taobao-2021/0.0.33/index');</script>
 ▶<script>…</script>
  <div class="J_Module tbh-inject tb-pass" data-name="injectAfter" data-bucket="A">
```

图1-2　淘宝网首页源代码截图

图 1–2 即为淘宝网首页的源代码截图，这是一个纯文本文件，仅包含一些特殊的符号和文本。我们浏览网页时看到的图片、视频等，正是这些特殊的符号和文本组成的代码被浏览器渲染之后的结果。

除了首页之外，淘宝网还包含多个子页面。例如，单击淘宝网首页的导航链接时，就会从首页跳转到其他子页面，如聚划算、天猫超市等。多个页面通过链接集合在一起就形成了网站，在网站中，网页与网页之间可以通过链接互相访问。

多学一招：认识静态网页和动态网页

网页有静态和动态之分。所谓静态网页是指用户无论何时何地访问，网页都会显示固定的信息，除非网页源代码被重新修改上传。静态网页更新不方便，但是访问速度快。而动态网页显示的内容则会随着用户操作和时间的不同而变化，这是因为动态网页可以和服务器数据库进行实时的数据交换。动态网站虽然更新方便，但由于和服务器进行数据交换，随着访问人数的增多，服务器负载就会不断增大，可能会出现访问速度变慢，甚至服务器崩溃等问题。

现在互联网上的大部分网站都是由静态网页和动态网页混合组成的。静态网页和动态网页各有特色，用户在开发网站时可根据需求酌情采用。本书讲解的 HTML 和 CSS 就是一种静态网页搭建技术。

1.1.2 网页相关名词

对于从事网页制作工作的人员来说，有必要了解一些与互联网相关的名词，例如常见的 internet、WWW、HTTP 等。

1. internet

internet 泛指互联网，是由一些使用公用语言互相通信的计算机连接而成的网络。简单地说，互联网就是将世界范围内不同国家、不同地区的众多计算机连接起来形成的网络平台。

互联网实现了全球信息资源的共享，形成了一个能够让用户共同参与、相互交流的互动平台。通过互联网，远在千里之外的朋友可以相互发送邮件、共同完成一项工作、共同娱乐。因此，互联网最大的成功之处并不在于技术层面，而在于对人类生活的影响。互联网的出现可以说是人类通信技术史上的一次革命。

2. WWW

WWW（World Wide Web，万维网）不是网络，也不代表 internet，它只是 internet 提供的一种服务——网页浏览服务。我们上网时通过浏览器阅读网页信息就是在使用 WWW 服务。WWW 是 internet 上最主要的服务，许多网络功能，如网上聊天、网上购物等，都基于 WWW 服务。

3. URL

URL（Uniform Resource Locator，统一资源定位符）其实就是 Web 地址，也称“网址”。在万维网上的所有文件（HTML、CSS、图片、音乐、视频等）都有唯一的 URL，用户只要知道文件的 URL，就能够对该文件进行访问。URL 可以是本地磁盘，也可以是局域网上的某一台计算机，还可以是 internet 上的站点。例如，“https://www.baidu.com”就是百度的 URL，如图 1-3 所示。

图1-3 百度的URL

4. DNS

DNS（Domain Name System，域名系统）是互联网的一项服务。在 internet 上域名与 IP 地址（可以理解为 internet 上计算机的一个编号）之间是一一对应的，域名（如淘宝网域名 taobao.com）虽然便于用户记忆，但计算机只能识别 IP 地址（如 100.4.5.6）。计算机将便于记忆的域名转换成 IP 的过程称为域名解析。DNS 就是进行域名解析的系统。

5. HTTP 和 HTTPS

HTTP（HyperText Transfer Protocol，超文本传输协议）是一种详细规定了浏览器和互联网服务器之间互相通信的规则。HTTP 是非常可靠的协议，具有强大的自检能力，所有用户请求的文件到达客户端时，都是准确无误的。

由于 HTTP 协议传输的数据都是未加密的，因此用户使用 HTTP 协议传输隐私信息不太安全。为了保证这些隐私数据能够安全传输，网景公司设计了 SSL（Secure Sockets Layer，安全套接字协议），该协议用于对 HTTP 协议传输的数据进行加密，从而就诞生了 HTTPS。

简单来说，HTTPS 协议是由 SSL+HTTP 协议构建的，可进行加密传输、身份认证的网络协议。因此 HTTPS 协议要比 HTTP 协议更安全。

6. Web

Web 本意是蜘蛛网和网。对于普通网络用户来说，Web 仅仅只是一种环境——互联网的使用环境。而对于网页制作者来说，Web 是一系列技术的复合总称，包括网站的前台布局、后台程序、界面架构、数据库开发等。

7. W3C 组织

W3C（World Wide Web Consortium，万维网联盟）是国际最著名的标准化组织。W3C 最重要的工作是制定和推广 Web 规范。自 1994 年成立以来，W3C 已经发布了 200 多项影响深远的 Web 技术标准及实施指南。例如，超文本标签语言（HTML）、可扩展标签语言（XML）等。这些规范有效地促进了 Web 技术的发展。

1.1.3 Web 标准

由于不同的浏览器对同一个网页文件解析出来的效果可能不一致，为了让用户能够看到正常显示的网页，网页制作者常常需要为兼容多个版本的浏览器而苦恼。当用户使用新的硬件（如移动电话）和软件（如微浏览器）浏览网页时，网页兼容问题会变得更加严重。为了 Web 更好地发展，在开发新的应用程序时，浏览器开发商和网页制作者共同遵守标准，就显得很重要，为此 W3C 与其他标准化组织共同制定了一系列的 Web 标准。Web 标准是一系列标准的集合，主要包括结构、表现和行为三个部分。

1. 结构

结构用于对网页中用到的信息进行分类与整理。在结构中用到的技术主要包括 HTML、XML 和 XHTML。

- HTML 是一种基础标签语言。HTML 语言设计的目的是创建结构化的文档并为这些结构化的文档提供语义。目前最新版本的超文本标签语言是 HTML5。

- XML 是一种可扩展标签语言。XML 语言设计目的是弥补 HTML 语言的不足，该语言具有强大的扩展性（如 XML 语言能够自定义标签），可用于数据的转换和描述。
- XHTML 是一种可扩展超文本标签语言。XHTML 语言是在 HTML4.0 的基础上，用 XML 语言的规则对其进行扩展建立起来的。XHTML 语言的设计目的是实现 HTML 语言向 XML 语言的过渡。目前 XHTML 语言已逐渐被 HTML5 所取代。

图 1-4 是网页焦点轮播图的结构，该结构使用 HTML 搭建，四张图片按照从上到下的次序罗列，没有任何布局样式。

图1-4　网页焦点轮播图的结构

2. 表现

表现是指网页展示给访问者的外在样式，一般包括网页的版式、颜色、字体大小等。在网页制作中，通常使用 CSS 来设置网页的样式。

CSS 标准建立的目的是以 CSS 为基础进行网页布局，控制网页的样式。图 1-5 是网页焦点轮播图加入 CSS 样式后的效果，此时轮播图只显示第一张图片，剩余的图片被隐藏。

图1-5　网页焦点轮播图加入CSS样式后的效果

在制作网页时，我们可以使用 CSS 对文字、图片、模块背景和模块布局进行相应的设置，后期如果需要更改样式只需要调整 CSS 代码即可。

3. 行为

行为是指网页模型的定义及交互效果的实现，包括 ECMAScript、BOM、DOM 三个部分，具体介绍如下：

- ECMAScript：是 JavaScript 的核心，由 ECMA（European Computer Manufacturers Association）国际联合浏览器厂商制定。ECMAScript 规定了 JavaScript 的语法规则和核心内容，是所有浏览器厂商共同遵守的一套 JavaScript 语法标准。
- BOM：即浏览器对象模型。通过 BOM 可以操作浏览器窗口。例如，对话框弹出、导航跳转等。
- DOM：即文档对象模型。DOM 允许程序和脚本动态地访问和更新文档的内容、结构和样式。网页设计者通过 DOM 即可对页面中的各种元素进行操作。例如，设置元素的大小、颜色、位置等。

图 1-6 是网页焦点轮播图加入 JavaScript 脚本代码后的效果截图。每隔一段时间，焦点图就会自动切换。当用户将光标移上按钮时，焦点图会显示和该按钮对应的图片。用户将光标移开后，焦点图又会按照默认的设置自动轮播，这就是网页的一种行为。

图1-6 网页焦点轮播图加入JavaScript脚本代码后的效果截图

1.2 网页制作技术

HTML 和 CSS 是制作网页的基础技术，也是本书学习的重点，要想学好这两门技术，首先需要对它们有一个整体的认识。本节将通过 HTML 和 CSS 详细讲解网页制作技术。

1.2.1 HTML 简介

HTML（HyperText Markup Language，超文本标签语言）通过标签描述网页中的文本、图像、声音等内容。HTML 提供了许多标签，如段落标签、标题标签、超链接标签、图像标签等，网页中需要定义什么内容，就用相应的 HTML 标签描述即可。

HTML 之所以称为超文本标签语言，不仅是因为它通过标签描述网页内容，同时也由于文本中包含了超链接。超链接可以将网页以及各种网页元素链接起来，构成丰富多彩的网站。下面，通过一段网页的源代码截图来简单地认识 HTML，具体如图 1-7 所示。

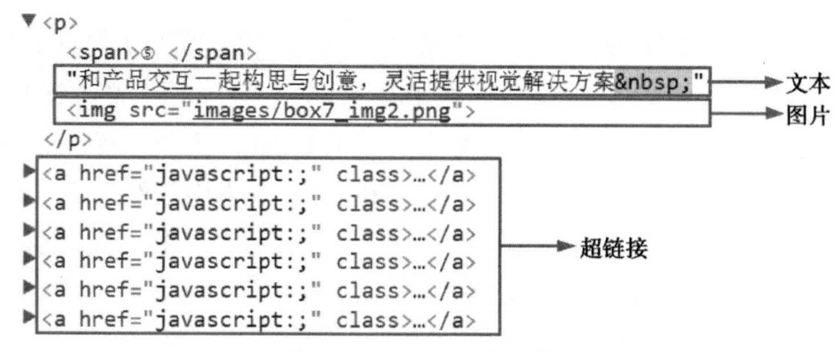

图1-7　网页的源代码截图

通过图 1-7 可以看出，网页中的文本、图片、超链接都会被图中带有“< >”的符号嵌套。这些符号就是 HTML 标签，用于描述网页内容。

作为一种描述网页内容的语言，HTML 的历史可以追溯到 20 世纪 90 年代初期。1989 年 HTML 首次应用到网页设计后，便迅速崛起成为网页设计主流语言。到了 1993 年，HTML 首次以因特网草案的形式发布，众多不同的 HTML 版本开始在全球陆续使用，这些初具雏形的版本可以看作 HTML 第一版。在后续的十几年中，HTML 飞速发展，从 2.0 版（1995 年）、3.2 版（1997 年）到 4.0 版（1997 年），再到 1999 年的 4.01 版，HTML 功能得到了极大的提升。与此同时，W3C 也掌握了对 HTML 的控制权。

由于 HTML4.01 版本相对于 4.0 版本没有什么本质差别，只是提高了对浏览器的兼容性并删减了一些过时的标签，业界普遍认为 HTML 已经到了发展的瓶颈期，对 Web 标准的研究也开始转向了 XML 和 XHTML。但是，此时有较多的网站仍然是使用 HTML 制作的。其中一部分人成立了 WHATWG（网页超文本应用技术工作小组）组织，致力于 HTML 的研究。

2006 年，W3C 重新介入 HTML 的研究，并于 2008 年发布了 HTML5 的工作草案。由于 HTML5 具备较强的解决实际问题的能力（支持跨平台、可以快速迭代等），因此得到各大浏览器厂商的支持，HTML5 的规范也得到了持续的完善。2014 年 10 月底，W3C 宣布 HTML5 正式定稿，网页进入了 HTML5 开发的新时代。本书所讲解的 HTML 语言将采用 HTML5 版本。

1.2.2　CSS 简介

CSS 也称 CSS 样式或层叠样式表，主要用于设置 HTML 页面中的文本内容（字体、大小、对齐方式等）、图片外观（宽高、边框样式、边距等）以及版面的布局等外观显示样式。

CSS 以 HTML 为基础，提供了丰富的功能，如字体、颜色、背景的控制及整体排版等，而且 CSS 还可以针对不同的浏览器设置不同的样式。如图 1-8 所示，图中文字的颜色、粗体、背景、行间距和左右两列的排版等，都可以通过 CSS 来控制。

图1-8　使用CSS设置不同的文字样式

CSS 的发展历史不像 HTML 那样曲折。1996 年 12 月，W3C 发布了第一个有关样式的标准 CSS1，随后 CSS 不断更新和强化自己的功能，在 1998 年 5 月发布了 CSS2。CSS 的最新版本 CSS3 于 1999 年开始制定，在 2001 年 5 月 23 日 W3C 完成了 CSS3 的工作草案。CSS3 的语法是建立在 CSS 原始版本基础上的，因此旧版本的 CSS 属性在 CSS3 版本中依然适用。

在新版本的 CSS3 中增加了很多新样式，例如圆角效果、块阴影与文字阴影、使用 RGBA 实现透明效果、渐变效果、使用@Font-Face 实现定制字体、多背景图、文字或图像的变形处理（旋转、缩放、倾斜、移动）等，这些新属性将会在后面的章节中逐一讲解。

CSS 非常灵活，既可以嵌入在 HTML 文档中，也可以是一个单独的外部文件。如果是独立的 CSS 文件，则必须以“.css”为扩展名。如图 1-9 所示的代码片段，CSS 采用的是内嵌方式，虽然与 HTML 在同一个文件中，但 CSS 集中写在 HTML 文档的头部，也是符合结构与表现相分离的。

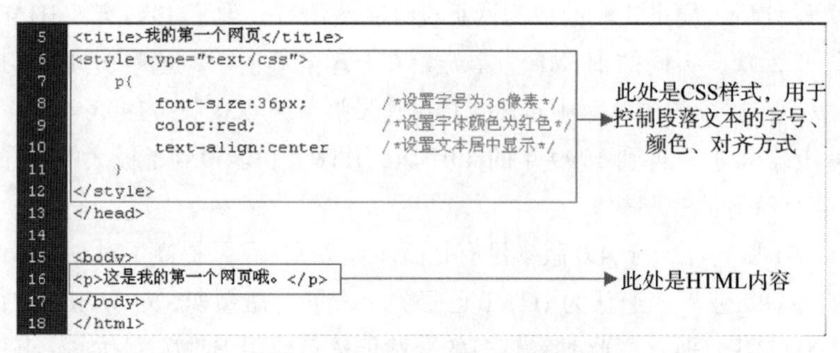

图1-9 HTML和CSS代码片段

如今大多数网页都是遵循结构与表现相分离这一标准开发的，即用 HTML 编写网页结构和内容，而相关版面布局、文本和图片的显示样式都使用 CSS 控制。HTML 与 CSS 的关系就像人的身体与衣服，通过更改 CSS 样式，可以轻松控制网页的表现样式。

1.3 网页展示平台

浏览器是网页展示的平台，只有经过浏览器渲染，网页才能将美丽的效果呈现给用户。浏览器的种类有很多，例如 IE 浏览器、火狐浏览器、谷歌浏览器、Edge 浏览器、Safari 浏览器和 Opera 浏览器等，如图 1-10 所示。

图1-10 常见的浏览器

但对于一般的网站而言，只要兼容 IE 浏览器、火狐浏览器和谷歌浏览器，即可满足绝大多数用户的需求。下面将对三种浏览器进行详细讲解。

（1）IE 浏览器

IE 浏览器（Internet Explorer）由微软公司推出，直接绑定在 Windows 操作系统中，无须下载安装。IE 浏览器有 6.0、7.0、8.0、9.0、10.0 等版本，目前最新的版本是 11.0。但是由于各种原因，一些用户仍然在使用低版本的 IE 浏览器。例如，IE8、IE9 等。所以我们在制作网页时，也要考虑低版本浏览器的兼容问题。

说起 IE 浏览器就不得不提到 Edge 浏览器。Edge 浏览器同样由微软公司推出。2015 年 3 月微软公司放弃 IE 浏览器，转而在 Windows 10 系统上内置 Edge 浏览器作为替代品。Edge 浏览器拥有比 IE 浏览器优化程度更高的代码结构，因此 Edge 浏览器的速度更快。现在的网页兼容调试也更倾向于 Edge。

（2）火狐浏览器

火狐浏览器（Mozilla Firefox，简称 Firefox）是 Mozilla 公司旗下的一款浏览器。火狐浏览器是一个自由并开源的网页浏览器，其可开发程度很高。任何一个具有编程知识的人都可以为火狐浏览器编写代码，增加一些个性化功能，因此火狐浏览器受到许多用户的青睐。在不少媒体和用户的口中，火狐浏览器一度成为优秀浏览器的代名词。

（3）谷歌浏览器

谷歌浏览器（Chrome）是由 Google 公司开发的网页浏览器。谷歌浏览器基于其他开放原始码软件所撰写，极大地提升了浏览器的稳定性、安全性和响应速度。

谷歌浏览器虽然没有国产浏览器内置的功能丰富，但是依靠简约的界面、极快的响应速度、优秀的屏蔽广告功能，谷歌浏览器深受广大用户青睐。图 1-11 是 2021 年 1 月，百度统计国内浏览器的市场份额，其中谷歌浏览器占据国内市场份额高达 22.49%，在浏览器市场具有绝对的优势。

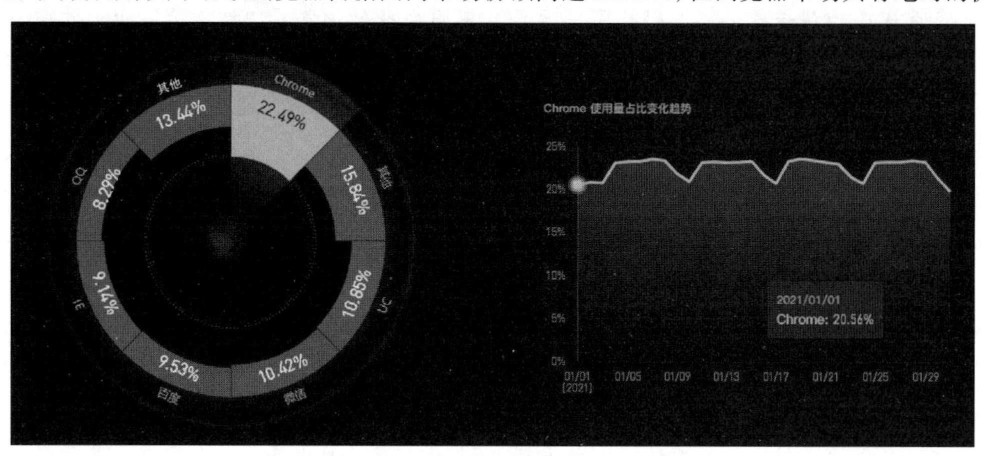

图1-11　百度统计国内浏览器的市场份额

由于谷歌浏览器应用非常广泛，因此绝大部分网页制作人员都将谷歌浏览器作为网页制作的调试工具。本书涉及的案例将全部在谷歌浏览器中运行演示。

在谷歌浏览器中调试网页代码也非常简单，打开谷歌浏览器（以谷歌浏览器 80.0.3987.87

版本为例），按“F12”键，即可打开调试面板，如图 1-12 所示。

```
Elements   Console   Sources   Network   Performance   Memory   Application   Security   Lighthouse
<!DOCTYPE html>
<html lang="zh" dir="ltr" class="inited">
  <!-- Copyright 2015 The Chromium Authors. All rights reserved.
       Use of this source code is governed by a BSD-style license that can be
       found in the LICENSE file. -->
 ▶<head>…</head>
…▼<body class="light-chip win" style="--logo-color:rgba(238,238,238,1); background: rgb(255, 255, 255);"> == $0
    <div id="custom-bg" style="opacity: 0;"></div>
    <div id="custom-bg-preview"></div>
    <!-- Container for the OneGoogleBar HTML. -->
    <div id="one-google" class="show-element"></div>
   ▶<div id="ntp-contents">…</div>
   ▶<dialog div id="edit-bg-dialog">…</dialog>
   ▶<dialog id="ddlsd">…</dialog>
   ▶<dialog id="bg-sel-menu" class="customize-dialog">…</dialog>
   ▶<dialog id="customization-menu" class="customize-dialog">…</dialog>
```

图1-12　调试面板

在图 1-12 所示的调试面板中，我们可以查看网页的内容结构和临时显示样式。单击“”按钮后，将光标悬浮在网页中的某个模块，即可查看该模块的网页代码。图 1-13 所示为谷歌 Logo 模块的代码。

图1-13　谷歌Logo模块的代码

多学一招：认识浏览器内核

不同浏览器之间最根本的差异就在于浏览器的内核。什么是浏览器的内核呢？浏览器内核也被称为“渲染引擎”，是浏览器最核心的部分，主要负责渲染网页（渲染网页可以简单理解为将网页代码进行“翻译”，使其显示为图文效果）。在渲染网页的过程中，浏览器内核决定了浏览器如何显示网页的内容以及页面的布局。不同的浏览器内核对网页代码的解释也不同，因此同一网页在不同内核的浏览器中渲染（显示）效果也可能不同。目前常见的浏览器内核有 Trident、Gecko、Webkit、Presto、Blink 五种，具体介绍如下：

① Trident 内核：代表浏览器是 IE 浏览器，因此 Trident 内核又称 IE 内核。Trident 内核只能用于 Windows 平台，并且该内核不是开源的。

② Gecko 内核：代表浏览器是火狐浏览器。Gecko 内核是开源的，最大优势是可以跨平台。

③ Webkit 内核：代表浏览器是 Safari 浏览器（即苹果设备的内置浏览器）以及老版本的谷歌浏览器，是开源的项目。

④ Presto 内核：代表浏览器是 Opera 浏览器（欧朋浏览器）。Presto 内核是世界公认最快的渲染速度的引擎，但其缺点就是为了提升响应速度而丢掉了一部分网页兼容性。在 2013 年之后，Opera 宣布加入谷歌阵营，弃用了 Presto 内核。

⑤ Blink 内核：由谷歌和 Opera 共同开发，于 2013 年 4 月发布。现在谷歌浏览器的内核是 Blink。

在国内的一些浏览器大多采用双内核，例如 360 浏览器、猎豹浏览器采用 Trident（兼容模式）+Webkit（高速模式）。目前最新版本的 Edge 浏览器也采用 Blink 内核。

1.4　网页代码编辑工具

为了方便网页制作，我们通常会选择一些较便捷的网页代码编辑工具。例如，Hbuilder、sublime、VS Code、Dreamweaver 等。其中前面列举的三种软件，更偏向于 Web 开发，而 Dreamweaver 工具则依靠其可视化的网页制作模式，极大地降低了网站建设的难度，使得不同技术水平的设计师，都能搭建出美观的页面。本节将简单介绍 Dreamweaver 工具的使用，并利用该工具创建本书第一个网页。

1.4.1　Dreamweaver 操作界面

本书使用的版本是 Adobe Dreamweaver CS6，关于软件的安装可以直接按照安装提示操作即可。下面重点介绍运行 Dreamweaver 软件后的各种操作界面。

双击运行桌面上的 Dreamweaver 软件图标，进入软件欢迎界面。这里建议用户依次选择菜单栏中的“窗口”→“工作区布局”→“经典”选项，将软件界面设置为经典布局，如图 1-14 所示。

图1-14　软件界面设置为经典布局

选择菜单栏中的“文件”→“新建”选项，会打开“新建文档”对话框，如图 1-15 所示。在“文档类型”下拉列表框中选择“HTML5”，单击“创建”按钮，即可创建一个空白的 HTML5

文档，如图 1-16 所示。

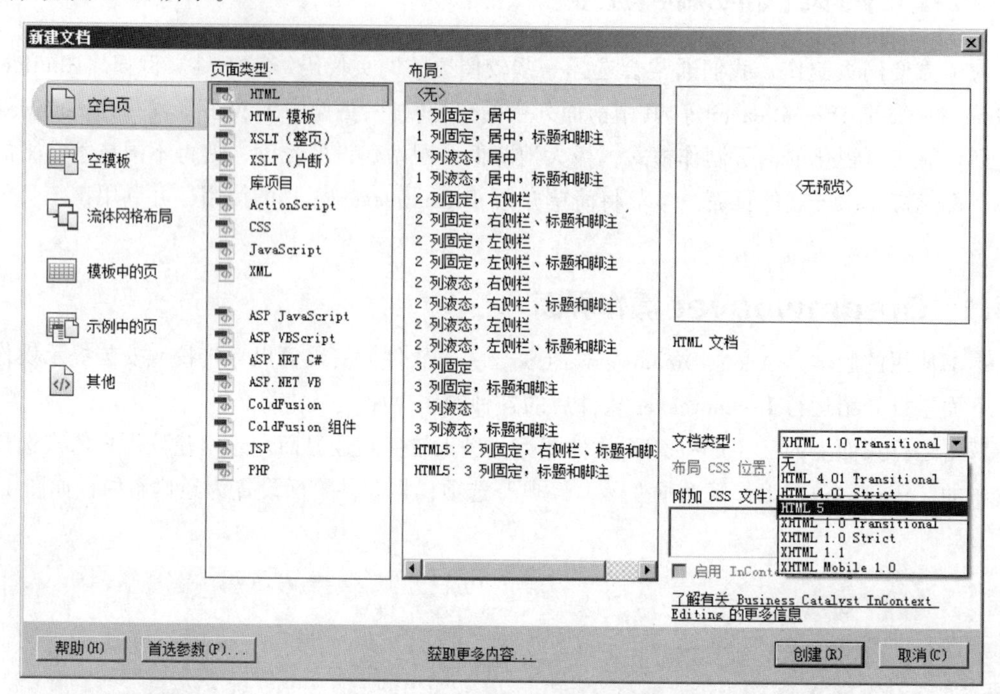

图1-15 “新建文档”对话框

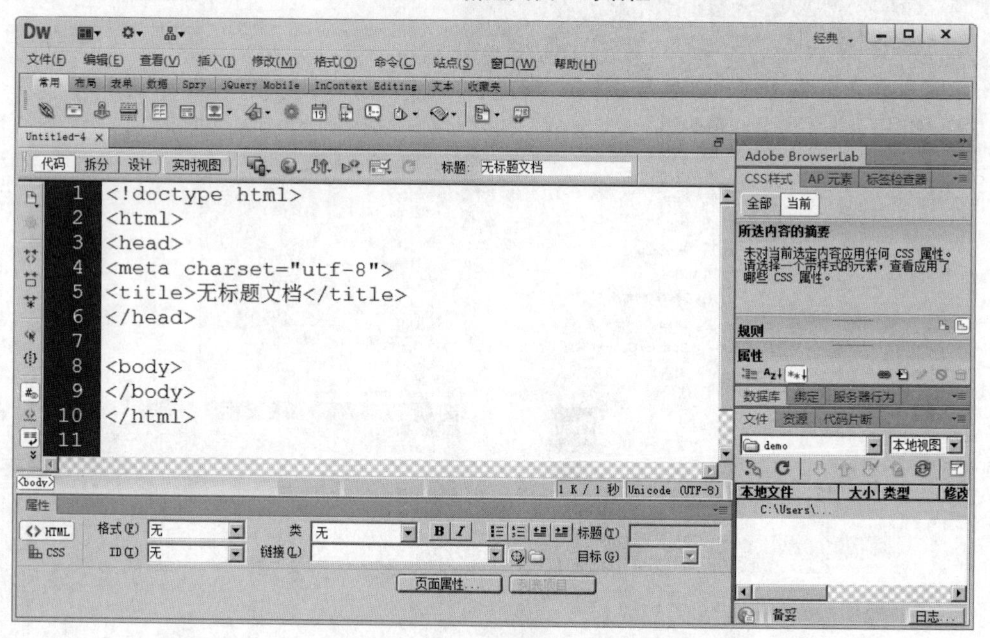

图1-16 空白的HTML5文档

用户如果是初次安装使用 Dreamweaver 工具，创建空白 HTML 文档时可能会出现图 1-17 所示的空白界面，此时单击“代码”按钮即可出现图 1-16 所示的界面效果。

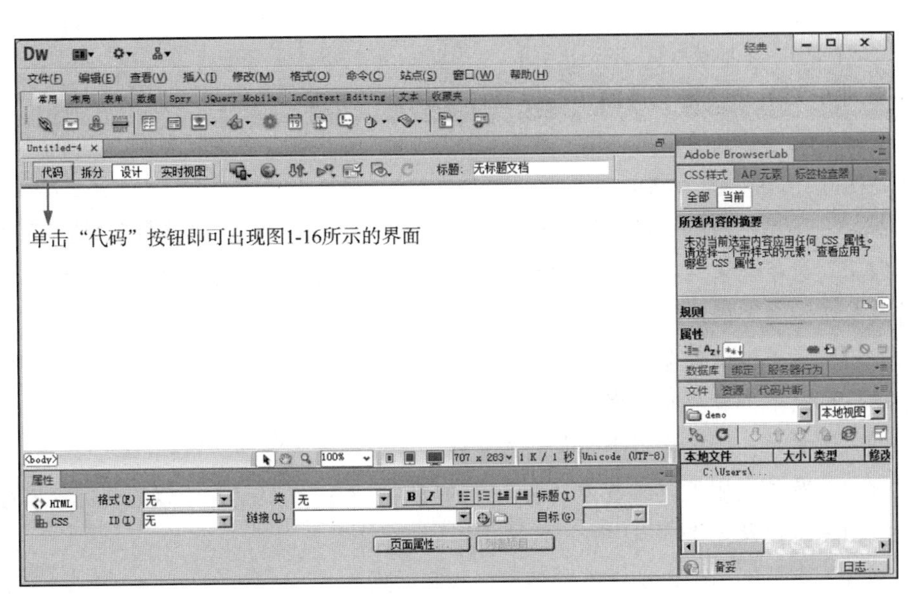

图1-17　空白界面

Dreamweaver初始窗口主要由六个模块组成，包括菜单栏、插入栏、文档工具栏、文档编辑界面、属性面板和常用面板，如图1-18所示。

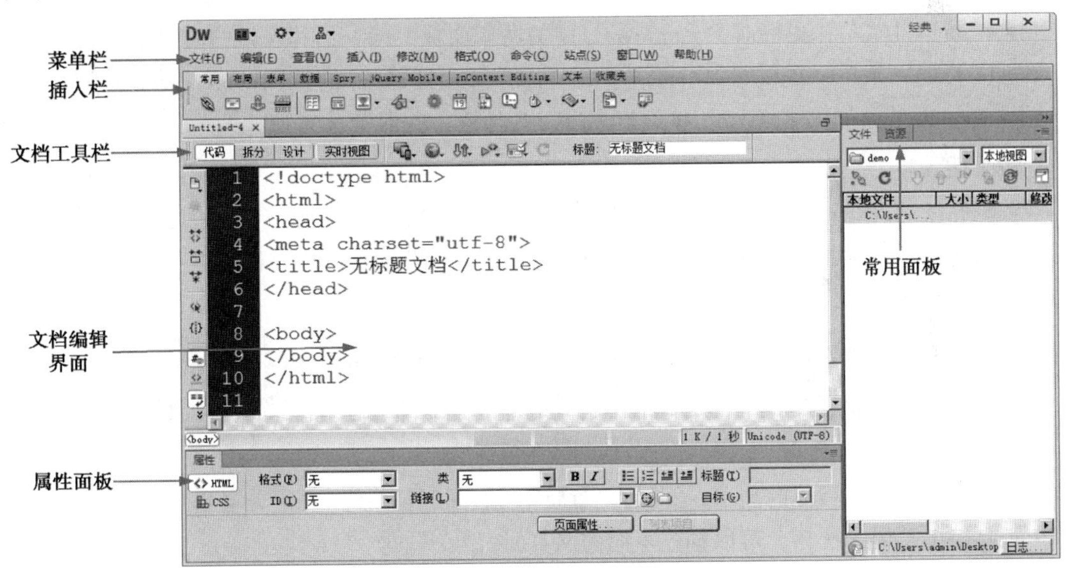

图1-18　Dreamweaver初始窗口

下面，将对图1-18中的每个模块进行详细讲解，具体如下：

（1）菜单栏

菜单栏由各种菜单命令构成，包括文件、编辑、查看、插入、修改、格式、命令、站点、窗口、帮助10个菜单项，如图1-19所示。

文件(F)	编辑(E)	查看(V)	插入(I)	修改(M)	格式(O)	命令(C)	站点(S)	窗口(W)	帮助(H)

图1-19　菜单栏

对图 1-19 所示的各菜单选项介绍如下：

- “文件”菜单：包含文件操作的标准菜单选项。例如，“新建”“打开”“保存”等。“文件”菜单还包括其他选项，用于查看当前文档或对当前文档执行操作。例如，“在浏览器中预览”“多屏预览”等。
- “编辑”菜单：包含文件编辑的标准菜单选项。例如，“剪切”“拷贝”“粘贴”等。此外“编辑”菜单还包括选择和查找选项，并且提供软件快捷键编辑器、标签库编辑器以及首选参数编辑器的访问。
- “查看”菜单：用于选择文档的视图方式。例如，设计视图、代码视图等。此外“查看”菜单还可以用于显示或隐藏不同类型的页面元素和工具。
- “插入”菜单：用于将各个对象插入文档。例如，插入图像、Flash 等。
- “修改”菜单：用于更改选定页面元素的属性。使用此菜单，可以编辑标签属性，更改表格和表格元素，并且为库和模板执行不同的操作。
- “格式”菜单：用于设置文本的各种格式和样式。
- “命令”菜单：提供对各种命令的访问。例如，设置代码格式、优化图像、排序表格等。
- “站点”菜单：包括站点操作的各个菜单选项，这些菜单选项可用于创建、打开和编辑站点，以及管理当前站点中的文件。
- “窗口”菜单：提供对 Dreamweaver 中的所有面板、检查器和窗口的访问。
- “帮助”菜单：提供对 Dreamweaver 帮助文档的访问，包括 Dreamweaver 使用帮助，Dreamweaver 的支持系统、扩展管理以及各种语言的参考材料等。

（2）插入栏

我们在使用 Dreamweaver 建设网站时，对于一些经常使用的标签，可以直接单击插入栏里的相关按钮来插入标签。这些按钮一般都和菜单中的命令相对应。插入栏集成了多种网页元素，包括超链接、图像、表格、多媒体等，如图 1-20 所示。

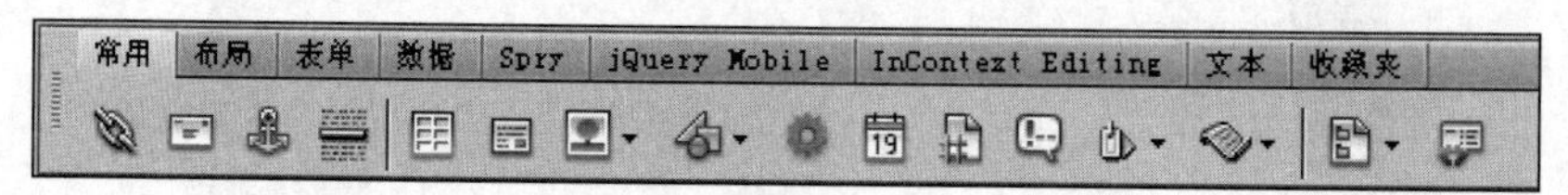

图1-20 插入栏

单击插入栏上方相应的选项，例如，“布局”“表单”等，插入栏下方会出现不同的工具组。单击工具组中不同的按钮，可以创建不同的网页元素。

（3）文档工具栏

文档工具栏提供了各种“文档”视图界面。例如，代码、拆分、设计等。文档工具栏还提供了各种查看选项和一些常用操作，如图 1-21 所示。

图1-21 文档工具栏

下面，介绍文档工具栏中的几个常用的功能按钮，具体如下：

- 代码 “显示代码视图”：单击“代码”按钮，文档编辑界面中将只保留代码视图，关闭设计视图。
- 拆分 “显示代码和设计视图”：单击“拆分”按钮，文档编辑界面中将同时显示代码视图和设计视图，两个视图中间以一条竖线分隔，拖动间隔线可以改变两个视图区域所占的比例。
- 设计 “显示设计视图”：单击“设计”按钮，文档编辑界面会关闭代码视图只保留设计视图。
- 标题：无标题文档 “标题”：此处可以修改文档的标题，也就是修改源代码头部<title>标签中的内容，默认标题内容为“无标题文档”。
- “在浏览器中预览/调试”：单击该按钮可选择浏览器对网页进行预览或调试。
- “刷新”：在“代码”视图中进行更改后，单击该按钮可刷新设计视图中的显示效果。

在 Dreamweaver 工具中，文档工具栏是可以隐藏的，选择“查看”→“工具栏”→“文档”选项，当“文档”为勾选状态时（见图 1-22），显示文档工具栏，取消勾选状态则会隐藏文档工具栏。

图1-22　“文档”为勾选状态

（4）文档编辑界面

文档编辑界面是 Dreamweaver 最常用到的区域之一，此处会显示所有打开的文档。单击文档工具栏里的“代码”“拆分”“设计”“实时视图”按钮可变换区域的显示状态。例如，图 1-23 所示为“拆分”状态下的文档编辑界面显示状态，左方是代码区，右方是视图区。

图1-23　“拆分”状态下的区域显示状态

（5）属性面板

属性面板主要用于设置文档编辑界面中选中元素的参数。在 Dreamweaver 中允许用户在属性面板中直接对元素的属性进行修改。选中的元素不同，属性面板中内容也不一样。图 1-24 和图 1-25 分别为表格的属性面板和图像的属性面板。

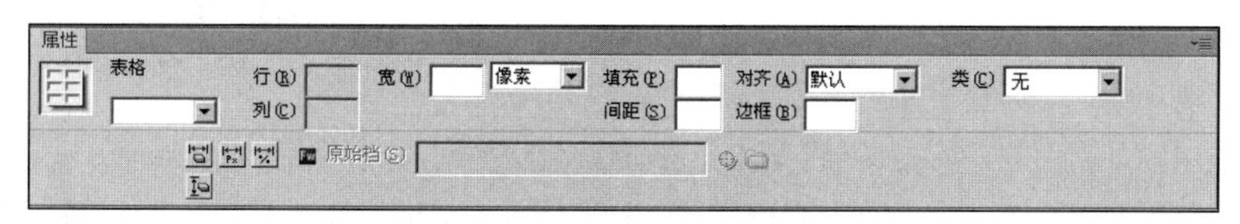

图1-24　表格的属性面板

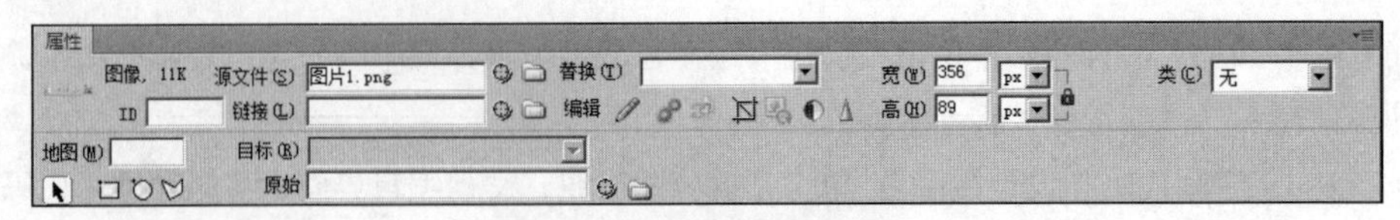

图1-25 图像的属性面板

在两个属性面板右上角均有“▾≡”按钮，单击可以打开对应的选项菜单。如果不小心关闭了对应的属性面板，可以从菜单栏中选择“窗口”→“属性”选项重新打开，也可以按“Ctrl+F3”组合键直接调出属性面板。

（6）常用面板

常用面板中集合了网站编辑与建设过程中的一些常用工具。用户可以根据需要自定义该区域的功能面板，通过这样的方式既能够很容易地使用所需面板，又不会使工作区域变得混乱。用户可以通过“窗口”菜单选择打开需要的功能面板，并且将光标置于面板名称栏上（方框标示位置），拖动这些面板，可使它们浮动在界面上，图 1-26 所示即为文件面板浮动在代码区域上面。

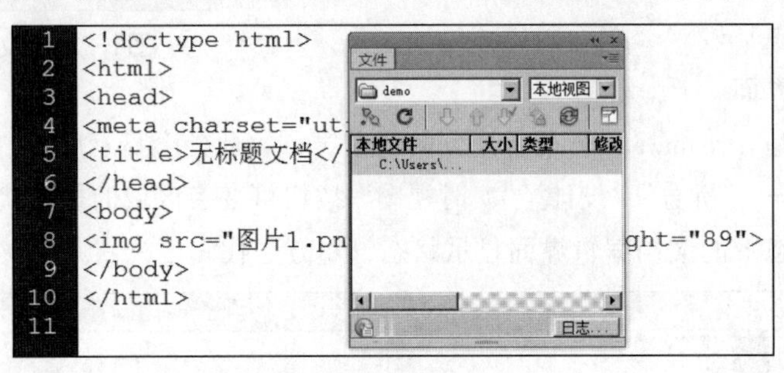

图1-26 常用面板

1.4.2 Dreamweaver 初始化设置

在使用 Dreamweaver 时，我们为了操作更方便，通常都会做一些初始化设置。Dreamweaver 工具的初始化设置通常包含以下几个方面。

（1）设置工作区布局

打开 Dreamweaver 工具界面，选择菜单栏里的“窗口”→“工作区布局”→“经典”选项。

（2）添加必备面板

设置为“经典”模式后，需要调出常用的三部分面板，分别为“插入”面板、“文件”面板、“属性”面板，这些面板均可以通过“窗口”菜单打开，如图 1-27 所示。

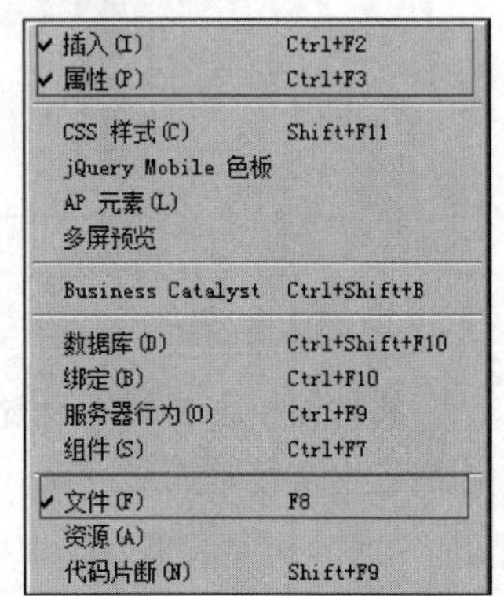

图1-27 “窗口”菜单

（3）设置新建文档

选择“编辑→首选参数”选项（或按“Ctrl+U”组合键），即可打开“首选参数”对话框，如图 1-28 所示。

选中左侧分类中的“新建文档”选项，右侧就会切换到对应的参数设置界面。我们可以选取目前最常用的 HTML 文档类型和编码类型（只需设置方框标识选项即可）进行设置。设置好新建文档的首选参数后，我们再次新建 HTML 文档时，Dreamweaver 就会按照默认设置直接生成所需要的代码。

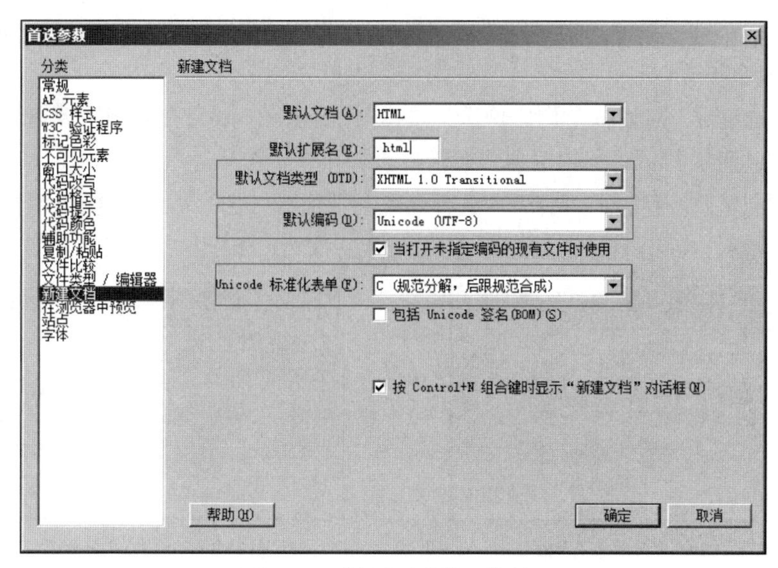

图1-28　“首选参数”对话框

注意：

在“默认文档类型”选项中，Dreamweaver CS6 默认文档类型为 XHTML1.0，使用者可根据实际需要更改为 HTML5 文档类型。

（4）设置代码提示

Dreamweaver 拥有强大的代码提示功能，可以提高书写代码的速度。在“首选参数”对话框中可以设置代码提示。我们选择左侧“代码提示”，然后选中右侧“结束标签”选项中的第二项，单击“确定”按钮，如图 1-29 所示，即可完成代码提示设置。

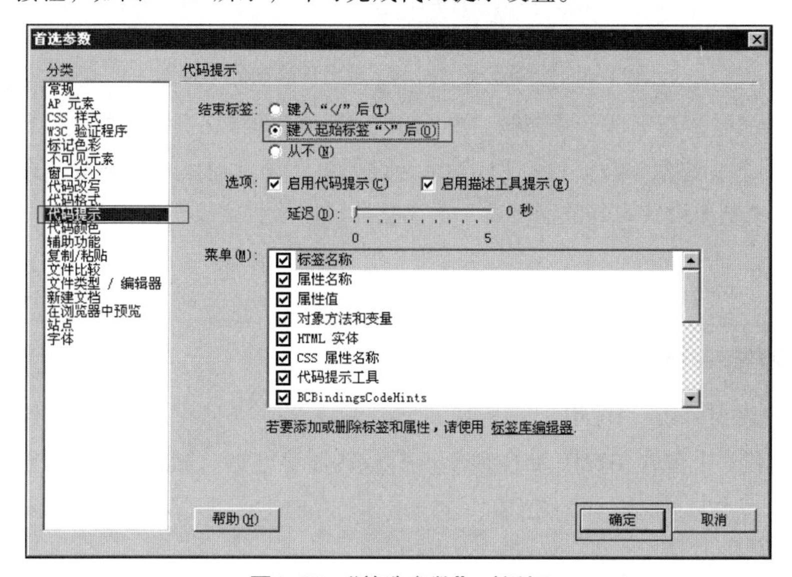

图1-29　“首选参数”对话框

（5）浏览器设置

Dreamweaver 可以关联浏览器，以便对编辑的网站页面进行预览。在 Dreamweaver 中关联浏览器包含以下几个步骤。

① 在“首选参数”对话框左侧区域选择“在浏览器中预览”，在右侧区域单击“+”按钮，即可打开图 1-30 所示的“添加浏览器”对话框。

② 单击“浏览”按钮，即可打开“选择浏览器”面板，选中需要添加的浏览器，单击“打开”按钮，Dreamweaver 会自动添加“名称”“应用程序”，如图 1-31 所示。

图1-30 “添加浏览器”对话框

图1-31 添加“名称”“应用程序”

③ 单击图 1-31 中的“确定”按钮，完成浏览器的添加。此时在“浏览器”显示区域会出现添加的浏览器，如图 1-32 所示。

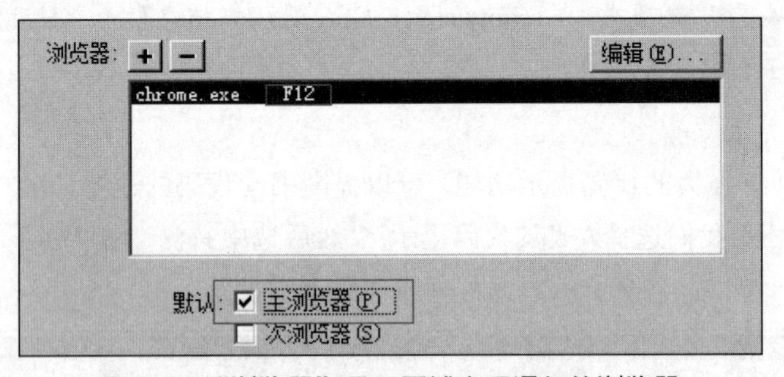

图1-32 “浏览器”显示区域出现添加的浏览器

如果我们勾选“主浏览器”复选框，按“F12”快捷键即可在浏览器中快速预览网页。如果勾选“次浏览器”复选框，按“Ctrl+F12”组合键即可在浏览器中快速预览网页。本书建议将 Dreamweaver 主浏览器设置为谷歌浏览器，次浏览器可以根据需要选择。

注意：

Dreamweaver“设计”视图中的网页显示效果只能作为参考，最终以浏览器中的显示效果为准。

1.4.3 创建第一个网页

前面我们已经对网页、HTML、CSS 以及 Dreamweaver 工具有了一定的了解，下面将使用 Dreamweaver 创建一个包含 HTML 结构和 CSS 样式的简单网页，加深读者的理解。创建网页的具体步骤如下：

1. 编写 HTML 代码

（1）打开 Dreamweaver，新建一个 HTML5 文档。切换到“代码”视图，此时在文档窗口中会出现 Dreamweaver 默认代码，如图 1-33 所示。

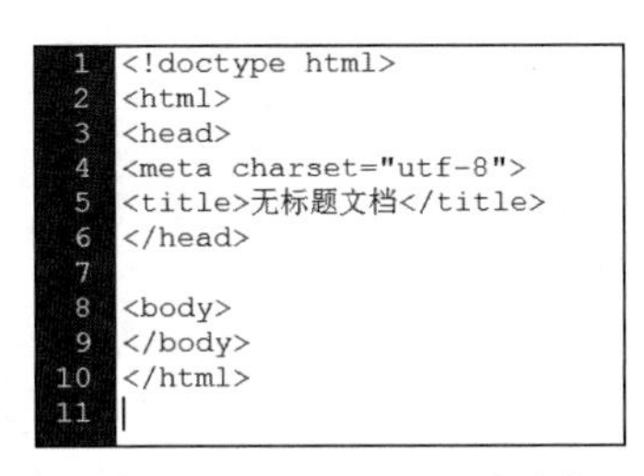

图1-33　Dreamweaver默认代码

（2）在第 5 行代码<title>和</title>标签之间，输入 HTML 文档的标题“我的第一个网页”。

（3）在<body>与</body>标签之间添加网页的主体内容，将下面的 HTML 代码复制到<body>与</body>标签之间。

```
<p>这是我的第一个网页哦。</p>
```

（4）在菜单栏中选择“文件”→“保存”选项，保存文件。在弹出的“另存为”对话框中选择文件的保存路径，并输入文件名保存文件。例如，本书将文件命名为 example01.html，保存在“chapter01”文件夹中，如图 1-34 所示。

图1-34　“另存为”对话框

（5）在浏览器中打开 example01.html，网页效果如图 1-35 所示。

图1-35　网页效果

由于我们仅在网页中使用了段落标签<p>，所以浏览器窗口中只显示一个段落文本。

2. 编写 CSS 代码

（1）在<head>与</head>标签中添加 CSS 样式，CSS 样式需要写在<style></style>标签内，可以将下面的代码复制到<head>与</head>标签中。

```
<style type="text/css">
  p{
```

```
        font-size:36px;        /*设置字号为36px*/
        color:red;             /*设置字体颜色为红色*/
        text-align:center;    /*设置文本居中显示*/
    }
</style>
```

上述代码，通过 CSS 设置了段落文本的字号、颜色和对齐属性，使段落文本显示为 36 像素、红色、居中的样式。“/* */”是 CSS 注释符，浏览器不会解析“/* */”中的内容，注释主要是用于告知初学者代码的含义。此时网页的代码结构如图 1-36 所示。

```
1  <!doctype html>
2  <html>
3  <head>
4  <meta charset="utf-8">
5  <title>我的第一个网页</title>
6  <style type="text/css">
7      p{
8          font-size:36px;          /*设置字号为36像素*/
9          color:red;                /*设置字体颜色为红色*/
10         text-align:center;     /*设置文本居中显示*/
11     }
12 </style>
13
14 </head>
15 <body>
16 <p>这是我的第一个网页哦。</p>
17 </body>
18 </html>
19
```

CSS样式需要写在<style>标签内，位于<head>头部标签中

HTML内容需要写在<body>标签内

图1-36　网页的代码结构

（2）在菜单栏中选择“文件”→“保存”选项，保存文件。运行代码文件，CSS 修饰后的网页效果如图 1-37 所示。

图 1-37　CSS 修饰后的网页效果

小结

本章首先介绍了网页制作的基础知识，包括网页的构成、网页相关名词、Web 标准、网页制作技术、网页展示平台，然后介绍了网页代码编辑工具——Dreamweaver 的使用，最后带领读者运用给出的代码，创建了一个简单的网页。

通过本章的学习，读者应该能够简单地了解网页，熟悉网页制作技术，并能够熟练运用 Dreamweaver 工具创建网页代码。希望读者以此为开端，完成对本书的学习。

第2章 HTML入门

学习目标

- 掌握 HTML 文档基本格式，能够书写符合格式规范的 HTML 结构代码。
- 掌握文本控制标签的用法，能够合理地使用文本控制标签定义网页元素。
- 掌握图像标签，学会运用图像标签制作图文混排页面。

HTML 作为一门标签语言，主要用来描述网页中的文字和图像等元素。使用 HTML 标签描述网页中的内容是每一个网页制作人员的入门要求。然而，什么是 HTML 标签？又该如何使用 HTML 标签描述网页中的文字和图像呢？本章将对 HTML 的入门知识进行详细讲解。

2.1 HTML 概述

2.1.1 HTML 文档格式

学习任何一门语言，首先都要掌握它的基本格式，就像写信需要符合书信的格式要求一样。HTML 标签语言也不例外，同样需要遵从一定的规范。HTML 文档基本格式主要包含<!DOCTYPE>文档类型声明、<html>根标签、<head>头部标签和<body>主体标签等，如图 2-1 所示。

```
1  <!DOCTYPE html PUBLIC "-//W3C//DTD XHTML 1.0
   Transitional//EN"                                   → 文档类型声明
   "http://www.w3.org/TR/xhtml1/DTD/xhtml1-transitional.dtd">
2  <html xmlns="http://www.w3.org/1999/xhtml">         → 根标签
3  <head>                                              → 头部标签
4  <meta http-equiv="Content-Type" content="text/html;
   charset=utf-8" />
5  <title>无标题文档</title>
6  </head>
7
8  <body>                                              → 主体标签
9  </body>
10 </html>
```

图2-1　HTML文档基本格式

在图 2-1 所示的 HTML 文档基本格式中，<!DOCTYPE>、<html>、<head>和<body>共同组成了 HTML 文档的结构，对它们的具体介绍如下：

（1）<!DOCTYPE>

<!DOCTYPE>位于文档的最前面，也称文档类型声明，用于向浏览器说明当前文档使用哪种 HTML 标准规范。一份文档只有在开头处使用<!DOCTYPE>声明，浏览器才能将该文档识别为有效的 HTML 文档，并按指定的 HTML 文档类型进行解析。

（2）<html>

<html>位于<!DOCTYPE>之后，也称根标签。根标签标示了 HTML 文档的开始和结束，其中<html>标示 HTML 文档的开始，</html>标示 HTML 文档的结束，在它们之间是网页的头部内容和主体内容。

（3）<head>

<head>用于定义 HTML 文档的头部内容，也称头部标签。该标签紧跟在<html>之后。头部标签主要用来容纳其他位于文档头部的标签，用来描述文档的标题、作者，以及该文档与其他文档的关系。例如，<title>、<meta>、<link>和<style>等，都属于头部标签容纳的子标签。

（4）<body>

<body>用于定义 HTML 文档所要显示的内容，也称主体标签。在网页中，所有文本、图像、音频和视频等内容代码都必须放在<body>内，才能最终呈现给用户。

初学者想要记住上面这么多标签可能有一定的困难，但不用担心，使用 Dreamweaver 工具，会自动生成 HTML 文档基本格式。因此这些标签，不需要我们牢记。

在最新的 HTML5 版本中，HTML 文档基本格式有了一些变化。HTML5 在文档类型声明和根标签上做了简化。简化后的 HTML5 文档基本格式如图 2-2 所示。

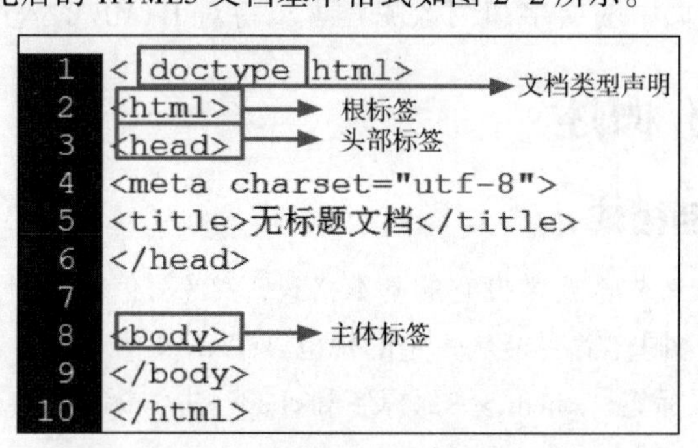

图2-2　简化后的HTML5文档基本格式

通过图 2-2 可以看出，简化后的 HTML5 文档基本格式，不仅在结构上更加简单、清晰，而且语义指向也更加明确。本书的所有案例都将采用最新 HTML5 文档基本格式。

2.1.2 HTML 标签

标签是 HTML 重要组成部分。在 HTML 中，带有“< >”符号的元素称为 HTML 标签，例如上面提到的<html>、<head>、<body>都是 HTML 标签。所谓标签就是放在“< >”符号中表示某个功能的编码命令，也称 HTML 标记或 HTML 元素，本书统一称为 HTML 标签。下面将从标签分类、标签属性、标签关系、头部结构标签四个方面详细讲解标签的相关知识。

1. 标签分类

根据标签的组成特点，HTML 标签分为两大类，分别是双标签、单标签，对它们的具体介绍如下：

（1）双标签

双标签也称“体标签”，是指由开始和结束两个标签符号组成的标签。双标签的基本语法格式如下：

```
<标签名>内容</标签名>
```

例如，HTML5 文档基本格式中的<html>和</html>、<body>和</body>等都属于双标签。

（2）单标签

单标签也称“空标签”，是指用一个标签符号即可完整地描述某个功能的标签。单标签的基本语法格式如下：

```
<标签名 />
```

在上面的语法格式中，标签名和“/”之间有一个空格，该空格在 HTML 语法中可以省略。

在 HTML 中还有一种特殊的标签——注释标签，该标签就是一种特殊的单标签。如果需要在 HTML 文档中添加一些便于阅读和理解，但又不需要显示在页面中的注释文字，就需要使用注释标签。注释标签的基本语法格式如下：

```
<!--注释内容-->
```

注释内容不会显示在浏览器窗口中，但是作为 HTML 文档内容的一部分，注释内容可以被下载到用户的计算机上，用户查看源代码时也可以看到注释内容。

多学一招：为什么要有单标签？

HTML 标签的作用原理就是选择网页内容进行描述，也就是说，需要描述哪些内容，就选择该内容，通过双标签定义内容的开始和结束。但单标签本身就可以描述一个功能，不需要定义内容的开始和结束。例如，水平线标签<hr />按照双标签的语法规则，它应该写成“<hr></hr>”，但是水平线标签不需要选择网页内容，本身就代表一条水平线，此时如果写成双标签，代码就显得有些冗余。这就需要单标签来简化代码结构。

2. 标签属性

我们使用 HTML 标签搭建网页结构时，通过为 HTML 标签设置属性的方式可以增加更多的显示样式。例如，将标题文本的字体设置为“微软雅黑”并且居中显示，将段落文本中的某些名词显示其他颜色加以突出，这些都可以通过 HTML 标签的属性来设置。HTML 标签添加属性的基本语法格式如下：

```
<标签名 属性1="属性值1" 属性2="属性值2" ...>内容</标签名>
```

在上述语法格式中，标签可以拥有多个属性，属性必须写在 HTML 开始标签中，位于标签名后面。属性之间排序不分先后，标签名与属性、属性与属性之间均以空格分隔。例如，下面的示例代码设置了一段居中显示的文本内容。

```
<p align="center">我是居中显示的文本</p>
```

在上面的示例代码中，<p>标签用于定义段落文本，“align”为属性名，“center”为属性值，表示文本居中对齐。<p>标签还可以设置文本左对齐或右对齐，对应的属性值分别为 left 和 right。值得一提的是，大多数属性都有默认值，例如省略<p>标签的 align 属性，段落文本则按默认值左对齐显示，也就是说，<p></p>等价于<p align="left"></p>。

多学一招：认识键值对

HTML 开始标签里，可以通过“属性="属性值"”的方式为标签添加属性，其中“属性”和“属性值”就是以“键值对”的形式出现的。

“键值对”可以简单理解为对“属性”设置“属性值”。在网页设计中，键值对有多种表现形式，例如 color="red"、width:200px;等，其中“color”和“width”即为“键值对”中的“键”（英文 key），“red”和“200px”为“键值对”中的“值”（英文 value）。“键值对”广泛地应用于编程中，HTML 属性的定义形式“属性="属性值"”只是“键值对”中的一种。

3. 标签关系

在网页中存在多种标签，各种标签之间都具有一定的关系。标签的关系主要有嵌套关系和并列关系两种，具体介绍如下：

（1）嵌套关系

嵌套关系也称包含关系，可以简单理解为一个双标签里面又包含了其他标签。例如，在 HTML5 的文档基本格式中，<html>标签和<head>标签（或<body>标签）就是嵌套关系。示例代码如下：

```
<html>
    <head>
    </head>
    <body>
    </body>
</html>
```

在标签的嵌套过程中，必须先结束最靠近内容的标签，再按照由内到外的顺序依次关闭标签。图 2-3 所示为嵌套标签正确和错误写法的对比。

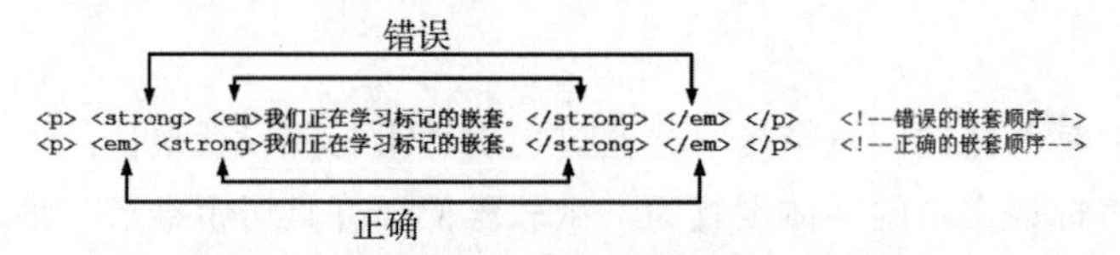

图2-3 嵌套标签正确和错误写法的对比

在嵌套关系的标签中，我们通常把最外层的标签称为“父级标签（父标签）”，里面的标签称为“子级标签（子标签）”。但只有双标签才能作为“父级标签”。

（2）并列关系

并列关系也称兄弟关系，就是两个标签处于同一级别，并且没有包含关系。例如，在 HTML5 的文档基本格式中，<head>标签和<body>标签就是并列关系。在 HTML 的标签中，无论是单标签还是双标签，都可以拥有并列关系。

4. 头部结构标签

制作网页时，经常需要设置页面的基本信息，如页面的标题、作者等。为此 HTML 提供了一系列的标签，这些标签通常都写在<head>标签内，因此被称为头部结构标签。下面将具体介绍常用的头部相关标签。

（1）<title>标签

<title>标签用于设置 HTML 页面的标题，也就是给网页取一个名。在网页结构中，<tittle>标签必须位于<head>标签之内。一个 HTML 文档只能含有一对<title>标签，<title></title>之间的内容将显示在浏览器窗口的标题栏中。例如，将某个页面标题设置为“轻松学习 HTML5”，示例代码如下：

```
<title>轻松学习HTML5</title>
```

上面代码对应的页面标题效果如图 2-4 所示。

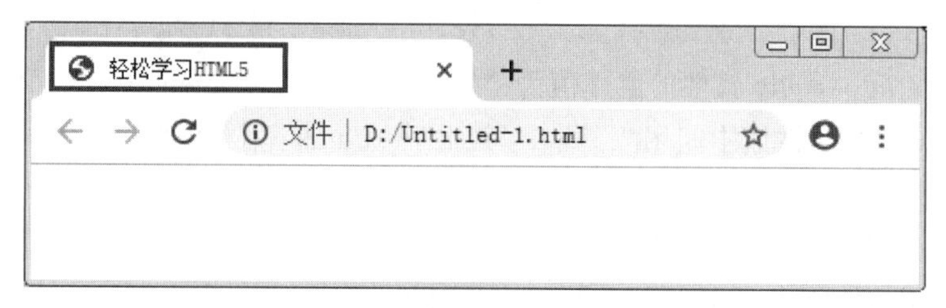

图2-4　页面标题效果

（2）<meta />标签

<meta />标签用于定义页面的元信息（元信息不会显示在最终的效果页面中），可重复出现在<head>标签中。在 HTML 中，<meta />标签是一个单标签，本身不包含任何内容，仅仅表示网页的相关信息。通过<meta />标签的属性，可以定义页面的相关参数。例如，为搜索引擎提供网页的关键字、作者姓名、内容描述，以及定义网页的刷新时间等。下面介绍<meta />标签常用的几组设置，具体如下：

① <meta name="名称" content="值"/>

在<meta>标签中使用 name 属性和 content 属性可以为搜索引擎提供信息，其中 name 属性提供搜索内容名称，content 属性提供对应的搜索内容值，这些属性的具体应用如下：

- 设置网页关键字，例如某图像网站的关键字设置，示例代码如下：

```
<meta name="keywords" content="免费素材下载,免费素材图库,矢量图,矢量图库,图像素材,网页素材,免费素材,PS素材,网站素材,设计模板,设计素材, 网页模板免费下载,素材中国,素材,免费设计,图像" />
```

上述示例代码中，name 属性的属性值为“keywords”，该属性值用于定义搜索内容，名称为网页关键字。content 属性的属性值用于定义关键字的具体内容，多个关键字内容之间可以用“,”分隔。

- 设置网页描述，例如某图像网站的描述信息设置，示例代码如下：

```
<meta name="description" content="专注免费设计素材下载的网站! 提供矢量图素材,矢量背景图像,矢量图库,还有psd素材,PS素材,设计模板,设计素材,PPT素材,以及网页素材,网站素材,网页图标免费下载" />
```

上述示例代码中，name 属性的属性值为“description”，该属性值用于定义搜索内容，名称为网页描述。content 属性的属性值用于定义描述的具体内容。网页描述的文字不必过多，能够描述清晰即可。

- 设置网页作者，例如可以为网站增加作者信息，示例代码如下：

```
<meta name="author" content="网络部"/>
```

上述示例代码中，name 属性的属性值为“author”，该属性值用于定义搜索内容，名称为网页作者。content 属性的属性值用于定义具体的作者信息。

② <meta http-equiv="名称" content="值" />

在<meta />标签中，http-equiv 属性和 content 属性可以设置服务器发送给浏览器的 HTTP 头部信息，为浏览器显示该页面提供相关的参数标准。其中，http-equiv 属性提供参数类型，content 属性提供对应的参数值，这些属性的具体应用如下：

- 设置字符集，例如某图像官网字符集的设置，示例代码如下：

```
<meta http-equiv="Content-Type" content="text/html; charset=gbk"/>
```

上述代码中，http-equiv 属性的属性值为“Content-Type”，content 属性的值为“text/html”和“charset=gbk”，两个属性值中间用“;”隔开。其中“text/html”用于说明当前文档类型为 HTML，“charset=gbk”用于说明文档字符集为 gbk（中文编码）。

目前最常用的国际化字符集编码格式是 utf-8，常用的国内中文字符集编码格式主要是 gbk 和 gb2312。当用户使用的字符集编码不匹配当前浏览器时，网页内容就会出现乱码。新版本的 HTML5 简化了字符集的写法，示例代码如下：

```
<meta charset="utf-8">
```

- 设置页面自动刷新与跳转，例如定义某个页面 10 秒后跳转至百度，示例代码如下：

```
<meta http-equiv="refresh" content="10; url= https://www.baidu.com/"/>
```

上述代码中，http-equiv 属性的属性值为“refresh”，content 属性的属性值为数值和 URL 地址。两个属性值中间用“;”隔开，分别用于指定跳转时间和目标页面的 URL。跳转时间默认以秒为单位。

2.2 HTML 文本控制标签

在一个网页中文字往往占有较大的篇幅，为了让文字能够在网页中排版整齐、结构清晰，HTML 提供了一系列的文本控制标签。例如，标题标签<h1>~<h6>、段落标签<p>、字体标签<font>等，本节将对这些 HTML 文本控制标签进行详细介绍。

2.2.1 页面格式化标签

一篇结构清晰的文章通常都会通过标题、段落、分割线等对文章进行结构排列。网页也不例外，为了使网页中的内容有序排列，HTML 提供了相应的页面格式化标签，主要包括标题标签、段落标签、水平线标签和换行标签，对它们的具体介绍如下：

1. 标题标签

HTML 提供了六个等级的标题，即 h1、h2、h3、h4、h5 和 h6，从 h1 到 h6 重要性递减。标题标签的基本语法格式如下：

```
<hn align="对齐方式">标题文本</hn>
```

在上面的语法格式中，n 的取值为 1～6。align 属性为可选属性，可以使用 align 属性设置标题的对齐方式。align 属性的取值如下：

- left：设置标题文字左对齐（默认值）。
- center：设置标题文字居中对齐。
- right：设置标题文字右对齐。

了解了标题标签的语法格式，下面通过一个案例来演示标题标签的使用，如例 2-1 所示。

例 2-1 example01.html

```
1  <!doctype html>
2  <html>
3  <head>
4  <meta charset="utf-8">
5  <title>标题标签</title>
6  </head>
7  <body>
8     <h1>1级标题</h1>
9     <h2>2级标题</h2>
10    <h3>3级标题</h3>
11    <h4>4级标题</h4>
12    <h5>5级标题</h5>
13    <h6>6级标题</h6>
14 </body>
15 </html>
```

在例 2-1 中，第 8~13 行代码使用<h1>～<h6>标签设置六种级别的标题。

运行例 2-1，效果如图 2-5 所示。

图2-5 标题标签

从图 2-5 可以看出，默认情况下标题文字是加粗、左对齐显示的，并且从 1 级标题到 6 级标题字号递减。如果想要设置标题的对齐方式，就可以为标题添加 align 属性。例如，将例 2-1 中的 2 级标题设置为左对齐，3 级标题设置为居中对齐，4 级标题设置为右对齐。我们可以将例 2-1 中的 7~14 行代码更改如下：

```
<body>
    <h1>1级标题</h1>
    <h2 align="left">2级标题</h2>
    <h3 align="center">3级标题</h3>
    <h4 align="right">4级标题</h4>
    <h5>5级标题</h5>
    <h6>6级标题</h6>
</body>
```

运行修改后的代码，设置 align 属性的标题效果如图 2-6 所示。

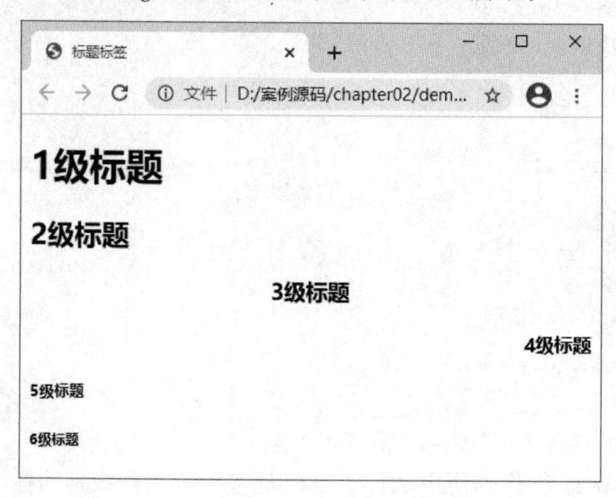

图2-6　设置align属性的标题效果

注意：

① 一个页面中只能使用一个<h1>标签，常常被用在网站的 Logo 部分。

② 标题标签拥有明确的语义，初学者禁止仅仅使用标题标签设置文字加粗或更改文字的大小。

③ HTML 不推荐使用标题标签的 align 对齐属性，可使用 CSS 样式设置。

2. 段落标签

在网页中，段落标签可以把文字有条理地显示出来。就如同我们平常写文章一样，整个网页也可以分为若干个段落。在网页中使用<p>标签来定义段落。<p>标签是 HTML 文档中最常见的标签，默认情况下，文本在一个段落中会根据浏览器窗口的大小自动换行。<p>标签的基本语法格式如下：

```
<p align="对齐方式">段落文本</p>
```

在上述语法格式中，align 属性为<p>标签的可选属性，和标题标签<h1>~<h6>一样，同样可以使用 align 属性设置段落文本的对齐方式。

了解了段落标签的用法后，接下来通过一个案例做具体演示。

例 2-2 example02.html

```
1  <!doctype html>
2  <html>
3  <head>
4  <meta charset="utf-8">
5  <title>段落标签</title>
6  </head>
7  <body>
8  <p>现已开设JavaEE、产品经理、HTML+前端、C/C++、新媒体+短视频直播运营、Python+人工智能、大数据、UI/UE设计、软件测试、Linux云计算+运维开发、拍摄剪辑+短视频制作、智能机器人软件开发、电商视觉运营设计等培训学科。</p>
9  <p align="left">JavaEE</p>
10 <p align="center">产品经理</p>
11 <p align="right">HTML+前端</p>
12 <p>新媒体+短视频直播运营</p>
13 <p>Python+人工智能</p>
14 <p>大数据</p>
15 <p>软件测试</p>
16 <p>Linux云计算+运维开发</p>
17 <p>拍摄剪辑+短视频制作</p>
18 <p>智能机器人软件开发</p>
19 </body>
20 </html>
```

在例 2-2 中，第 8 行的<p>标签为段落标记的默认对齐方式，第 9、10、11 行的<p>标签分别使用 align="left"、align="center"和 align="right"设置了段落左对齐、居中对齐和右对齐。

运行例 2-2，效果如图 2-7 所示。

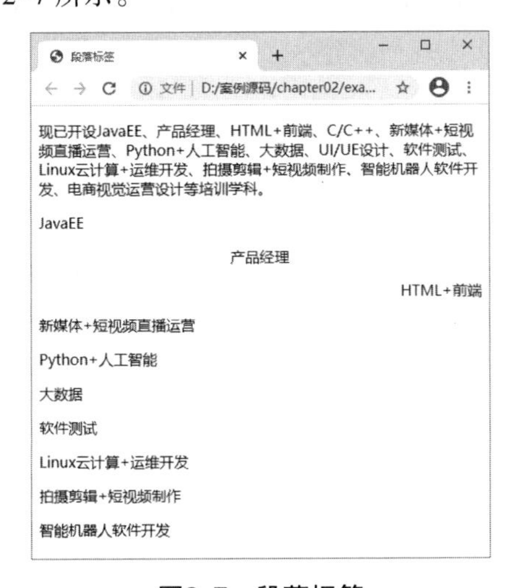

图2-7 段落标签

通过图 2-7 可以看出，段落标签既可以定义大段文本，也可以定义词组或短语。添加 align 属性的段落文本在页面中按照设置的方式对齐。

3. 水平线标签

在网页中，水平线可以将段落与段落之间隔开，使得文档层次分明。水平线可以通过<hr />标签来定义。<hr />标签的基本语法格式如下：

```
<hr 属性="属性值" />
```

<hr />是单标签，在网页中输入一个<hr />标签，就添加了一条默认样式的水平线。<hr />标签常用的属性如表 2-1 所示。

表 2-1 <hr />标签常用的属性

属 性 名	含 义	属 性 值
align	设置水平线的对齐方式	可选择 left、right、center 三种属性值，默认属性值为 center
size	设置水平线的粗细	为像素值，默认为 2px
color	设置水平线的颜色	可以是颜色英文单词、十六进制颜色值、RGB 颜色值
width	设置水平线的宽度	可以是确定的像素值，也可以是浏览器窗口的百分比，默认属性值为 100%

接下来，通过使用水平线分割段落文本来演示<hr />标签的用法和属性，如例 2-3 所示。

例 2-3 example03.html

```
1  <!doctype html>
2  <html>
3  <head>
4  <meta charset="utf-8">
5  <title>水平线标签的用法和属性</title>
6  </head>
7  <body>
8  <p>现已开设JavaEE、产品经理、HTML+前端、C/C++、新媒体+短视频直播运营、Python+人工智能、大数据、UI/UE设计、软件测试、Linux云计算+运维开发、拍摄剪辑+短视频制作、智能机器人软件开发、电商视觉运营设计等培训学科。</p>
9  <hr />
10 <p align="left">Java EE</p>
11 <hr color="red" align="left" size="5" width="600"/>
12 <p align="center">产品经理</p>
13 <hr color="#0066FF" align="right" size="2" width="50%"/>
14 <p align="right">HTML+前端</p>
15 <p>新媒体+短视频直播运营</p>
16 <p>Python+人工智能</p>
17 <p>大数据</p>
18 <p>软件测试</p>
19 <p>Linux云计算+运维开发</p>
20 <p>拍摄剪辑+短视频制作</p>
21 <p>智能机器人软件开发</p>
```

```
22 </body>
23 </html>
```

在例 2-3 中，第 9 行的<hr />标签为水平线的默认样式，第 11、13 行的<hr />标签分别设置了不同的颜色、对齐方式、粗细和宽度值。

运行例 2-3，效果如图 2-8 所示。

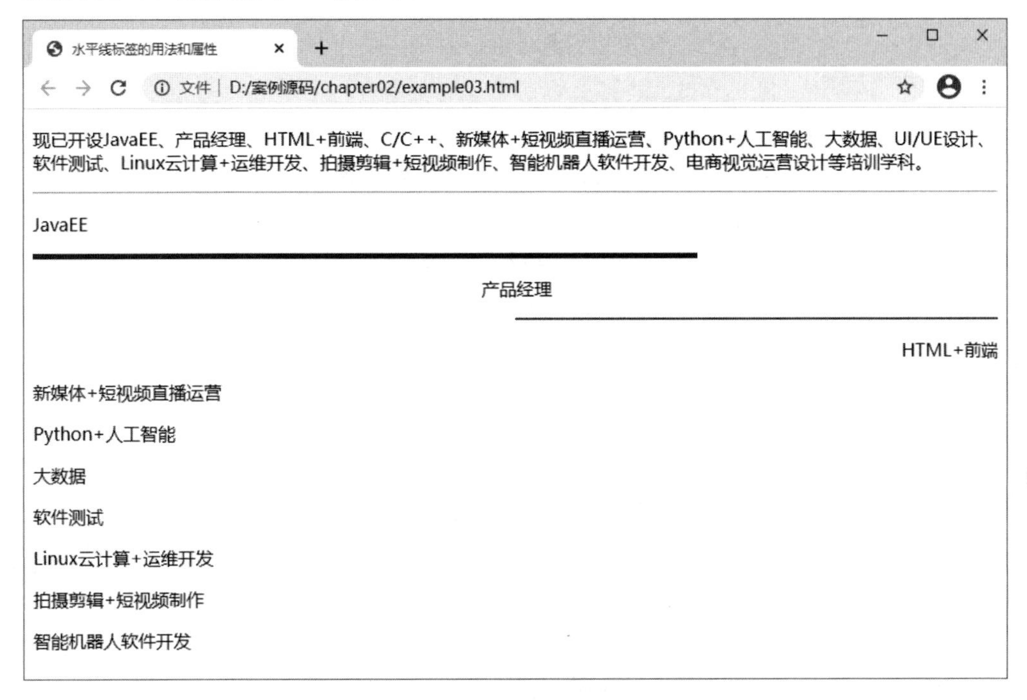

图2-8　水平线标签的用法和属性

4. 换行标签

在 HTML 中，一个段落中的文字会从左到右依次排列，直到浏览器窗口的右端，然后自动换行。如果希望文本内容强制换行显示，就需要使用换行标签
。在换行时，如果还像在 Word 中一样直接按“Enter”键是不会起作用的。换行标签可以直接嵌入到文本中，其用法非常简单。下面我们通过一个案例做具体演示，如例 2-4 所示。

例 2-4　example04.html

```
1 <!doctype html>
2 <html>
3 <head>
4 <meta charset="utf-8">
5 <title>使用br标签换行</title>
6 </head>
7 <body>
8 <p>使用HTML制作网页时通过br标签<br/>可以实现换行效果</p>
9 <p>如果像在word中一样
10    单击“Enter”键换行，不会起作用。</p>
```

```
11 </body>
12 </html>
```

在例 2-4 中，第 8~10 行代码分别使用换行标签
和“Enter”键两种方式进行换行。

运行例 2-4，效果如图 2-9 所示。

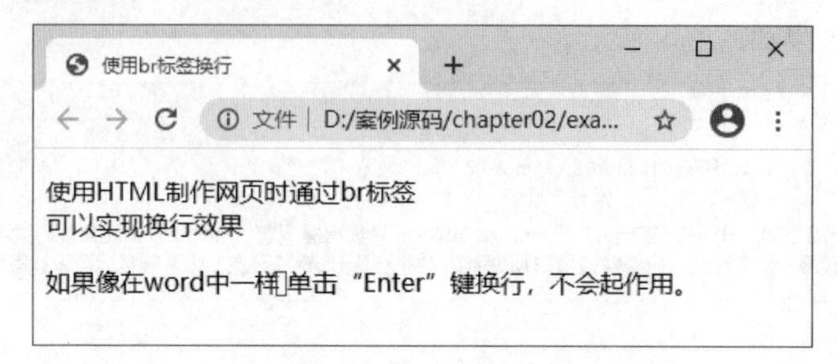

图2-9 使用br标签换行

从图 2-9 可以看出，使用“Enter”键换行的段落在浏览器实际显示效果中并没有换行，只是多出了一个空白字符，而使用换行标签
的段落却实现了强制换行的效果。

注意：

标签虽然可以实现换行的效果，但并不能取代结构标签<h>、<p>等。

2.2.2 文本样式标签

HTML 提供了文本样式标签<font >，用来控制网页中文本的字体、字号和颜色。<font >标签的基本语法格式如下：

```
<font 属性="属性值">文本内容</font>
```

在上面的语法中，<font>标签常用的属性有三个，如表 2-2 所示。

表 2-2 <font >标签常用的属性

属性	含义
face	设置文字的字体，例如微软雅黑、黑体、宋体等
size	设置文字的大小，可以取 1～7 之间的整数值
color	设置文字的颜色

下面通过一个案例来演示<font>标签的用法，如例 2-5 所示。

例 2-5 example05.html

```
1 <!doctype html>
2 <html>
3 <head>
4 <meta charset="utf-8">
5 <title>文本样式标签font</title>
6 </head>
7 <body>
8 <h2 align="center">使用font标签设置文本样式</h2>
9 <p>我是默认样式的文本</p>
```

```
10 <p><font size="2" color="blue">我是2号蓝色文本</font></p>
11 <p><font size="5" color="red">我是5号红色文本</font></p>
12 <p><font face="微软雅黑" size="7" color="green">我是7号绿色文本，我的字体是
微软雅黑哦</font></p>
13 </body>
14 </html>
```

在例 2-5 中使用了四个段落标签，第一个段落中的文本为 HTML 默认段落样式，第二、三、四个段落分别使用<font>标签设置了不同的文本样式。

运行例 2-5，效果如图 2-10 所示。

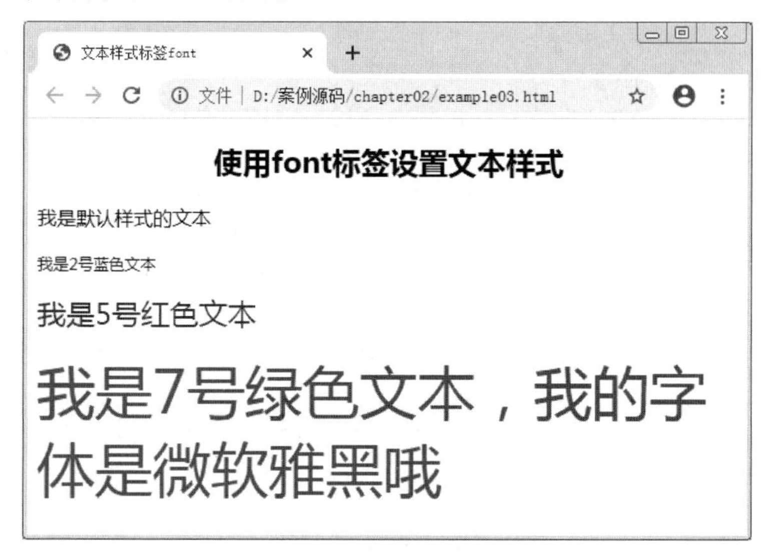

图2-10 文本样式标签font

注意：

在实际工作中，不推荐使用 HTML 的<font>标签，可使用 CSS 样式来定义文本样式。

2.2.3 文本格式化标签

在网页制作中，文本格式化标签可以使文字以特殊的方式突出显示，例如网页中常见的粗体、斜体或下画线效果。常用的文本格式化标签如表 2-3 所示。

表 2-3 常用的文本格式化标签

文本格式化标签	显示效果
<b>和<strong>	文字以粗体方式显示（HTML 推荐使用 strong）
<i>和<em>	文字以斜体方式显示（HTML 推荐使用 em）
<s>和<del>	文字以加删除线方式显示（HTML 推荐使用 del）
<u>和<ins>	文字以加下画线方式显示（HTML 不推荐使用 u）

在表 2-3 中，同一行的文本格式化标签都能显示相同的文本样式效果，但<strong>标签、<ins>标签、<em>标签、<del>标签更符合 HTML 结构的语义化，所以在 HTML 中建议使用这四个标

签设置文本样式。

下面通过一个案例来演示表 2-3 中一些标签的用法，如例 2-6 所示。

例 2-6 example06.html

```
1  <!doctype html>
2  <html>
3  <head>
4  <meta charset="utf-8">
5  <title>文本格式化标签的使用</title>
6  </head>
7  <body>
8  <p>我是正常显示的文本</p>
9  <p><b>我是使用b标签加粗的文本</b>, <strong>推荐使用strong标签</strong></p>
10 <p><i>我是使用i标签倾斜的文本</i>, <em>推荐使用em标签</em></p>
11 <p><u>我是使用u标签添加下画线的文本</u>, <ins>推荐使用ins标签</ins></p>
12 <p><s>我是使用s标签添加删除线的文本</s>, <del>推荐使用del标签</del></p>
13 </body>
14 </html>
```

在例 2-6 中，为段落文本分别应用不同的文本格式化标签，从而使文字产生特殊的显示效果。

运行例 2-6，效果如图 2-11 所示。

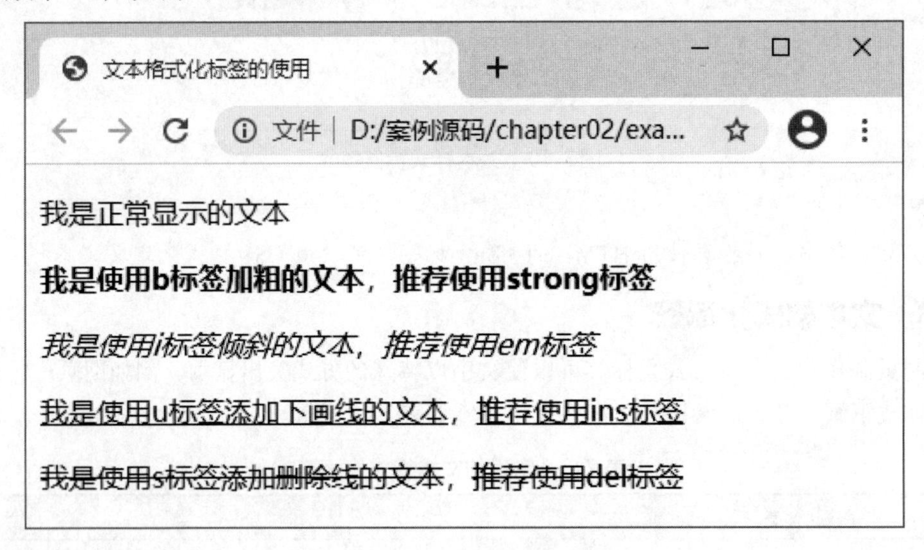

图2-11　文本格式化标签的使用

2.2.4 特殊字符

浏览网页时经常会看到一些包含特殊字符的文本，如数学公式、版权信息等。那么如何在网页上显示这些包含特殊字符的文本呢？在 HTML 中为这些特殊字符准备了专门的代码。常用特殊字符对应代码如表 2-4 所示。

表 2-4 常用特殊字符对应代码

特殊字符	描　述	字符的代码
	空格符	
<	小于号	<
>	大于号	>
&	和号	&
¥	人民币	¥
©	版权	©
®	注册商标	®
°	角度	°
±	正负号	±
×	乘号	×
÷	除号	÷
^{2}	平方 2（上标 2）	²
^{3}	立方 3（上标 3）	³

从表 2-4 可以看出，特殊字符由前缀“&”、字符名称和后缀英文分号“;”组成。在网页中使用这些特殊字符时只需输入相应的字符代码替代即可。此外，在 Dreamweaver 中，还可以通过菜单栏中的“插入”→“HTML”→“特殊字符”选项直接插入相应特殊字符的代码。

注意：

由于浏览器对空格符“ ”的解析是有差异的，这就导致了使用空格符的页面在各个浏览器中显示效果的不同，所以不推荐使用“ ”，可使用 CSS 样式替代。

2.3 HTML 图像应用

浏览网页时我们常常会被网页中的图像所吸引，巧妙地在网页中使用图像可以让网页更为丰富多彩。本节将通过介绍常用图像格式、图像标签、绝对路径和相对路径几个知识点，详细讲解 HTML 中图像的应用。

2.3.1 常用图像格式

网页中图像太大会造成载入速度缓慢，太小又会影响图像的质量。因此在网页制作中，我们经常为该使用哪种图像格式而困惑。目前网页上常用的图像格式主要有 GIF 格式、PNG 格式和 JPEG 格式三种，具体介绍如下：

1. GIF 格式

GIF 格式最突出的特点就是支持动画，同时 GIF 格式也是一种无损的图像格式，也就是说，修改图像之后，GIF 格式的图像质量没有损失。再加上 GIF 格式支持透明，因此很适合在互联网上使用。但 GIF 格式只能处理 256 种颜色。在网页制作中，GIF 格式常常用于 Logo、小图标以及其他色彩相对单一的图像。

2. PNG 格式

PNG 格式包括 PNG-8 和真色彩 PNG（包括 PNG-24 和 PNG-32）。相对于 GIF 格式，PNG 格式最大的优势是体积更小，支持 Alpha 透明（全透明，半透明），并且颜色过渡更平滑，但 PNG 格式不支持动画。其中 PNG-8 和 GIF 格式类似，只能支持 256 种颜色，如果做静态图可以取代 GIF 格式。真色彩 PNG 可以支持更多的颜色，同时真色彩 PNG（特指 PNG-32）支持半透明图像效果。

3. JPEG 格式

JPEG 格式显示的颜色比 GIF 格式和 PNG-8 要多，可以用来保存颜色超过 256 种的图像，但是 JPEG 格式是一种有损压缩的图像格式，这就意味着每修改一次图像都会造成一些图像数据的丢失。JPEG 格式是特别为照片设计的文件格式，网页制作过程中类似于照片的图像如横幅广告（banner）、商品图像、较大的插图等都可以保存为 JPEG 格式。

总的来说，在网页中小图像、图标、按钮等考虑使用 GIF 格式或 PNG-8 格式，半透明图像考虑使用真色彩 PNG（一般指 PNG32）格式，色彩丰富的图像则考虑使用 JPEG 格式，动态图像可以考虑使用 GIF 格式。

2.3.2 图像标签<img />

网页中任何元素的实现都要依靠 HTML 标签，要想在网页中显示图像就需要使用图像标签。在 HTML 中使用<img />标签来定义图像，其基本语法格式如下：

```
<img src="图像URL" />
```

在上面的语法中，src 属性用于指定图像的路径，它是<img />标签的必需属性。

我们要想在网页中灵活地使用图像，仅仅依靠 src 属性是远远不够的。HTML 还为<img />标签提供了其他的属性，具体如表 2-5 所示。

表 2-5 <img />标签其他的属性

属性	属性值	描述
alt	文本	图像不能显示时的替换文本
title	文本	鼠标悬停时显示的内容
width	像素值	设置图像的宽度
height	像素值	设置图像的高度
border	数字	设置图像边框的宽度
vspace	像素值	设置图像顶部和底部的空白（垂直边距）
hspace	像素值	设置图像左侧和右侧的空白（水平边距）
align	left	将图像对齐到左边
	right	将图像对齐到右边
	top	将图像的顶端和文本的第一行文字对齐，其他文字居于图像下方
	middle	将图像的水平中线和文本的第一行文字对齐，其他文字居于图像下方
	bottom	将图像的底部和文本的第一行文字对齐，其他文字居于图像下方

表 2-5 对<img />标签的这些属性做了简要的描述，对它们详细介绍如下：

1. 图像的替换文本属性 alt

由于一些原因图像可能无法正常显示。例如，图像加载错误，浏览器版本过低等。这就需要我们为页面上的图像添加替换文本，在图像无法显示时告诉用户该图像的信息。在 HTML 中，alt 属性用于设置图像的替换文本。下面通过一个案例来演示 alt 属性的用法，如例 2-7 所示。

例 2-7　example07.html

```
1 <!doctype html>
2 <html>
3 <head>
4 <meta charset="utf-8">
5 <title>图像标签img的alt属性</title>
6 </head>
7 <body>
8 <img src="img/logo.png" alt="黑马程序员现已开设JavaEE、产品经理、HTML+前端、C/C++、新媒体+短视频直播运营、Python+人工智能、大数据、UI/UE设计、软件测试、Linux云计算+运维开发、拍摄剪辑+短视频制作、智能机器人软件开发、电商视觉运营设计等学科。"/>
9 </body>
10 </html>
```

例 2-7 中，第 8 行代码在当前 HTML 网页文件所在的文件夹中放入文件名为 logo.png 的图像，并且通过 src 属性插入图像，通过 alt 属性指定图像不能显示时的替代文本。

运行例 2-7，图像正常显示，效果如图 2-12 所示。如果图像不能显示，在谷歌浏览器中就会出现图 2-13 所示的效果。

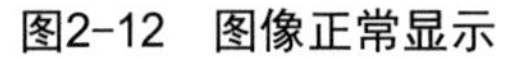
图2-12　图像正常显示

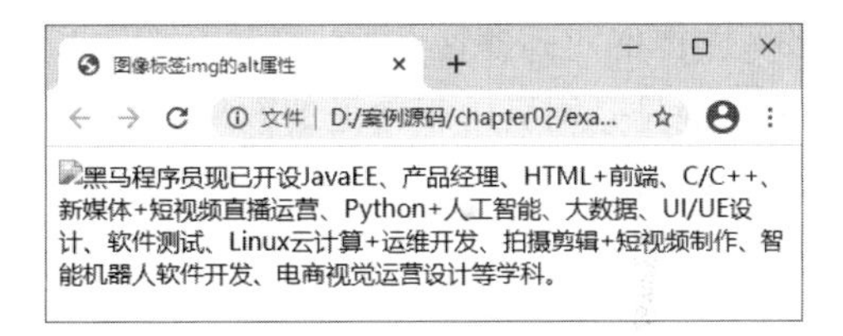

图2-13　图像不能显示

在以前网速较差的时候，alt 属性主要用于使看不到图像的用户了解图像内容。随着网络的发展，现在网页显示不了图像的情况已经很少见了，alt 属性又有了新的作用。谷歌和百度等搜索引擎在收录页面时，会通过 alt 属性的内容来解析网页的内容。因此，在制作网页时，如果为图像设置替换文本，就可以帮助搜索引擎更好地理解网页内容，从而更有利于网页的优化。

多学一招：使用 title 属性设置提示文字

图像标签<img />有一个和 alt 属性十分类似的属性——title。title 属性用于设置鼠标悬停时图像的提示文字。例如，下面的示例代码：

```
<img src="img/logo.png" title="黑马程序员"/>
```

示例代码的运行结果如图 2-14 所示。

图2-14　图像标签的title属性的使用

在图 2-14 所示的页面中，当鼠标移动到图像上时就会出现提示文本。

2．图像的宽度、高度属性 width、height

通常情况下，如果不给<img />标签设置宽度和高度属性，图像就会按照它的原始尺寸显示。这时我们可以通过 width 属性和 height 属性用来定义图像的宽度和高度。通常我们只设置其中的一个属性，另一个属性会依据前一个设置的属性将原图等比例显示。如果同时设置两个属性，且设置的比例和原图的比例不一致，显示的图像就会变形。

3．图像的边框属性 border

默认情况下图像是没有边框的，通过 border 属性可以为图像添加边框，并且设置边框的宽度，但使用 HTML 的 border 属性无法更改边框颜色。

4．图像的边距属性 vspace 和 hspace

在网页中，由于排版需要，有时候还需要调整图像的边距。HTML 中通过 vspace 和 hspace 属性可以分别调整图像的垂直边距和水平边距。

5．图像的对齐属性 align

图文混排是网页中很常见的效果，默认情况下图像的底部会相对于文本的第一行文字对齐，如图 2-15 所示。

图2-15　图像标签的默认对齐效果

但是，在制作网页时经常需要实现图像和文字环绕效果，例如左图右文，这就需要使用图像的对齐属性 align。下面通过一个案例来实现网页中常见图文混排的效果，如例 2-8 所示。

例 2-8　example08.html

```
1  <!doctype html>
```

```
2 <html>
3 <head>
4 <meta charset="utf-8">
5 <title>图像的边距和对齐属性</title>
6 </head>
7 <body>
8 <img src="img/logo.png"  border="1" hspace="50" vspace="20" align="left" />
9 黑马程序员现已开设JavaEE、产品经理、HTML+前端、C/C++、新媒体+短视频直播运营、Python+人工智能、大数据、UI/UE设计、软件测试、Linux云计算+运维开发、拍摄剪辑+短视频制作、智能机器人软件开发、电商视觉运营设计等学科。
10 </body>
11 </html>
```

在例 2-8 中，第 8 行代码使用 hspace 和 vspace 属性为图像设置了水平边距和垂直边距。为了使水平边距和垂直边距的显示效果更加明显，同时给图像添加了 1px 的边框，并且使用 align="left"使图像左对齐。

运行例 2-8，效果如图 2-16 所示。

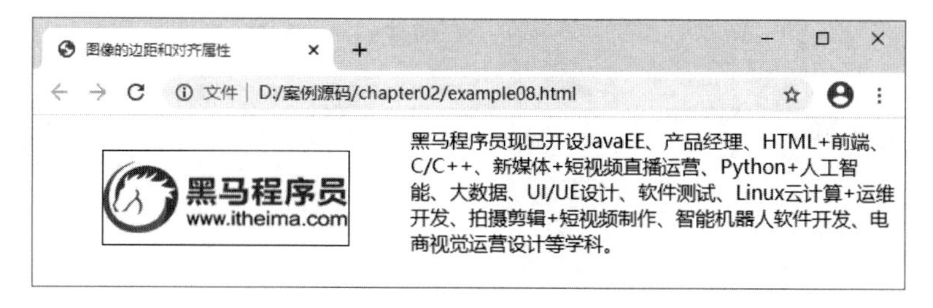

图2-16　图像标签的边距和对齐属性

注意：

实际制作中图像标签的 border、vspace、hspace 以及 align 等 HTML 属性，均可以使用 CSS 样式替代。

2.3.3　绝对路径和相对路径

在计算机查找网页文档时，计算机需要明确该网页文档所在位置。我们把网页文档所在的位置称为路径。网页中的路径分为绝对路径和相对路径两种，具体介绍如下：

（1）绝对路径

绝对路径就是网页上的文档或目录在盘符（即 C 盘、D 盘等）中的真正路径，例如“D:\案例源码\chapter02\images\banner1.jpg”就是一个盘符中的绝对路径。再如完整的网络地址“http://www.zcool.com.cn/images/logo.gif”。

（2）相对路径

相对路径就是相对于当前文档的路径。相对路径没有盘符，通常是以 HTML 网页文档为起点，通过层级关系描述目标图像的位置。相对路径的设置分为以下三种。

- 图像和 HTML 文档位于同一文件夹：设置相对路径时，只需输入图像的名称即可，例如<img src="logo.gif" />。
- 图像位于 HTML 文档的下一级文件夹：设置相对路径时，输入文件夹名和图像名，之间用“/”隔开，例如<img src="img/img01/logo.gif" />。
- 图像位于 HTML 文档的上一级文件夹：设置相对路径时，在图像名之前加入“../”，如果是上两级，则需要使用 “../ ../”，依此类推，例如<img src="../logo.gif" />。

值得一提的是，网页中并不推荐使用绝对路径，因为网页制作完成之后我们需要将所有的文档上传到服务器。因此很有可能不存在“D:\案例源码\chapter02\images\banner1.jpg”这样一个很精准的路径，网页也就无法正常显示图像。

2.4 阶段案例——制作图文混排页面

本章前几个小节重点讲解了什么是 HTML、HTML 文本控制标签以及 HTML 图像标签。为了使初学者能够更好地认识 HTML，本节将通过案例的形式分步骤实现网页中常见的图文混排效果，如图 2-17 所示。

图2-17 图文混排效果图

2.4.1 分析效果图

为了提高网页制作的效率，我们每拿到一个页面的效果图时，都应当对其结构和样式进行分析。在图 2-17 中既有图像又有文字，并且图像居左文字居右排列，图像和文字之间有一定的距离。文字由标题和段落文本组成，需要设置不同的字体和字号。在段落文本中还有一些文字以特殊的颜色突出显示，同时每个段落前都有一定的留白。

我们可以使用<img />标签插入图像，同时使用<h2>标签和<p>标签分别设置标题和段落文本。接下来对<img />标签应用 align 属性和 hspace 属性实现图像居左文字居右，且图像和文字之间有一定距离的排列效果。为了控制标题和段落文本的样式，我们还需要使用文本样式标签<font>，最后在每个段落前使用空格符“ ”实现留白效果。

2.4.2 制作页面结构

根据上面的分析，可以使用相应的 HTML 标签来搭建网页结构，如例 2-9 所示。

例 2-9 example09.html

```
1  <!doctype html>
2  <html>
```

```
3 <head>
4 <meta charset="utf-8">
5 <title>资源年终大盘点</title>
6 </head>
7 <body>
8 <img src="img/kecheng.jpg" alt="资源年终大盘点" />
9 <h2>资源年终大盘点</h2>
10 <p>黑马程序员是传智教育旗下的高端IT教育品牌，现已开设JavaEE、产品经理、HTML+前端、C/C++、新媒体+短视频直播运营、Python+人工智能、大数据、UI/UE设计、软件测试、Linux云计算+运维开发、拍摄剪辑+短视频制作、智能机器人软件开发、电商视觉运营设计等培训学科。</p>
11 <p>黑马程序员以责任、务实、创新、育人为核心的文化价值观，致力于服务各大软件企业，解决当前软件开发技术飞速发展，而企业业招不到优秀人才的困扰。</p>
12 <p>迄今为止黑马程序员分享的免费视频教程累计时长10余万节；率先在业内推出免费公开课，现已直播1100余次。</p>
13 </body>
14 </html>
```

在例 2-9 中，第 8 行代码使用<img />标签插入图像，同时通过<h2>标签和<p>标签分别定义标题和段落文本。

运行例 2-9，HTML 结构页面效果如图 2-18 所示。

图2-18 HTML结构页面效果

2.4.3 控制图像

在图 2-18 所示的页面中，文字位于图像下方。要想实现图 2-17 所示图像居左文字居右且图像和文字之间有一定距离的排列效果，就需要使用图像的对齐属性 align 和水平边距属性

hspace。

接下来，对例 2-9 中的图像加以控制，将第 8 行代码更改如下：

```
<img src="img/kecheng.jpg" alt="资源年终大盘点" align="left" hspace="30"/>
```

保存 HTML 文件，刷新网页，图像居左文字居右效果如图 2-19 所示。

图2-19　图像居左文字居右效果

在图 2-19 所示的页面中，图像居左文字居右排列，且图像和文字之间有一定距离。

2.4.4　控制文本

上面通过对图像进行控制，实现了图像居左文字居右的效果。接下来，对例 2-9 中的文本加以控制，具体代码如下：

```
1  <!doctype html>
2  <html>
3  <head>
4  <meta charset="utf-8">
5  <title>资源年终大盘点</title>
6  </head>
7  <body>
8  <img src="img/kecheng.jpg" alt="资源年终大盘点" align="left" hspace="30"/>
9  <h2><font face="微软雅黑" size="6" color="#545454">资源年终大盘点</font></h2>
10 <p>
11   <font size="2" color="#515151">
12         <font color="#0e5c9e">黑马程序员</font>是传智教育旗下的高端IT教育品牌，现已开设JavaEE、产品经理、HTML+前端、C/C++、新媒体+短视频直播运营、Python+人工智能、大数据、UI/UE设计、软件测试、Linux云计算+运维开发、拍摄剪辑+短视频制作、智能机器人软件开发、电商视觉运营设计等培训学科。
13   </font>
14 </p>
15 <p>
16   <font size="2" color="#515151">
17         <font color="#0e5c9e">黑马程序员</font>以责任、务实、创新、育人为核心的文化价值观，致力于服务各大软件企业，解决当前软件开发技术飞速发展，
```

```
而企业招不到优秀人才的困扰。
    18      </font>
    19 </p>
    20 <p>
    21   <font size="2" color="#515151">
    22           迄今为止<font color="#0e5c9e">黑马程序员
</font>分享的免费视频教程累计时长10余万节；率先在业内推出免费公开课，现已直播1100余次。
    23      </font>
    24 </p>
    25 </body>
    26 </html>
```

在例 2-9 的第 9 行代码中，通过<font>标签将标题文本设置为微软雅黑 6 号、颜色为十六进制#545454。在第 11、16 和 21 行代码中分别使用<font>标签控制三个段落，使段落文本大小为 2 号、颜色为十六进制#515151。

运行例 2-9，设置完成的文本效果如图 2-20 所示。

图2-20　设置完成的文本效果

至此，我们就通过 HTML 标签及其属性实现了网页中常见的图文混排效果。

小结

本章首先介绍了 HTML 文档格式和标签的用法，然后讲解了文本和图像相关的 HTML 标签，最后运用这些标签制作了一个图文混排的网页。

通过本章的学习，读者应该能够了解 HTML 文档的基本结构，熟练运用 HTML 文本标签和图像标签，掌握运用 HTML 属性控制文本和图像样式的方法。

第3章 CSS入门

学习目标

- 掌握CSS选择器的用法，能够运用CSS基础选择器和复合选择器定义标签样式。
- 熟悉CSS文本样式属性的类型，能够运用相应的属性定义文本样式。
- 掌握CSS优先级权重的规律，能够区分CSS选择器权重的大小。
- 了解CSS层叠性和继承性，能够运用CSS层叠性和继承性优化代码结构。

随着网页制作技术的不断发展，单调的HTML属性样式已经无法满足网页设计的需求。网页设计人员需要更多的字体选择、更方便的样式效果、更绚丽的图形动画。CSS在不改变原有HTML结构的情况下，增加了丰富的网页样式效果，极大地满足了开发者的需求。本章将详细讲解CSS入门的知识。

3.1 CSS核心基础

在使用CSS之前，我们首先要掌握CSS的基础知识，为熟练使用CSS夯实基础。在学习CSS的过程中，CSS样式规则、CSS样式引入、CSS基础选择器是CSS最核心的内容，本节将详细讲解这些核心基础内容。

3.1.1 CSS样式规则

我们要想熟练地使用CSS对网页进行修饰，首先要了解CSS样式规则。因为我们后续使用的所有CSS样式代码都是基于CSS样式规则设置的。设置CSS样式的基本规则如下：

```
选择器{属性1:属性值1; 属性2:属性值2; 属性3:属性值3; ... }
```

在上面的规则中，选择器用于指定需要添加样式的HTML标签，花括号内部包含一条或多条声明。每条声明由一个属性和属性值组成，以“键值对”的形式出现。其中属性是指对标签设置的样式属性，例如字体大小、文本颜色等。属性值是指为属性设置的具体样式参数。属性和属性值之间用英文冒号“:”连接，多个声明之间用英文分号“;”进行分隔。例如，图 3-1 所示为 CSS 样式规则的结构示意图。

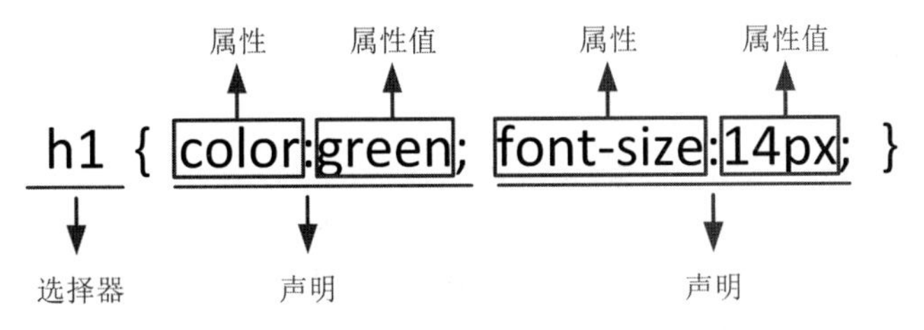

图3-1 CSS样式规则的结构示意图

值得一提的是，在书写 CSS 样式时，除了要遵循 CSS 样式规则，还必须注意 CSS 代码结构的特点，具体如下：

（1）CSS 样式中的选择器严格区分大小写，而声明不区分大小写，按照书写习惯一般将选择器、声明都采用小写的方式。

（2）多个属性之间必须用英文状态下的分号隔开，最后一个属性后的分号可以省略，但是为了便于增加新样式，该分号最好保留。

（3）如果属性的属性值由多个单词组成且中间包含空格，则必须为这个属性值加上英文状态下的引号（一般使用双引号）。例如下面的样式代码。

```
p{font-family:"Times New Roman";}
```

（4）在编写 CSS 代码时，为了提高代码的可读性，可使用“/*注释语句*/”来进行注释，例如上面的样式代码可添加如下注释。

```
p{font-family:"Times New Roman";}
/*这是CSS注释文本，方便查找代码，或解释关键代码，此文本不会显示在浏览器窗口中*/
```

（5）在 CSS 代码中空格是不被解析的，花括号以及分号前后的空格可有可无。因此可以使用空格键、Tab 键、回车键等对样式代码进行排版，即所谓的格式化 CSS 代码。格式化 CSS 代码可以提高代码的可读性。例如下面的两段样式代码。

- 样式代码 1：

```
h1{ color:green; font-size:14px; }
```

- 样式代码 2：

```
h1{
    color:green;                    /*定义颜色属性*/
    font-size:14px;                 /*定义字体大小属性*/
}
```

上述两段样式代码所呈现的效果是一致的，但是“样式代码 2”将每条样式独占一行书写，其代码可读性更高。

需要注意的是，CSS 样式代码中，属性值和单位之间是不允许出现空格的，否则浏览器解析样式代码时会出错，无法正常显示设置的样式。例如下面这行样式代码，数值 14 和单位 px 之间出现了空格，这样的书写方式就是错误的。

```
h1{font-size:14 px; }           /*14和px之间有空格，浏览器解析时会出错*/
```

3.1.2 CSS样式引入

要想使用 CSS 修饰网页，就需要在 HTML 文档中引入 CSS 样式。CSS 提供了四种引入方式，分别为行内式、内嵌式、外链式、导入式，具体介绍如下：

1. 行内式

行内式也称内联样式，是通过标签的 style 属性来设置标签的样式，其基本语法格式如下：

```
<标签名 style="属性1:属性值1; 属性2:属性值2; 属性3:属性值3;">内容</标签名>
```

上述语法中，style 是标签的属性，任何 HTML 标签都拥有 style 属性。属性和属性值的书写规范与 CSS 样式规则一样。行内式只对使用行内式引入 CSS 样式代码的标签以及嵌套在这个标签中的子标签起作用。

通常 CSS 样式代码的书写位置是在<head>头部标签中，但是行内式却将 CSS 样式代码写在<html>根标签中。例如，下面的示例代码，即为行内式 CSS 样式的写法。

```
<h1 style="font-size:20px; color:blue;">使用CSS行内式修饰一级标题的字体大小和颜色</h1>
```

在上述代码中，使用<h1>标签的 style 属性设置行内式 CSS 样式代码，用来修饰一级标题的字体大小和颜色。行内式示例效果如图 3-2 所示。

图3-2 行内式示例效果

需要注意的是，行内式是通过标签的属性来控制样式的，这样并没有做到结构与样式分离，所以不推荐使用。

2. 内嵌式

内嵌式是将 CSS 代码集中写在 HTML 文档的<head>头部标签中，并且用<style>标签定义，其基本语法格式如下：

```
<head>
<style type="text/css">
  选择器 {属性1:属性值1; 属性2:属性值2; 属性3:属性值3;}
</style>
</head>
```

上述语法中，<style>标签一般位于<title>标签之后，我们也可以把<style>标签放在 HTML 文档的任何地方。但是浏览器是从上到下解析代码的，因此把 CSS 样式代码放在头部有利于代码的提前下载和解析，从而避免网页内容下载后没有样式修饰带来的尴尬。除此之外，我们还需要设置 type 的属性值为“text/css”，这样浏览器才知道<style>标签包含的是 CSS 样式代码。

但在一些宽松的语法格式中，type 属性可以省略。

了解了行内式的基本语法后，接下来通过一个案例来学习如何在 HTML 文档中使用内嵌式引入 CSS 样式代码，如例 3-1 所示。

例 3-1　example01.html

```
1  <!doctype html>
2  <html>
3  <head>
4  <meta charset="utf-8">
5  <title>内嵌式引入CSS样式</title>
6  <style type="text/css">
7  h2{text-align:center;}    /*定义标题标签居中对齐*/
8  p{                        /*定义段落标签的样式*/
9     font-size:16px;
10    font-family:"楷体";
11    color:purple;
12    text-decoration:underline;
13 }
14 </style>
15 </head>
16 <body>
17 <h2>内嵌式CSS样式</h2>
18 <p>使用style标签可定义内嵌式CSS样式表，style标签一般位于head头部标签中，title标签之后。</p>
19 </body>
20 </html>
```

在例 3-1 中，第 7~13 行代码为嵌入的 CSS 样式代码，这里不用了解代码的含义，只需了解嵌入方式即可。

运行例 3-1，效果如图 3-3 所示。

图3-3　内嵌式引入CSS样式

通过例 3-1 的样式代码可以看出，内嵌式将 HTML 结构代码与 CSS 样式代码进行了不完全分离（因为还在一个页面中）。由于内嵌式 CSS 样式代码只对其所在的 HTML 页面有效，因此仅设计一个页面时，使用内嵌式是个不错的选择。但如果是一个网站，则不建议使用这种方式，因为内嵌式需要为每个页面匹配 CSS 样式代码，这样不能充分发挥 CSS 代码的重用优势。

3. 外链式

外链式也称链入式，是将所有的样式放在一个或多个以.css 为扩展名的外部样式表文件中，通过<link />标签将外部样式表文件链接到 HTML 文档中。外链式引入 CSS 样式的基本语法格式如下：

```
<head>
<link href="CSS文件的路径" type="text/css" rel="stylesheet" />
</head>
```

上述语法中，<link />标签需要放在<head>头部标签中，并且需要指定<link />标签的三个属性，具体如下：

- href：定义所链接外部样式表文件的 URL，可以是相对路径，也可以是绝对路径。
- type：定义所链接外部样式表文件的类型，在这里需要指定为“text/css”，表示链接的外部文件为 CSS 样式表。在一些宽松的语法格式中，type 属性可以省略。
- rel：定义当前文档与被链接文档之间的关系，在这里需要指定为“stylesheet”，表示被链接的文档是一个样式表文件。

下面通过一个案例分步骤演示如何通过外链式引入 CSS 样式表，具体步骤如下：

① 创建一个 HTML 文档，并在该文档中添加一个标题和一个段落文本，如例 3-2 所示。

例 3-2 example02.html

```
1  <!doctype html>
2  <html>
3  <head>
4  <meta charset="utf-8">
5  <title>外链式引入CSS样式</title>
6  </head>
7  <body>
8  <h2>外链式CSS样式</h2>          /*添加标题*/
9  <p>通过link标签可以将扩展名为.css的外部样式表文件链接到HTML文档中。</p>    /*添加
段落文本*/
10 </body>
11 </html>
```

② 将该 HTML 文档命名为 example02.html，保存在 chapter03 文件夹中。

③ 打开 Dreamweaver 工具，在菜单栏中选择“文件”→“新建”选项，界面中会弹出“新建文档”对话框，如图 3-4 所示。

④ 在“新建文档”对话框的“页面类型”列表框中选择“CSS”选项，单击“创建”按钮，即可弹出 CSS 文档编辑界面，如图 3-5 所示。

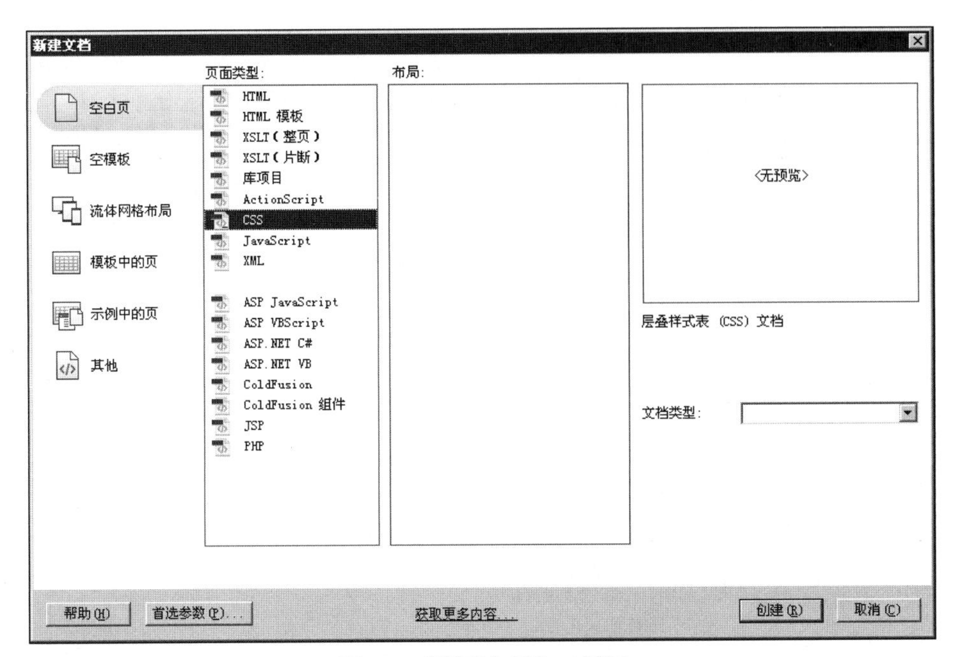

图3-4 “新建文档”对话框

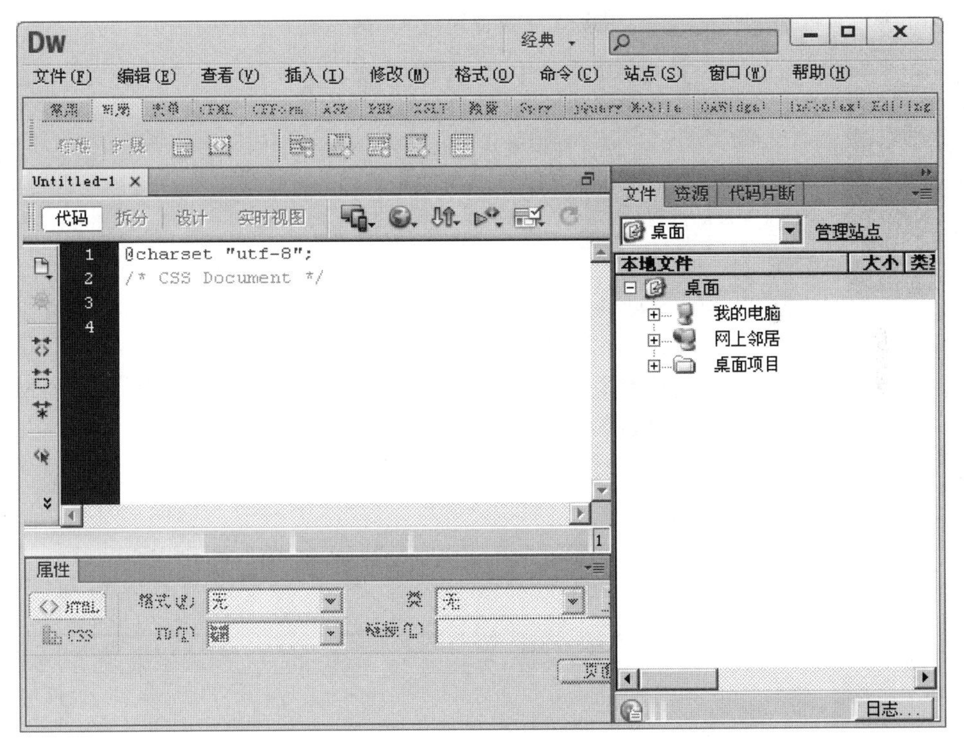

图3-5 CSS文档编辑界面

⑤ 选择“文件”→“保存”选项，弹出“另存为”对话框，如图 3-6 所示。

⑥ 在图 3-6 所示对话框中，将文件命名为“style.css”，保存在文件夹中。

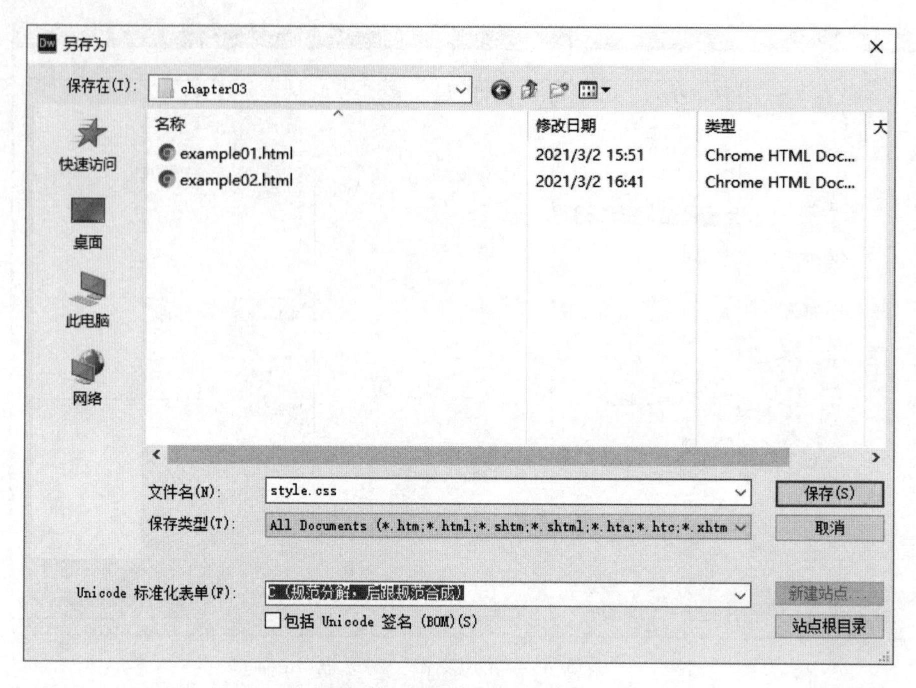

图3-6 “另存为”对话框

⑦ 在图 3-5 所示的 CSS 文档编辑界面中输入以下代码，并保存 CSS 样式表文件。

```
h2{text-align:center;}    /*定义标题标签居中对齐*/
p{                        /*定义段落标签的样式*/
  font-size:16px;
  font-family:"楷体";
  color:purple;
  text-decoration:underline;
}
```

⑧ 在例 3-2 的<head>头部标签中，添加 link 语句，将 style.css 外部样式文件链接到 example02.html 文档中，具体代码如下。

```
<link href="style.css" type="text/css" rel="stylesheet" />
```

⑨ 再次保存 example02.html 文档后，成功链接后，会出现图 3-7 方框标示内容。

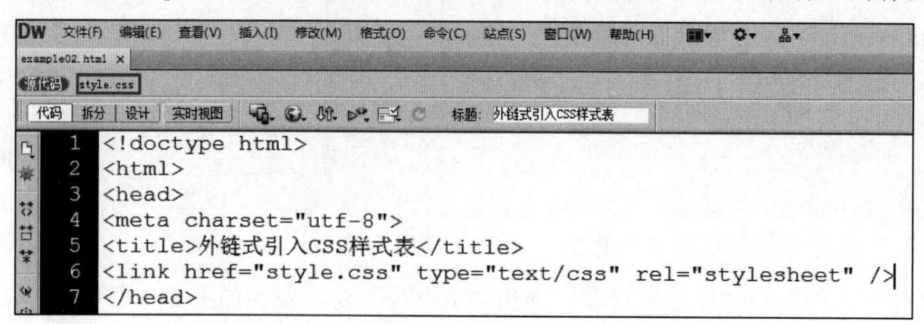

图3-7 方框标示

⑩ 运行例 3-2，效果如图 3-8 所示。

外链式最大的好处是同一个 CSS 样式可以被不同的 HTML 页面链接使用，同时一个 HTML 页面也可以通过多个<link />标签链接多个 CSS 样式。在网页设计中，外链式是使用频率最高，也是最实用的 CSS 样式引入方式。因为外链式将 HTML 代码与 CSS 代码分离为两个文件或多个文件，实现了将结构和样式完全分离，使得网页的前期制作和后期维护都十分方便。

图3-8 外链式引入CSS样式

4. 导入式

导入式与外链式相同，都会引入外部的 CSS 样式文件。对 HTML 头部文档应用<style>标签，并在<style>标签内的开头处使用@import 语句，即可导入外部的 CSS 样式文件。导入式引入 CSS 样式的基本语法格式如下：

```
<style type="text/css" >
  @import url(css文件路径);或 @import "css文件路径";
  /*在此还可以存放其他CSS样式*/
</style>
```

在上述语法中，<style>标签内还可以存放其他的内嵌样式，@import 语句需要位于其他内嵌样式的上面。

如果对例 3-2 应用导入式 CSS 样式，只需把 HTML 文档中的<link />语句替换成以下代码即可，示例代码如下：

```
<style type="text/css">
   @import "style.css";
</style>
```

或者

```
<style type="text/css">
   @import url(style.css);
</style>
```

虽然导入式和外链式功能基本相同，但是大多数网站都是采用外链式引入外部样式表的，主要原因是两者的加载时间和顺序不同。当一个页面被加载时，<link />标签引用的 CSS 样式代码将同时被加载，而@import 引用的 CSS 样式代码会等到页面全部下载完后再被加载。因此，当用户的网速较慢时，会先显示没有 CSS 修饰的网页，这样会造成不好的用户体验，所以大多数网站采用外链式。

3.1.3 CSS基础选择器

我们要想将CSS样式应用于特定的HTML元素，首先需要找到该元素。在CSS中，执行这一任务的样式规则称为选择器。在CSS中的基础选择器有标签选择器、类选择器、id选择器、通配符选择器，对它们的具体介绍如下：

1. 标签选择器

标签选择器是指用HTML标签名称作为选择器，按照标签名称分类，为页面中某一类标签指定统一的CSS样式。标签选择器基本语法格式如下：

```
标签名{属性1:属性值1; 属性2:属性值2; 属性3:属性值3;}
```

在上面的语法格式中，所有的HTML标签名都可以作为标签选择器。例如，body、h1、p、strong等。用标签选择器定义的样式对页面中该类型的所有标签都有效。

下面演示使用p标签选择器定义HTML页面中所有段落的样式的实例，具体代码如下：

```
p{font-size:12px; color:#666; font-family:"微软雅黑";}
```

上述CSS样式代码用于设置HTML页面中所有的段落文本字号为12px、颜色为“#666”、字体为“微软雅黑”。

标签选择器最大的优点是能快速为页面中同类型的标签统一样式，但这也是标签选择器的缺点，它不能定义差异化样式。

2. 类选择器

类选择器使用“.”（英文句点）进行标示，后面紧跟类名。类选择器的基本语法格式如下：

```
.类名{属性1:属性值1; 属性2:属性值2; 属性3:属性值3; }
```

在上面的语法格式中，类名即为HTML元素的class属性值，大多数HTML元素都可以定义class属性。类选择器最大的优势是可以为相同的HTML元素定义差异化的样式。

了解了类选择器的语法结构后，接下来通过一个案例进一步学习类选择器的使用，如例3-3所示。

例3-3 example03.html

```
1  <!doctype html>
2  <html>
3  <head>
4  <meta charset="utf-8">
5  <title>类选择器</title>
6  <style type="text/css">
7  .red{color:red; }
8  .green{color:green; }
9  .font22{font-size:22px; }
10 p{text-decoration:underline; font-family:"微软雅黑";}
11 </style>
12 </head>
13 <body>
14 <h2 class="red">二级标题文本</h2>
```

```
15 <p class="green font22">段落一文本内容</p>
16 <p class="red font22">段落二文本内容</p>
17 <p>段落三文本内容</p>
18 </body>
19 </html>
```

例 3-3 对标题标签<h2>和第二个段落标签<p>应用 class="red"，并通过类选择器设置它们的文本颜色为红色。对第一个段落标签和第 2 个段落标签应用 class="font22"，通过类选择器设置它们的字号为 22px，同时对第一个段落标签应用类"green"，将其文本颜色设置为绿色。通过标签选择器统一设置所有的段落字体为微软雅黑、同时加下画线。

运行例 3-3，效果如图 3-9 所示。

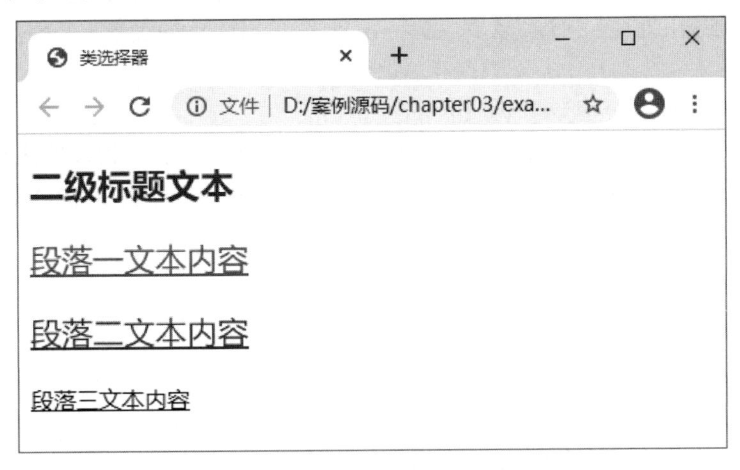

图3-9　类选择器

在图 3-9 中，“二级标题文本”和“段落二文本内容”均显示为红色，可见多个标签可以使用同一个类名，以实现为不同类型的标签指定相同的样式。同时，一个 HTML 标签也可以应用多个 class 类，设置多个样式，在 HTML 标签中多个类名之间需要用空格隔开。

注意:

类名的第一个字符不能使用数字，并且严格区分大小写，一般采用小写的英文字符。

3. id 选择器

id 选择器使用“#”进行标示，后面紧跟 id 名。id 选择器的基本语法格式如下：

```
#id名{属性1:属性值1; 属性2:属性值2; 属性3:属性值3;}
```

在上面的语法格式中，id 名即为 HTML 元素的 id 属性值，大多数 HTML 元素都可以定义 id 属性，并且元素的 id 属性值是唯一的，只能对应文档中某一个具体的 HTML 元素。

下面通过一个案例来学习 id 选择器的使用，如例 3-4 所示。

例 3-4　example04.html

```
1 <!doctype html>
2 <html>
3 <head>
```

```
4  <meta charset="utf-8">
5  <title>id选择器</title>
6  <style type="text/css">
7  #bold{font-weight:bold;}
8  #font24{ font-size:24px;}
9  </style>
10 </head>
11 <body>
12 <p id="bold">段落1: id="bold", 设置粗体文字。</p>
13 <p id="font24">段落2: id="font24", 设置字号为24px。</p>
14 <p id="font24">段落3: id="font24", 设置字号为24px。</p>
15 <p id="bold font24">段落4: id="bold font24", 同时设置粗体和字号24px。</p>
16 </body>
17 </html>
```

例 3-4 为四个<p>标签同时定义了 id 属性，并通过对应的 id 选择器设置文本字号、颜色、加粗效果。其中，第二个和第三个<p>标签的 id 属性值相同，第四个<p>标签定义了两个 id 属性值。

运行例 3-4，效果如图 3-10 所示。

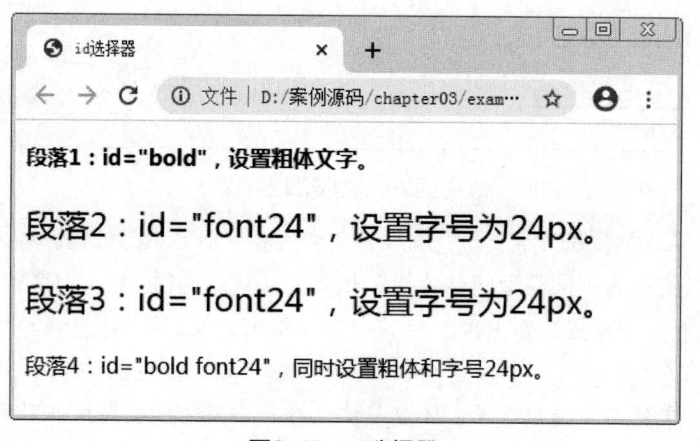

图3-10 id选择器

从图 3-10 可以看出，第 1~3 行文本都显示了定义的样式，但最后一行文本却没有应用任何 CSS 样式。这是因为标签的 id 属性值具有唯一性，也就意味着 id 选择器并不像类选择器那样可定义多个值，所以类似“id="bold font24"”的写法是不允许的。

注意：

同一个 id 也可以应用于多个标签，浏览器并不报错，但是这种做法是不被允许的，因为 JavaScript 等脚本语言调用 id 时会出错。

4. 通配符选择器

通配符选择器用“*”号表示，它是所有选择器中作用范围最广的，能匹配页面中所有的元素。通配符选择器的基本语法格式如下：

```
*{属性1:属性值1; 属性2:属性值2; 属性3:属性值3;}
```

例如，下面用来清除所有 HTML 标签的默认边距的实例代码，使用的就是通配符选择器。

```
*{
  margin:0;                    /* 定义外边距*/
  padding:0;                   /* 定义内边距*/
}
```

实际制作网页时，不建议使用通配符选择器。因为使用通配符选择器设置的样式对所有的 HTML 元素都生效，不管该元素是否需要设置样式，这样反而降低了代码的执行速度。

3.2 CSS 文本样式属性

学习 HTML 时，我们可以使用文本样式标签和属性控制文本内容的显示样式，但是这种方式烦琐且不利于代码的维护。为此，CSS 提供了文本样式属性。使用 CSS 文本样式属性可以轻松方便地控制内容的显示样式。CSS 文本样式属性包括 CSS 字体样式属性和 CSS 文本外观属性，本节将对这两种属性做详细讲解。

3.2.1 CSS 字体样式属性

为了更方便地控制网页中各种各样的字体，CSS 提供了一系列的字体样式属性，具体如下：

1. font-size：字号

font-size 属性用于设置字号，该属性的属性值可以为像素值、百分比、倍率等。表 3-1 列举了 font-size 属性常用的属性值单位。

表 3-1 font-size 属性常用的属性值单位

相对长度单位	说明
em	倍率单位，指相对于当前对象内文本的字体倍率
px	像素单位，是网页设计中常用的单位
%	百分比单位，指相对于当前对象内文本的字体百分比

在表 3-1 所示的常用单位中，推荐使用像素单位——px。例如，将网页中所有段落文本的字号大小设为 12px，可以使用下面的 CSS 样式代码。

```
p{font-size:12px;}
```

2. font-family：字体

font-family 属性用于设置字体。网页中常用的字体有宋体、微软雅黑、黑体等。例如，将网页中所有段落文本的字体设置为微软雅黑，可以使用下面的 CSS 样式代码。

```
p{font-family:"微软雅黑";}
```

font-family 属性可以同时指定多个字体，各字体之间以逗号隔开。如果浏览器不支持第一种字体，则会尝试下一种，直到匹配到合适的字体。例如，下面的示例代码，同时指定了三种字体。

```
body{font-family:"华文彩云","宋体","黑体";}
```

当应用上面的字体样式时，浏览器会首选“华文彩云”字体，如果用户计算机中没有安装该字体则选择“宋体”。依此类推，当 font-family 属性指定的字体都没有安装时，浏览器就会选择用户计算机默认的字体。

使用 font-family 设置字体时，需要注意以下几点。

- 各种字体之间必须使用英文状态下的逗号分隔。
- 中文字体需要加英文状态下的引号，但英文字体不需要加引号。当需要设置英文字体时，英文字体名必须位于中文字体名之前。例如，下面的代码。

```
body{font-family:Arial,"微软雅黑","宋体","黑体";}    /*正确的书写方式*/
body{font-family:"微软雅黑","宋体","黑体",Arial;}    /*错误的书写方式*/
```

- 如果字体名中包含空格、#、$等符号，则该字体必须加英文状态下的引号，例如 font-family: "Times New Roman";。
- 尽量使用系统默认字体，保证网页中的文字在任何用户的浏览器中都能正确显示。

3. font-weight：字体粗细

font-weight 属性用于定义字体的粗细，其属性值如表 3-2 所示。

表 3-2 font-weight 属性的属性值

值	描　述
normal	默认属性值。定义标准样式的字符
bold	定义粗体字符
bolder	定义更粗的字符
lighter	定义更细的字符
100~900（100 的整数倍）	定义由细到粗的字符。其中 400 等同于 normal，700 等同于 bold，数值越大字体越粗

在实际工作中，常用的属性值为 normal 和 bold，分别用来定义正常和加粗显示的字体。

4. font-variant：变体

font-variant 属性用于设置英文字符的变体，用于定义小型大写字体，该属性仅对英文字符有效。font-variant 属性的可用属性值如下：

- normal：默认值，浏览器会显示标准的字体。
- small-caps：浏览器会显示小型大写的字体，即所有的小写字母均会转换为大写。但是所有使用小型大写字体的字母和其余文本相比，字体尺寸更小。

例如，图 3-11 方框标示的小型大写字母，就是使用 font-variant 属性设置的。

This is a paragraph

THIS IS A PARAGRAPH

图3-11　小型大写字母

5. font-style：字体风格

font-style 属性用于定义字体风格。例如，设置斜体、倾斜或正常字体。font-style 属性可用属性值如下：

- normal：默认值，浏览器会显示标准的字体样式。
- italic：浏览器会显示斜体的字体样式。

- oblique：浏览器会显示倾斜的字体样式。

当 font-style 属性取值为 italic 或 oblique 时，文字都会显示倾斜的样式，两者在显示效果上并没有本质区别。但 italic 是使用了字体的倾斜属性，并不是所有的字体都有 italic 属性。oblique 是单纯的使文字倾斜，而不管该字体有没有 italic 属性。

6. font：综合设置字体样式

font 属性用于对字体样式进行综合设置，其基本语法格式如下：

```
选择器{font:font-style font-variant font-weight font-size/line-height font-family;}
```

使用 font 属性综合设置字体样式时，必须按上面语法格式中的顺序书写，各个属性以空格隔开（line-height 用于设置行间距，属于文本外观属性，在后面将具体介绍）。例如，下面设置字体样式的示例代码。

```
p{font-family:Arial,"宋体"; font-size:30px; font-style:italic; font-weight:bold; font-variant:small-caps; line-height:40px;}
```

上述代码可以使用 font 属性综合设置字体样式，等价于下面的代码。

```
p{font:italic small-caps bold 30px/40px Arial,"宋体";}
```

其中不需要设置的属性可以省略（省略的属性将取默认值），但必须保留 font-size 和 font-family 属性，否则 font 属性将不起作用。

下面通过一个案例演示 font 属性综合设置字体样式的方法，如例 3-5 所示。

例 3-5　example05.html

```
1 <!doctype html>
2 <html>
3 <head>
4 <meta charset="utf-8">
5 <title>font属性</title>
6 <style type="text/css">
7 .one{ font:italic 18px/30px "隶书";}
8 .two{ font:italic 18px/30px;}
9 </style>
10 </head>
11 <body>
12 <p class="one">段落1：使用font属性综合设置段落文本的字体风格、字号、行高和字体。</p>
13 <p class="two">段落2：使用font属性综合设置段落文本的字体风格、字号和行高。由于省略了字体属性font-family，这时font属性不起作用。</p>
14 </body>
15 </html>
```

在例 3-5 中，定义了两个段落，同时使用 font 属性分别对它们进行相应的设置。

运行例 3-5，效果如图 3-12 所示。

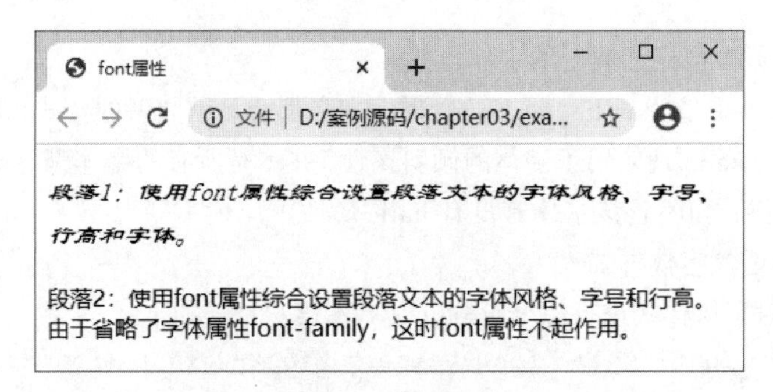

图3-12　font属性

从图 3-12 可以看出，font 属性设置的样式并没有对第二个段落文本生效，这是因为对第二个段落文本的设置中省略了字体属性“font-family”。

7. @font-face 规则：定义服务器字体

@font-face 是 CSS3 的新增规则，用于定义服务器字体。通过@font-face 规则，我们可以使用计算机未安装字体。@font-face 规则定义服务器字体的基本语法格式如下：

```
@font-face{
  font-family:字体名称;
  src:字体路径;
}
```

在上面的语法格式中，font-family 用于指定该服务器字体的名称，该名称可以随意定义。src 属性用于指定该字体文件的路径。

下面通过一个剪纸字体的案例，来演示@font-face 规则的具体用法，如例 3-6 所示。

例 3-6　example06.html

```
1  <!doctype html>
2  <html>
3  <head>
4  <meta charset="utf-8">
5  <title>@font-face规则</title>
6  <style type="text/css">
7     @font-face{
8        font-family:jianzhi;        /*服务器字体名称*/
9        src:url(FZJZJW.TTF);        /*服务器字体名称*/
10    }
11    p{
12       font-family:jianzhi;    /*设置字体样式*/
13       font-size:32px;
14    }
15 </style>
16 </head>
17 <body>
18 <p>明确责任</p>
```

```
19 <p>肩负使命</p>
20 </body>
21 </html>
```

在例 3-6 中，第 7~10 行代码用于定义服务器字体，第 12 行代码用于为段落标签设置字体样式。

运行例 3-6，效果如图 3-13 所示。

图3-13　@font-face规则

从图 3-13 可以看出，当定义并设置服务器字体后，页面就可以正常显示剪纸字体。总结例 3-6，可以得出使用服务器字体的步骤如下：

① 下载字体，并存储到相应的文件夹中。

② 使用@font-face 规则定义服务器字体。

③ 对元素应用“font-family”字体样式。

注意：

服务器字体定义完成后，还需要对元素应用“font-family”字体样式。

3.2.2　CSS 文本外观属性

使用 HTML 可以对文本外观进行简单的控制，但是效果并不丰富。为此 CSS 提供了一系列的文本外观样式属性，具体如下：

1. color：文本颜色

color 属性用于定义文本的颜色，其属性值有如下三种。

- 颜色英文单词。例如，red、green、blue 等。
- 十六进制颜色值。例如，#FF0000、#FF6600、#29D794 等。实际工作中，十六进制颜色值是最常用的方式，并且英文字母不区分大小写。
- RGB 颜色值。例如，红色可以表示为 rgb(255,0,0)或 rgb(100%,0%,0%)。

注意:

如果使用 RGB 代码的百分比颜色值，取值为 0 时也不能省略百分号，必须写为 0%。

多学一招:十六进制颜色值的缩写

十六进制颜色值是由#开头的六位十六进制数值组成，每两位为一个颜色分量，分别表示颜色的红、绿、蓝三个分量。当三个分量的两位十六进制数都相同时，可使用 CSS 缩写。例如，#FF6600 可缩写为#F60，#FF0000 可缩写为#F00，#FFFFFF 可缩写为#FFF。

2. letter-spacing：字间距

letter-spacing 属性用于定义字间距，所谓字间距就是字符与字符之间的空白距离。letter-spacing 属性的属性值可以为不同单位的数值。在定义字间距时，letter-spacing 属性的取值可以为负，其默认属性值为 normal。

接下来通过一个案例来演示字间距属性 letter-spacing 的显示效果，如例 3-7 所示。

例 3-7 example07.html

```
1  <!doctype html>
2  <html>
3  <head>
4  <meta charset="utf-8">
5  <title>字间距属性letter-spacing</title>
6  <style type="text/css">
7  h2{letter-spacing:20px;}
8  h3{letter-spacing:-0.5em;}
9  </style>
10 </head>
11 <body>
12 <h2>letter spacing（字间距为正值）</h2>
13 <h3>letter spacing（字间距为负值）</h3>
14 </body>
15 </html>
```

在例 3-7 中，第 7、8 行代码将 h2 的字间距设置为 20px，将 h3 的字间距设置为-0.5em。

运行例 3-7，效果如图 3-14 所示。

图3-14 设置字间距

从图 3-14 容易看出，设置为负值的三级标题文本出现了重叠的效果。

3. word-spacing：单词间距

word-spacing 属性用于定义英文单词之间的间距，对中文字符无效。和 letter-spacing 一样，其属性值可为不同单位的数值，允许使用负值，默认为 normal。

word-spacing 和 letter-spacing 均可对英文进行设置。不同的是 letter-spacing 定义的为字母之间的间距，而 word-spacing 定义的为英文单词之间的间距。

接下来通过一个案例来演示 word-spacing 和 letter-spacing 的不同，如例 3-8 所示。

例 3-8 example08.html

```
1  <!doctype html>
2  <html>
3  <head>
4  <meta charset="utf-8">
5  <title>word-spacing和letter-spacing</title>
6  <style type="text/css">
7  .letter{ letter-spacing:20px;}
8  .word{ word-spacing:20px;}
9  </style>
10 </head>
11 <body>
12 <p class="letter">letter spacing(字母间距)</p>
13 <p class="word">word spacing word spacing(单词间距)</p>
14 </body>
15 </html>
```

在例 3-8 中，对两个段落文本分别应用 letter-spacing 和 word-spacing 属性。

运行例 3-8，效果如图 3-15 所示。

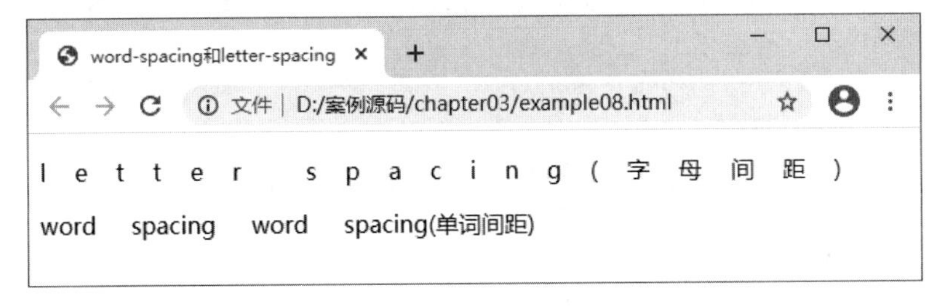

图3-15 word-spacing和letter-spacing

4. line-height：行间距

line-height 属性用于设置行间距。所谓行间距就是行与行之间的距离，即字符的垂直间距，一般称为行高。图 3-16 所示为文本的行高示例。

文字文字文字文字文字文字文字文字文字文字文字

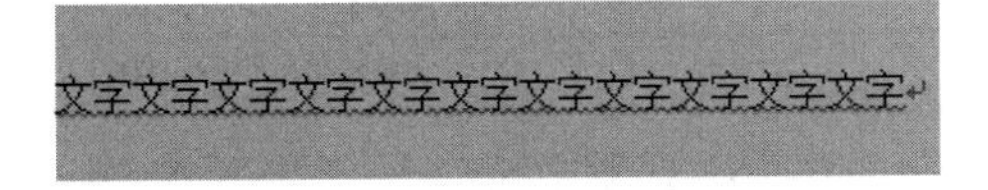

文字文字文字文字文字文字文字文字文字文字文字

图3-16 文本的行高示例

在图 3-16 所示的行高示例中，背景色的高度即为这段文本的行高。line-height 常用的属性值单位有三种，分别为像素（px）、倍率（em）和百分比（%），实际工作中使用最多的是像素（px）。

了解了 line-height 属性后，接下来通过一个案例来学习 line-height 属性的使用，如例 3-9 所示。

例 3-9 example09.html

```
1 <!doctype html>
2 <html>
3 <head>
4 <meta charset="utf-8">
5 <title>行高line-height的使用</title>
6 <style type="text/css">
7 .one{ font-size:16px; line-height:18px;}
8 .two { font-size:12px; line-height:2em;}
9 .three { font-size:14px; line-height:150%;}
10 </style>
11 </head>
12 <body>
13 <p class="one">段落1：使用像素px设置line-height。该段落字体大小为16px，
line-height属性值为18px。</p>
14 <p class="two">段落2：使用相对值em设置line-height。该段落字体大小为12px，
line-height属性值为2em。</p>
15 <p class="three">段落3：使用百分比%设置line-height。该段落字体大小为14px，
line-height属性值为150%。</p>
16 </body>
17 </html>
```

例 3-9 分别使用像素、相对值和百分比为单位设置三个段落的行高。

运行例 3-9，效果如图 3-17 所示。

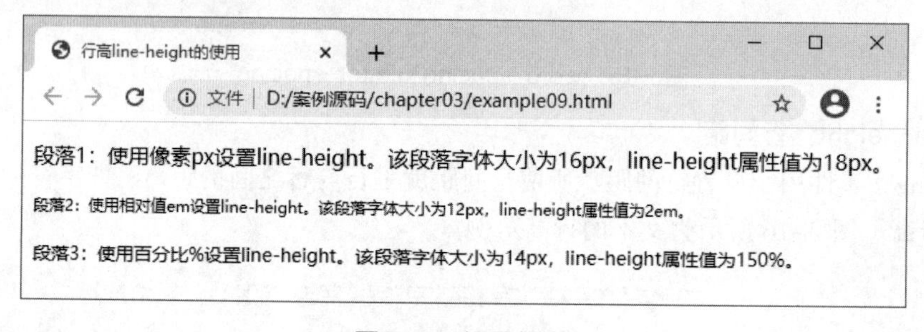

图3-17 设置行高

5. text-transform：文本转换

text-transform 属性用于转换英文字符的大小写，其可用属性值如下：

- none：不转换（默认值）。
- capitalize：首字母大写。
- uppercase：全部字符转换为大写。
- lowercase：全部字符转换为小写。

6. text-decoration：文本装饰

text-decoration 属性用于设置文本的下画线、上画线、删除线等装饰效果，其可用属性值如下：

- none：没有装饰（正常文本默认值）。
- underline：下画线。
- overline：上画线。
- line-through：删除线。

text-decoration 后可以赋多个值，用于给文本添加多种显示效果。例如，希望文字同时有下画线和删除线效果，就可以将 underline 和 line-through 同时赋值给 text-decoration。text-decoration 属性如果取多个属性值，这些属性值之间使用空格分隔。

接下来通过一个案例来演示 text-decoration 各个属性值的显示效果，如例 3-10 所示。

例 3-10　example10.html

```
1  <!doctype html>
2  <html>
3  <head>
4  <meta charset="utf-8">
5  <title>文本装饰text-decoration</title>
6  <style type="text/css">
7  .one{ text-decoration:underline;}
8  .two{ text-decoration:overline;}
9  .three{ text-decoration:line-through;}
10 .four{ text-decoration:underline line-through;}
11 </style>
12 </head>
13 <body>
14 <p class="one">设置下画线（underline）</p>
15 <p class="two">设置上画线（overline）</p>
16 <p class="three">设置删除线（line-through）</p>
17 <p class="four">同时设置下画线和删除线（underline line-through）</p>
18 </body>
19 </html>
```

在例 3-10 中，定义了四个段落文本，并且使用 text-decoration 属性对它们添加不同的文本装饰效果。其中对第四个段落同时应用 underline 和 line-through 两个属性值，添加两种效果。

运行例 3-10，效果如图 3-18 所示。

7. text-align：水平对齐方式

text-align 属性用于设置文本内容的水平对齐方式，相当于 HTML 中的 align 属性。text-align 属性可用属性值如下：

- left：左对齐（默认值）。
- right：右对齐。

- center：居中对齐。

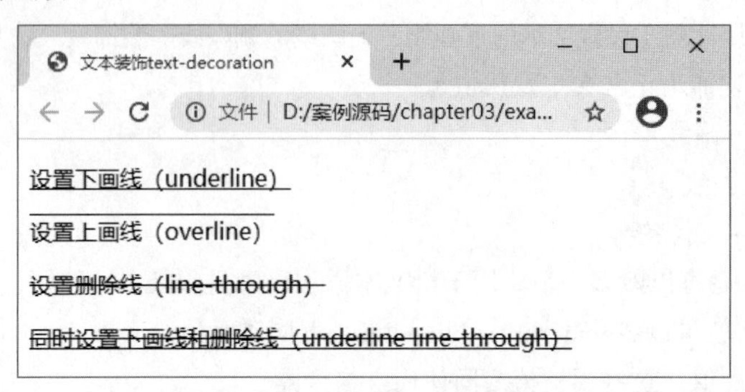

图3-18　文本装饰text-decoration

例如，设置二级标题居中对齐，可使用下面的 CSS 代码。

```
h2{ text-align:center;}
```

注意：

① text-align 属性仅适用于块元素，对行内元素无效，关于块元素和行内元素，会在第 4 章具体介绍。

② 如果需要对图像设置水平对齐，可以为图像添加一个父标签，如<p>标签或<div>标签，然后对父标签应用 text-align 属性，即可实现图像的水平对齐。

8. text-indent：首行缩进

text-indent 属性用于设置首行文本的缩进，其属性值可为像素值（px）、字符倍数（em）或相对于浏览器窗口宽度的百分比（%）。text-indent 属性的属性值允许使用负数。实际工作中，建议使用字符倍数（em）作为设置单位。

下面，通过一个案例来学习 text-indent 属性的使用，如例 3-11 所示。

例 3-11　example11.html

```
1 <!doctype html>
2 <html>
3 <head>
4 <meta charset="utf-8">
5 <title>首行缩进text-indent</title>
6 <style type="text/css">
7 p{ font-size:14px;}
8 .one{ text-indent:2em;}
9 .two{ text-indent:50px;}
10 </style>
11 </head>
12 <body>
13 <p class="one">这是段落1中的文本，text-indent属性可以对段落文本设置首行缩进效果，段落1使用text-indent:2em;。</p>
14 <p class="two">这是段落2中的文本，text-indent属性可以对段落文本设置首行缩进效果，
```

```
段落2使用text-indent:50px;。</p>
    15 </body>
    16 </html>
```

在例 3-11 中，对第一段文本应用 text-indent:2em;，无论字号多大，首行文本都会缩进两个字符，对第二段文本应用 text-indent:50px;，首行文本将缩进 50px，与字号大小无关。

运行例 3-11，效果如图 3-19 所示。

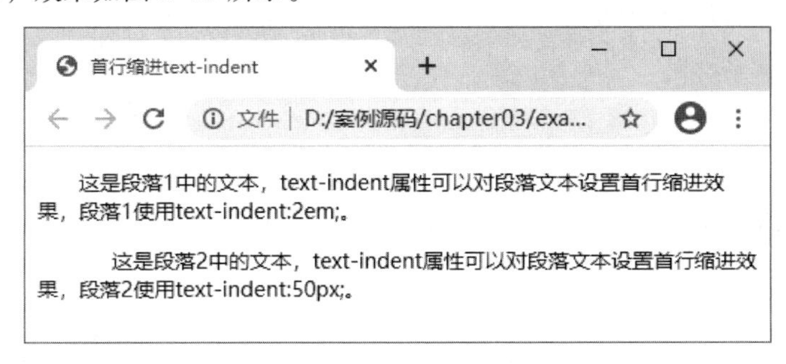

图3-19 首行缩进text-indent

注意:

text-indent 属性仅适用于块元素，对行内元素无效。

9. white-space：空白符处理

空白符是空格符、换行符等的统称。我们使用 HTML 制作网页时，不论源代码中有多少空格符、换行符，在浏览器中只会显示一个字符的空白。在 CSS 中，使用 white-space 属性可设置空白符的处理方式。white-space 属性常用属性值如下：

- normal：常规（默认值），文本中的空格无效，满行（到达区域边界）后自动换行。
- pre：按文档的书写格式保留空格、换行样式。
- nowrap：强制文本不能换行，即使内容超出元素的边界也不换行，超出时浏览器页面则会自动增加滚动条。换行标签
可以强制换行，不受 nowrap 属性值的限制。

接下来通过一个案例来演示 white-space 常用属性值的效果，如例 3-12 所示。

例 3-12 example12.html

```
1  <!doctype html>
2  <html>
3  <head>
4  <meta charset="utf-8">
5  <title>white-space空白符处理</title>
6  <style type="text/css">
7  .one{ white-space:normal;}
8  .two{ white-space:pre;}
9  .three{ white-space:nowrap;}
10 </style>
11 </head>
```

```
1 <body>
13 <p class="one">这个                段落中          有很多
14 空格。此段落应用white-space:normal;。</p>
15 <p class="two">这个                段落中          有很多
16 空格。此段落应用white-space:pre;。</p>
17 <p class="three">此段落应用white-space:nowrap;。这是一个较长的段落。这是一个较长的段落。这是一个较长的段落。这是一个较长的段落。这是一个较长的段落。这是一个较长的段落。这是一个较长的段落。这是一个较长的段落。这是一个较长的段落。这是一个较长的段落。</p>
18 </body>
19 </html>
```

在例 3-12 中，定义了三个段落，其中前两个段落中包含很多空白符，第三个段落内容较长。三个段落文本使用 white-space 属性分别设置段落中空白符的处理方式。

运行例 3-12，效果如图 3-20 所示。

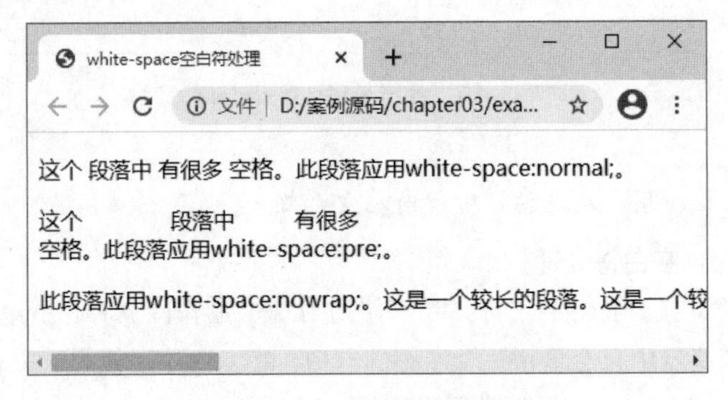

图3-20　white-space空白符处理

根据图 3-20 显示的效果可知，使用“white-space:pre;”定义的段落，会保留空白符在浏览器中原样显示。使用“white-space:nowrap;”定义的段落未换行，并且浏览器窗口出现了滚动条。

10. text-shadow：阴影效果

text-shadow 是 CSS3 新增属性，该属性可以为页面中的文本添加阴影效果。text-shadow 属性的基本语法格式如下：

```
选择器{text-shadow:h-shadow v-shadow blur color;}
```

在上面的语法格式中，h-shadow 用于设置水平阴影的距离，v-shadow 用于设置垂直阴影的距离，blur 用于设置模糊半径，color 用于设置阴影颜色。

下面通过一个案例来演示 text-shadow 属性的用法，如例 3-13 所示。

例 3-13　example13.html

```
1 <!doctype html>
2 <html>
3 <head>
4 <meta charset="utf-8">
5 <title>text-shadow属性</title>
6 <style type="text/css">
7 p{
```

```
8    font-size: 50px;
9    text-shadow:10px 10px 10px red;  /*设置文字阴影的距离、模糊半径和颜色*/
10 }
11 </style>
12 </head>
13 <body>
14 <p>Hello CSS3</p>
15 </body>
16 </html>
```

在例 3-13 中，第 9 行代码用于为文字添加阴影效果，设置阴影的水平和垂直偏移距离为10px，模糊半径为 10px，阴影颜色为红色。

运行例 3-13，效果如图 3-21 所示。

图3-21 text-shadow属性

通过图 3-21 可以看出，文本右下方出现了模糊的红色阴影效果。此外，当设置阴影的水平距离参数或垂直距离参数为负值时，可以改变阴影的投射方向。

注意：

阴影的水平或垂直距离参数可以设为负值，但阴影的模糊半径参数只能设置为正值，并且数值越大阴影向外模糊的范围也就越大。

多学一招：设置多个阴影叠加效果

我们可以使用 text-shadow 属性给文字添加多个阴影，从而产生阴影叠加的效果。设置阴影叠加的方法非常简单，我们只需设置多组阴影参数，中间用逗号隔开即可。例如，想要对例 3-13 中的段落设置红色和绿色阴影叠加的效果，可以将 p 标签的样式更改为：

```
p{
  font-size:32px;
  text-shadow:10px 10px 10px red,20px 20px 20px green;  /*红色和绿色的投影叠加*/
}
```

在上面的代码中，为文本依次指定了红色和绿色的阴影效果，并设置了阴影的位置和模糊数值。阴影叠加效果如图 3-22 所示。

图3-22 阴影叠加效果

3.3 CSS高级特性

我们想要使用CSS实现结构与表现的分离，解决工作中出现的CSS调试问题，还需要学习CSS高级特性。CSS高级特性包括CSS复合选择器、CSS层叠性和继承性、CSS优先级，本节将对这些高级特性进行详细讲解。

3.3.1 CSS复合选择器

书写CSS样式表时，可以使用CSS基础选择器选中HTML元素。但是在实际网站开发中，一个网页可能包含成千上万的HTML元素，如果仅使用CSS基础选择器，是远远不够的。为此CSS提供了几种复合选择器，实现了更强、更方便的选择功能。复合选择器是由两个或多个基础选择器，通过不同的方式组合而成。CSS复合选择器包括标签指定式选择器、后代选择器、并集选择器，具体介绍如下：

1. 标签指定式选择器

标签指定式选择器又称交集选择器，由两个选择器构成，其中第一个为标签选择器，第二个为class选择器或id选择器，两个选择器之间不能有空格，例如，“h3.special”或“p#one”。

下面通过一个案例对标签指定式选择器做具体演示，如例3-14所示。

例3-14 example14.html

```
1  <!doctype html>
2  <html>
3  <head>
4  <meta charset="utf-8">
5  <title>标签指定式选择器的应用</title>
6  <style type="text/css">
7  p{ color:blue;}
8  .special{color:green;}
9  p.special{color:red;}    /*标签指定式选择器*/
10 </style>
11 </head>
12 <body>
```

```
13 <p>普通段落文本（蓝色）</p>
14 <p class="special">指定了.special类的段落文本（红色）</p>
15 <h3 class="special">指定了.special类的标题文本（绿色）</h3>
16 </body>
17 </html>
```

例 3-14 分别定义了<p>标签和“.special”类的样式，此外还单独定义了“p.special”，用于控制特殊显示的样式。

运行例 3-14，效果如图 3-23 所示。

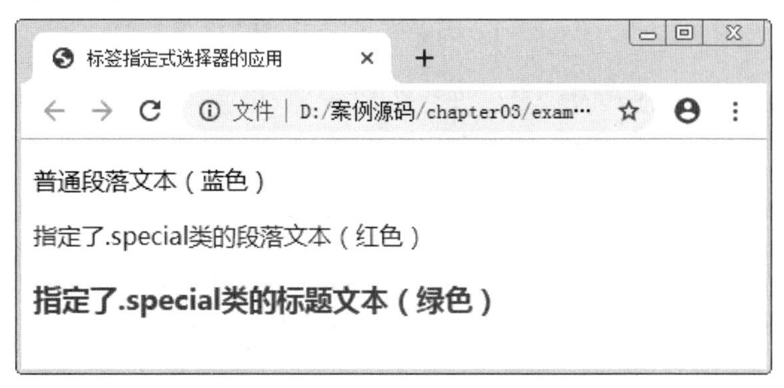

图3-23 标签指定式选择器的应用

从图 3-23 可以看出，只有第二段文本变成了红色。可见标签选择器 p.special 定义的样式仅仅适用于<p class="special">标签，而不会影响使用了 special 类名的其他标签。

2. 后代选择器

后代选择器用来选择元素或元素组的后代，其写法就是把外层标签写在前面，内层标签写在后面，中间用空格分隔。当标签发生嵌套时，内层标签就成为外层标签的“后代”。

如果一个<p>标签内嵌套<strong>标签时，就可以使用后代选择器对其中的<strong>标签进行控制，如例 3-15 所示。

例 3-15 example15.html

```
1 <!doctype html>
2 <html>
3 <head>
4 <meta charset="utf-8">
5 <title>后代选择器</title>
6 <style type="text/css">
7 p strong{color:red;}      /*后代选择器*/
8 strong{color:blue;}
9 </style>
10 </head>
11 <body>
12 <p>段落文本<strong>嵌套在段落中，使用strong标签定义的文本（红色）。
</strong></p>
```

```
13 <strong>嵌套之外由strong标签定义的文本（蓝色）。</strong>
14 </body>
15 </html>
```

在例 3-15 中，定义了两个<strong>标签，并将第一个<strong>标签嵌套在<p>标签中，然后分别设置<strong>标签和“p strong”的样式。

运行例 3-15，效果如图 3-24 所示。

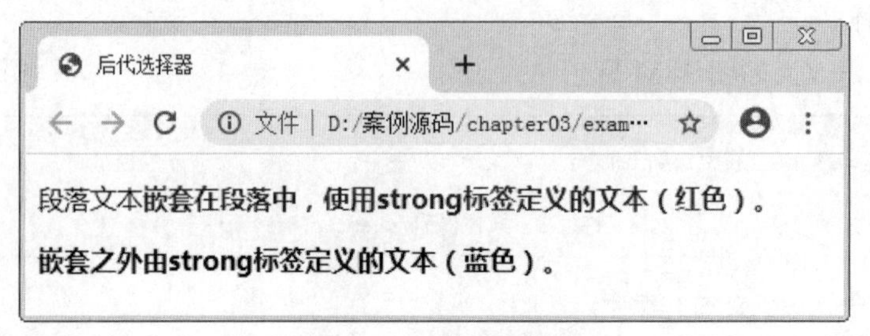

图3-24　后代选择器

通过图 3-24 可以看出，第一段部分本文变成红色。可见后代选择器 p strong 定义的样式仅仅适用于嵌套在<p>标签中的<strong>标签，其他的<strong>标签不受影响。

值得一提的是，后代选择器不局限于使用两个元素，如果需要加入更多的元素，只需在元素之间加上空格即可。如果例 3-11 中的<strong>标签中还嵌套有一个<em>标签，要想控制这个<em>标签，就可以使用“p strong em”选中<em>标签。

3. 并集选择器

并集选择器的各个选择器通过逗号连接而成，任何形式的选择器（包括标签选择器、类选择器以及 id 选择器），都可以作为并集选择器的一部分。如果某些选择器定义的样式完全相同或部分相同，就可以利用并集选择器为它们定义相同的 CSS 样式。

如果在页面中有两个标题和三个段落，它们的字号和颜色相同。同时其中一个标题和两个段落文本有下画线效果，这时就可以使用并集选择器定义 CSS 样式，如例 3-16 所示。

例 3-16　example16.html

```
1  <!doctype html>
2  <html>
3  <head>
4  <meta charset="utf-8">
5  <title>并集选择器</title>
6  <style type="text/css">
7  h2,h3,p{color:red; font-size:14px;}          /*不同标签组成的并集选择器*/
8  h3,.special,#one{text-decoration:underline;}  /*标签、类、id组成的并集选择器*/
9  </style>
10 </head>
11 <body>
12 <h2>二级标题文本。</h2>
13 <h3>三级标题文本，加下画线。</h3>
```

```
14 <p class="special">段落文本1，加下画线。</p>
15 <p>段落文本2，普通文本。</p>
16 <p id="one">段落文本3，加下画线。</p>
17 </body>
18 </html>
```

在例 3-16 中，使用由不同标签组成的并集选择器“h2,h3,p”，控制所有标题和段落的字号和颜色。然后使用由标签、类、id 组成的并集选择器“h3,.special,#one”，定义某些文本的下画线效果。

运行例 3-16，效果如图 3-25 所示。

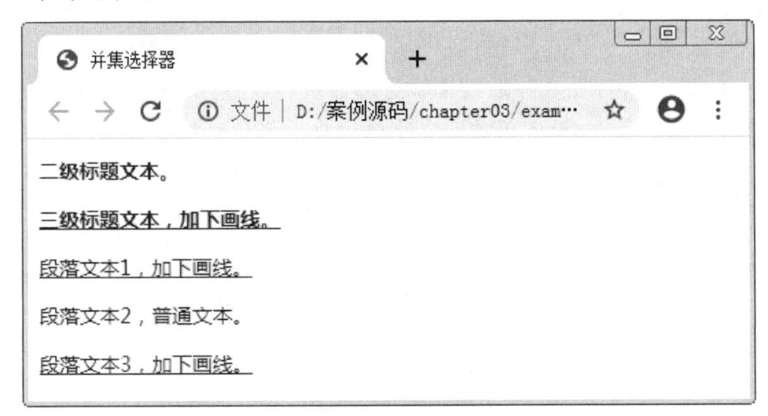

图3-25　并集选择器

通过图 3-25 可以看出，使用并集选择器定义的样式与使用基础选择器单独定义的样式完全相同，而且这种方式书写的 CSS 代码更简洁、高效。

3.3.2　CSS 层叠性和继承性

CSS 是层叠式样式表的简称，层叠性和继承性是 CSS 的基本特征。在网页制作中，合理利用 CSS 的层叠性和继承性能够简化代码结构，提升网页运行速度。下面将对 CSS 的层叠性和继承性进行详细讲解。

1. 层叠性

层叠性是指多种 CSS 样式的叠加。例如，当使用内嵌式 CSS 样式表定义<p>标签字号大小为 12px，链入式定义<p>标签颜色为红色，那么段落文本将显示字号为 12px，颜色为红色，也就是说这两种样式产生了叠加。

下面通过一个案例使读者更好地理解 CSS 的层叠性，如例 3-17 所示。

例 3-17　example17.html

```
1 <!doctype html>
2 <html>
3 <head>
4 <meta charset="utf-8">
5 <title>CSS层叠性</title>
```

```
6  <style type="text/css">
7  p{font-size:18px; font-family:"微软雅黑";}
8  .special{font-style:italic;}
9  #one{color:green; font-weight:bold;}
10 </style>
11 </head>
12 <body>
13 <p>离离原上草，一岁一枯荣。</p>
14 <p class="special" id="one">野火烧不尽，春风吹又生。</p>
15 </body>
16 </html>
```

例 3-17 定义了两个<p>标签，并通过标签选择器统一设置段落的字号和字体，然后通过类选择器和 id 选择器为第二个<p>标签单独定义字体风格、颜色、加粗效果。

运行例 3-17，效果如图 3-26 所示。

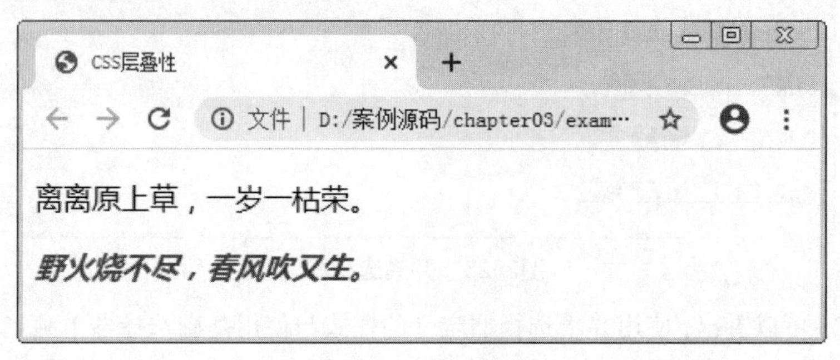

图3-26　CSS层叠性

通过图 3-26 可以看出，第二段文本显示了标签选择器 p 定义的字体“微软雅黑”，id 选择器“#one”定义文本为绿色、加粗效果，类选择器“.special”定义字体倾斜显示，可见这三个选择器定义的 CSS 样式产生了叠加。

2. 继承性

继承性是指书写 CSS 样式表时，子标签会继承父标签的某些样式。例如，定义主体标签<body>的文本颜色为黑色，那么页面中所有的文本都将显示为黑色，这是因为页面其他标签都嵌套在<body>标签中，是<body>标签的子标签。这些子标签继承了父标签<body>的属性。

继承性非常有用，它使设计师不必在父标签的每个后代上添加相同的样式。如果设置的属性是一个可继承的属性，只需将它应用于父标签即可。例如下面的代码。

```
p,div,h1,h2,h3,h4,ul,ol,dl,li{color:black;}
```

上述代码，也可以书写为：

```
body{color:black;}
```

第二种写法可以达到相同的控制效果，且代码更加简洁。

恰当地使用 CSS 继承性可以简化代码。但是在网页中所有的元素都大量继承样式，判断样式的来源就会很困难。所以，在实际工作中，网页中通用的全局样式可以使用继承。例如，字体、字号、颜色、行距等可以在 body 元素中统一设置，然后通过继承性控制文档中的文本。其他元素可以使用 CSS 选择器单独设置。

并不是所有的 CSS 属性都可以继承，例如，下面这些属性就不具有继承性。

- 边框属性。
- 外边距属性。
- 内边距属性。
- 背景属性。
- 定位属性。
- 布局属性。
- 宽度属性和高度属性。

注意：

标题标签不会采用<body>标签设置的字号，是因为标题标签默认字号样式覆盖了继承的字号。

3.3.3 CSS 优先级

定义 CSS 样式时，经常出现两个或更多样式规则应用在同一元素上的情况。此时 CSS 就会根据样式规则的权重，优先显示权重最高的样式。CSS 优先级指的就是 CSS 样式规则的权重。在网页制作中，CSS 为每个基础选择器都指定了不同的权重，方便我们添加样式代码。为了深入理解 CSS 优先级，我们通过一段示例代码进行分析。CSS 样式代码如下：

```
p{ color:red;}              /*标签样式*/
.blue{ color:green;}        /*class样式*/
#header{ color:blue;}       /*id样式*/
```

CSS 样式代码对应的 HTML 结构为：

```
<p id="header" class="blue">
  帮帮我，我到底显示什么颜色?
</p>
```

在上面的示例代码中，使用不同的选择器对同一个元素设置文本颜色，这时浏览器会根据 CSS 选择器的优先级规则解析 CSS 样式。为了便于判断元素的优先级，CSS 为每一种基础选择器都分配了一个权重，我们可以通过虚拟数值的方式为这些基础选择器匹配权重。假设标签选择器具有权重为 1，类选择器具有权重则为 10，id 选择器具有权重则为 100。这样 id 选择器“#header”就具有最大的优先级，因此文本显示为蓝色。

对于由多个基础选择器构成的复合选择器（并集选择器除外），其权重可以理解为这些基础选择器权重的叠加。例如，下面的 CSS 代码。

```
p strong{color:black}                /*权重为:1+1*/
strong.blue{color:green;}            /*权重为:1+10*/
.father strong{color:yellow}         /*权重为:10+1*/
p.father strong{color:orange;}       /*权重为:1+10+1*/
p.father .blue{color:gold;}          /*权重为:1+10+10*/
#header strong{color:pink;}          /*权重为:100+1*/
#header strong.blue{color:red;}      /*权重为:100+1+10*/
```

对应的 HTML 结构为：

```
<p class="father" id="header" >
  <strong class="blue">文本的颜色</strong>
</p>
```

这时，CSS 代码中的“#header strong.blue”选择器的权重最高，文本颜色将显示为红色。此外，在考虑权重时，我们还需要注意一些特殊的情况。

（1）继承样式的权重为 0

在嵌套结构中，不管父元素样式的权重多大，被子元素继承时，它的权重都为 0，也就是说子元素定义的样式会覆盖继承来的样式。

例如，下面的 CSS 样式代码。

```
strong{color:red;}
#header{color:green;}
```

CSS 样式代码对应的 HTML 结构如下：

```
<p id="header" class="blue">
  <strong>继承样式不如自己定义的权重大</strong>
</p>
```

在上面的代码中，虽然“#header”具有权重 100，但被<strong>标签继承时权重为 0。而“strong”选择器的权重虽然仅为 1，但它大于继承样式的权重，所以页面中的文本显示为红色。

（2）行内样式优先

应用 style 属性的元素，其行内样式的权重非常高。换算为数值，我们可以理解为远大于 100。因此行内样式拥有比上面提到的选择器都高的优先级。

（3）权重相同时，CSS 的优先级遵循就近原则

也就是说，靠近元素的样式具有最大的优先级，或者说按照代码排列上下顺序，排在最下边的样式优先级最大。例如，下面为外部定义的 CSS 示例代码。

```
/*CSS文档，文件名为style_red.css*/
#header{color:red;}                    /*外部样式*/
```

对应的 HTML 结构代码如下：

```
1 <title>CSS优先级</title>
2 <link rel="stylesheet" href="style_red.css" type="text/css"/>  /*引入外部
定义的CSS代码*/
3 <style type="text/css">
4 #header{color:gray;}      /*内嵌式样式*/
5 </style>
6 </head>
7 <body>
8 <p id="header">权重相同时，就近优先</p>
9 </body>
```

在上面的示例代码中，第 2 行代码通过外链式引入 CSS 样式，该样式设置文本样式显示为红色。第 3~5 行代码通过内嵌式引入 CSS 样式，该样式设置文本样式显示为灰色。

上面的页面被解析后，段落文本将显示为灰色，即内嵌式样式优先。这是因为内嵌样式比外链式样式更靠近 HTML 元素。同样的道理，如果同时引用两个外部样式表，则排在下面的样式表具有较大的优先级。如果此时将内嵌样式更改为：

```
p{color:gray;}                              /*内嵌式样式*/
```

此时外链式的 id 选择器和嵌入式的标签选择器权重不同，“#header”的权重更高，文字将显示为外部样式定义的红色。

（4）CSS 定义“!important”命令，会被赋予最大的优先级

当 CSS 定义了“!important”命令后，将不再考虑权重和位置关系，使用“!important”的标签都具有最大优先级。例如，下面的示例代码。

```
#header{color:red!important;}
```

应用此样式的段落文本显示为红色，因为“!important”命令的样式拥有最大的优先级。需要注意的是，“!important”命令必须位于属性值和分号之间，否则无效。

复合选择器的权重为组成它的基础选择器权重的叠加，但是这种叠加并不是简单的数字之和。下面通过一个案例来具体说明，如例 3-18 所示。

例 3-18 example18.html

```
1  <!doctype html>
2  <html>
3  <head>
4  <meta charset="utf-8">
5  <title>复合选择器权重的叠加</title>
6  <style type="text/css">
7  .inner{text-decoration:line-through;}        /*类选择器定义删除线，权重为10*/
8  div div div div div div div div div div div{text-decoration:underline;}
9  /*后代选择器定义下画线，权重为11个1的叠加*/
10 </style>
11 </head>
12 <body>
13 <div>
14   <div><div><div><div><div><div><div><div><div>
15         <div class="inner">文本的样式</div>
16   </div></div></div></div></div></div></div></div></div>
17 </div>
18 </body>
19 </html>
```

例 3-18 共使用了 11 对<div>标签，它们层层嵌套。第 15 行代码我们对最里层的<div>定义类名“inner”。第 7、8 行代码，使用类选择器和后代选择器分别定义最里层 div 的样式。此时浏览器中文本的样式到底如何显示呢？如果仅仅将基础选择器的权重相加，后代选择器（包含 11 层 div）的权重为 11，大于类选择器“.inner”的权重 10，文本将添加下画线。

运行例 3-18，效果如图 3-27 所示。

图3-27　复合选择器权重的叠加

在图 3-27 中，文本并没有像预期的那样添加下画线，而显示了类选择器“.inner”定义的删除线。可见，无论在外层添加多少个<div>标签，复合选择器的权重无论为多少个标签选择器的叠加，其权重都不会高于类选择器。同理，复合选择器的权重无论为多少个类选择器和标签选择器的叠加，其权重都不会高于 id 选择器。

3.4　阶段案例—制作新闻页面

本章前几个小节重点讲解了 CSS 样式规则、选择器、CSS 文本相关样式及高级特性。为了使初学者更好地认识 CSS，本小节将通过案例的形式分步骤制作网页中常见的新闻页面。新闻页面的效果如图 3-28 所示。

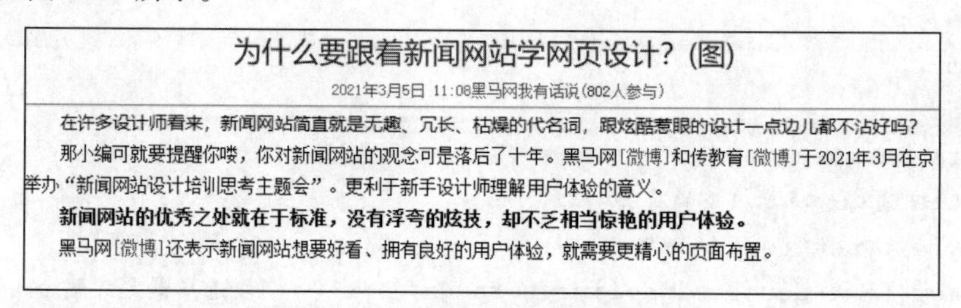

图3-28　新闻页面的效果

3.4.1　分析效果图

为了提高网页制作的效率，我们首先对新闻页面效果图的结构和样式进行分析，具体如下：

1. 结构分析

新闻页面由一个标题、多个段落和一条水平线构成。在 HTML 页面中我们可以使用标题标签<h2>、段落标签<p>、水平线标签<hr />分别定义这些 HTML 内容。同时，为了设置段落中某些特殊显示的文本，还可以在段落中嵌套文本格式化标签，如<em>、<b>等。

2. 样式分析

定义页面样式时，通常使用先整体再局部的控制方式。仔细观察效果图，我们可以发现页面中大部分文本的字体、字号、行间距和颜色相同，因此可以对 body 应用 font 和 color 属性，实现对页面文本样式的整体控制。这样 body 中嵌套的<h2>标签、<p>标签、<em>标签等就会继承相应的样式。

我们如果要使标题和第一个段落文本居中，可以使用 CSS 的水平对齐属性 text-align。由于标题文本样式突出，可以对标签选择器 h2 应用 font 和 color 属性，单独控制其文本样式。页面中的段落首行都有两个单位的缩进，可以使用 text-indent 属性进行设置。同时段落中有多处蓝色文本，可以为嵌套的<em>标签添加类名“blue”，然后对类选择器.blue应用color属性，统一设置蓝色文本。由于<em>的默认样式为斜体，我们还需要使用font-style属性对其控制。

3.4.2　制作页面结构

分析完效果图，接下来我们使用相应的HTML标签搭建页面结构，如例3-19所示。

例3-19　example19.html

```
1 <!doctype html>
2 <html>
3 <head>
4 <meta charset="utf-8">
5 <title>网页设计</title>
6 </head>
7 <body>
8 <h2>为什么要跟着新闻网站学网页设计？(图)</h2>
9 <p><em>2021年3月5日 11:08</em><em>黑马网</em><em>我有话说(<em>802</em>人参
与)</em></p>
10 <hr />
11 <p>在许多设计师看来，新闻网站简直就是无趣、冗长、枯燥的代名词，跟炫酷惹眼的设计一点
边儿都不沾好吗？</p>
12 <p>那小编可就要提醒你喽，你对新闻网站的观念可是落后了十年。黑马网<em>[微博]</em>
和传教育<em>[微博]</em>于2021年3月在京举办“新闻网站设计培训思考主题会”。更利于新手设计
师理解用户体验的意义。</p>
13 <p>新闻网站的优秀之处就在于标准，没有浮夸的炫技，却不乏相当惊艳的用户体验。</p>
14 <p>黑马网<em>[微博]</em>还表示新闻网站想要好看、拥有良好的用户体验，就需要更精心
的页面布置。</p>
15 </body>
16 </html>
```

在例3-19中，分别使用<h2>标签、<p>标签和<hr />标签定义标题、段落和水平线，同时为了控制段落中特殊显示的文本，在段落相应的位置嵌套了<em>标签。

运行例3-19，效果如图3-29所示。

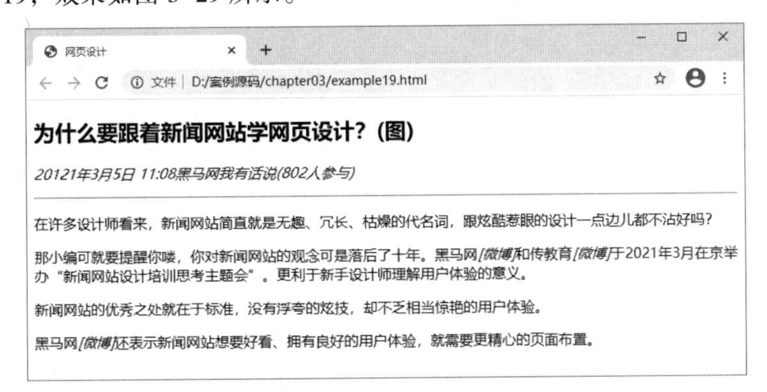

图3-29　HTML结构页面效果

在图 3-26 所示的页面中，出现了相应的网页结构。

3.4.3 定义 CSS 样式

例 3-19 中，我们使用 HTML 标签，得到了没有任何样式修饰的新闻页面，如图 3-29 所示。要想实现图 3-28 所示的效果，就需要使用 CSS 对文本进行控制。这里我们使用实际工作中最常用的外链式 CSS，步骤如下：

① 首先新建一个 CSS 文件，命名为 style19.css，保存在 example19.html 所在的文件夹中。

② 在 example19.html 文件的<head>标签中，<title>标签之后，书写如下 CSS 代码，引入外部样式表 style19.css。

```
<link rel="stylesheet" href="style19.css" type="text/css" />
```

③ 为页面中需要单独控制的标签添加相应的类名，具体代码如下所示。

```
1  <!doctype html>
2  <html>
3  <head>
4  <meta charset="utf-8">
5  <title>网页设计</title>
6  <link rel="stylesheet" href="style19.css" type="text/css" />
7  </head>
8  <body>
9  <h2>为什么要跟着新闻网站学网页设计？(图)</h2>
10  <p   class="one"><em  class="blue">2021 年 3 月 5 日  11:08</em><em class="blue">黑马网</em><em class="gray">我有话说(<em id="num">802</em>人参与)</em></p>
11 <hr />
12 <p class="two">在许多设计师看来，新闻网站简直就是无趣、冗长、枯燥的代名词，跟炫酷惹眼的设计一点边儿都不沾好吗？</p>
13 <p>那小编可就要提醒你喽，你对新闻网站的观念可是落后了十年。黑马网<em class="blue">[微博]</em>和传教育<em class="blue">[微博]</em>于2021年3月在京举办“新闻网站设计培训思考主题会”。更利于新手设计师理解用户体验的意义。</p>
14 <p class="four">新闻网站的优秀之处就在于标准，没有浮夸的炫技，却不乏相当惊艳的用户体验。</p>
15  <p>黑马网<em class="blue">[微博]</em>还表示新闻网站想要好看、拥有良好的用户体验，就需要更精心的页面布置。</p>
16 </body>
17 </html>
```

④ 书写 CSS 样式，具体代码如下：

```
@charset "utf-8";
/* CSS Document */
*{padding:0; margin:0;}                /*设置所有元素的边距为0*/
body{                                  /*对页面进行整体控制*/
  font:14px/24px "宋体";
```

```
  color:#000;
}
h2{                                    /*单独设置标题的样式*/
  font:normal 22px/35px "微软雅黑";
  color:#072885;
  text-align:center;
}
.one{                                  /*单独设置第一个段落的字号和对齐*/
  font-size:12px;
  text-align:center;
}
p{text-indent:2em;}                    /*整体控制段落的首行缩进*/
.blue{color:#3d6cb0;}                  /*整体控制段落中所有的蓝色文本*/
.gray{ color:#666;}                    /*单独控制第一个段落中的灰色文本*/
#num{ color:#b60c0c;}                  /*单独控制第一个段落中数字的颜色*/
em{ font-style:normal;}                /*将em默认倾斜文本定义为正常文本*/
.two{ font-family:"楷体_GB2312";}      /*单独控制第二个段落的字体*/
.four{ font-weight:bold;}              /*单独控制第四个段落文本的粗细*/
```

这时，运行例 3-19，CSS 控制新闻页面的效果如图 3-30 所示。

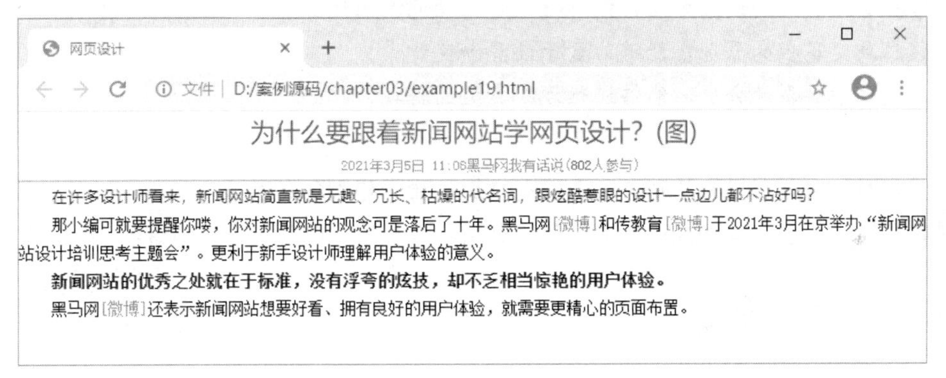

图3-30 CSS控制新闻页面的效果

至此，我们就通过 HTML 搭建网页结构，同时使用 CSS 控制文本样式，完成了常见新闻页面的制作。

小结

本章首先介绍了 CSS 核心基础知识，包括 CSS 样式规则、CSS 引入方式，以及 CSS 基础选择器；然后讲解了常用的 CSS 文本样式属性、CSS 复合选择器、CSS 的层叠性、继承性以及优先级；最后通过 CSS 修饰文本，制作了一个常见的新闻页面。

通过本章的学习，读者应该能够充分理解 CSS 所实现的结构与表现的分离，以及 CSS 样式的优先级规则，能够熟练地使用 CSS 控制页面中的字体和文本外观样式。

第4章 盒子模型

学习目标

- 了解盒子模型的概念，能够举例描述盒子模型结构。
- 掌握盒子的相关属性，能够制作常见的盒子模型效果。
- 掌握背景属性的设置方法，能够设置背景颜色和图像。
- 熟悉渐变属性的原理，能够为盒子设置渐变背景。
- 掌握元素类型的分类，能够进行元素类型的转换。

盒子模型是网页布局的基础，读者只有掌握了盒子模型的各种规律和特征，才可以更好地控制网页中各个元素。本章将对盒子模型的概念、盒子相关属性进行详细讲解。

4.1 认识盒子模型

在浏览网站时，我们会发现页面的内容都是按照区域划分的。在页面中，每一块区域分别承载不同的内容，使得网页的内容虽然零散，但是在版式排列上依然清晰有条理。例如图 4-1 所示的设计类网站。

在图 4-1 所示的网站页面中，这些承载内容的区域称为盒子模型。盒子模型就是把 HTML 页面中的元素看作一个方形的盒子，也就是一个盛装内容的容器。每个方形盒子都由元素的内容、内边距（padding）、边框（border）和外边距（margin）组成。

为了更形象地认识 CSS 盒子模型，我们从生活中常见的手机盒子的构成说起。一个完整的手机盒子通常包含手机、填充泡沫和盛装手机的纸盒。如果把手机想象成 HTML 元素，那么手机盒子就是一个 CSS 盒子模型，其中手机为 CSS 盒子模型的内容，填充泡沫的厚度为 CSS 盒子模型的内边距，纸盒的厚度为 CSS 盒子模型的边框，如图 4-2 所示。当多个手机盒子放在一起时，它们之间的距离就是 CSS 盒子模型的外边距。

图4-1　设计类网站

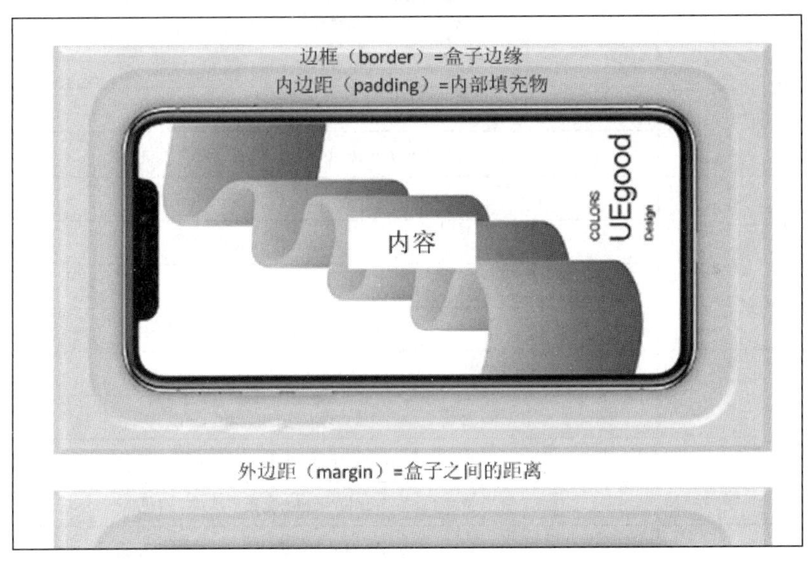

图4-2　手机盒子的构成

网页中所有的元素和对象都是由图 4-2 所示的基本结构组成，并呈现出矩形的盒子效果。在浏览器看来，网页就是多个盒子嵌套排列的结果。其中，内边距出现在内容区域的周围，当给元素添加背景色或背景图像时，该元素的背景色或背景图像也将出现在内边距中，外边距是该元素与相邻元素之间的距离，如果给元素定义边框属性，边框将出现在内边距和外边距之间。

需要注意的是，虽然盒子模型拥有内边距、边框、外边距、宽度和高度这些基本属性，但是并不要求每个元素都必须定义这些属性。

4.2 盒子模型的相关属性

我们要想自由地控制页面中每个盒子的样式，就需要掌握盒子模型的相关属性。盒子模型的相关属性就是我们前面提到边框、边距、背景、宽度和高度等，本节将对这些属性进行详细的讲解。

4.2.1 边框属性

为了分割页面中不同的盒子，常常需要给元素设置边框效果。在 CSS 中边框属性既可以单独设置每条边框的样式，如上边框、下边框等，也可以综合设置边框样式。表 4-1 列举了边框设置内容和样式属性。

表 4-1 边框设置内容和样式属性

设置内容	样式属性
上边框	border-top-style:样式;
	border-top-width:宽度;
	border-top-color:颜色;
	border-top:宽度 样式 颜色;
下边框	border-bottom-style:样式;
	border- bottom-width:宽度;
	border- bottom-color:颜色;
	border-bottom:宽度 样式 颜色;
左边框	border-left-style:样式;
	border-left-width:宽度;
	border-left-color:颜色;
	border-left:宽度 样式 颜色;
右边框	border-right-style:样式;
	border-right-width:宽度;
	border-right-color:颜色;
	border-right:宽度 样式 颜色;
样式综合设置	border-style:上边 [右边 下边 左边];
宽度综合设置	border-width:上边 [右边 下边 左边];
颜色综合设置	border-color:上边 [右边 下边 左边];
边框综合设置	border:四边宽度 四边样式 四边颜色;

表 4-1 中列举了很多边框属性，我们根据设置内容，可以将这些属性归类为设置边框样式、设置边框宽度、设置边框颜色和设置边框综合样式，归类后的属性介绍如下：

1. 设置边框样式

边框样式用于定义页面中边框的显示形式，在 CSS 属性中，border-style 属性用于设置边框样式，其常用属性值如下：

- none：没有边框，即忽略所有边框的宽度（默认值）。
- solid：边框为单实线。
- dashed：边框为虚线。
- dotted：边框为点线。
- double：边框为双实线。

例如，想要定义边框显示为双实线，可以书写以下代码样式：

```
border-style:double;
```

在设置边框样式时，可以对盒子的单边进行设置，具体格式如下：

```
border-top-style:上边框样式;
border-right-style:右边框样式;
border-bottom-style:下边框样式;
border-left-style:左边框样式;
```

同时，为了避免代码过于冗余，也可以综合设置四条边的样式，具体格式如下：

```
border-style:上边框样式 右边框样式 下边框样式 左边框样式;
border-style:上边框样式 左右边框样式 下边框样式;
border-style:上下边框样式 左右边框样式;
border-style:上下左右边框样式;
```

在综合设置边框样式时，边框样式的属性值可以设置 1~4 个。当设置四个属性值时，边框样式的写法会按照上、右、下、左的顺时针顺序排列。当省略某个属性值时，边框样式会采用值复制的原则，将省略的属性值默认为某一边的样式。设置三个属性值时，为上、左右、下。设置两个属性值时，为上下和左右。设置一个属性值，为四边的公用样式。

了解了边框样式的相关属性，接下来通过一个案例来演示其用法和效果，如例 4-1 所示。

例 4-1　example01.html

```
1 <!doctype html>
2 <html>
3 <head>
4 <meta charset="utf-8">
5 <title>设置边框样式</title>
6 <style type="text/css">
7 h2{ border-style:double;}                /*4条边框相同——双实线*/
8 .one{
9    border-top-style:dotted;              /*上边框——点线*/
10   border-bottom-style:dotted;        /*下边框——点线*/
11   border-left-style:solid;           /*左边框——单实线*/
12   border-right-style:solid;          /*右边框——单实线*/
13     /*上面四行代码等价于: border-style:dotted solid;*/
14 }
15 .two{
```

```
16   border-style:solid dotted dashed; /*上实线、左右点线、下虚线*/
17 }
18 </style>
19 </head>
20 <body>
21 <h2>边框样式—双实线</h2>
22 <p class="one">边框样式—上下为点线左右为单实线</p>
23 <p class="two">边框样式—上边框单实线、左右点线、下边框虚线</p>
24 </body>
25 </html>
```

在例 4-1 中，使用边框样式 border-style 属性，设置标题和段落文本的边框样式。其中标题设置了一个边框属性值，类名为“one”的文本用单边框属性设置样式，类名为“two”的文本用综合边框属性设置样式。

运行例 4-1，效果如图 4-3 所示。

图4-3　谷歌浏览器中的边框效果

需要注意的是，由于兼容性的问题，在不同的浏览器中点线 dotted 和虚线 dashed 的显示样式可能会略有差异。图 4-4 所示为例 4-1 在火狐浏览器中的边框效果，其中虚线显示效果要比谷歌浏览器稀疏。

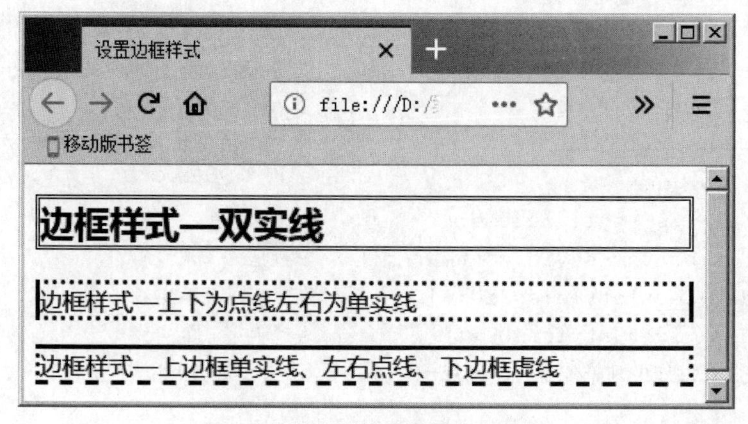

图4-4　火狐浏览器中的边框效果

2. 设置边框宽度

border-width 属性用于设置边框宽度，其常用取值单位为像素（px）。同边框样式一样，边框宽度也可以针对四条边分别设置，或综合设置四条边的宽度，具体如下：

```
border-top-width: 上边框宽度;
border-right-width: 右边框宽度;
border-bottom-width: 下边框宽度;
border-left-width: 左边框宽度;
border- width: 上边框宽度 [右边框宽度 下边框宽度 左边框宽度];
```

综合设置四边宽度必须按上、右、下、左的顺时针顺序采用值复制，即一个值为四边，两个值为上下、左右，三个值为上、左右、下。

了解了边框宽度属性，接下来通过一个案例来演示其用法，如例 4-2 所示。

例 4-2　example02.html

```
1 <!doctype html>
2 <html>
3 <head>
4 <meta charset="utf-8">
5 <title>设置边框宽度</title>
6 <style type="text/css">
7 p{
8    border-width:1px;          /*综合设置四边宽度*/
9    border-top-width:3px;      /*设置上边宽度覆盖*/
10 }
11 </style>
12 </head>
13 <body>
14 <p>边框宽度—上3px，下左右1px。边框样式—单实线。</p>
15 </body>
16 </html>
```

在例 4-2 中，先综合设置四边的边框宽度，然后单独设置上边框宽度进行覆盖，使上边框的宽度不同。其中第 8、9 行代码等价于“border-width:3px 1px 1px;”。

运行例 4-2，仅设置边框宽度的样式效果如图 4-5 所示。

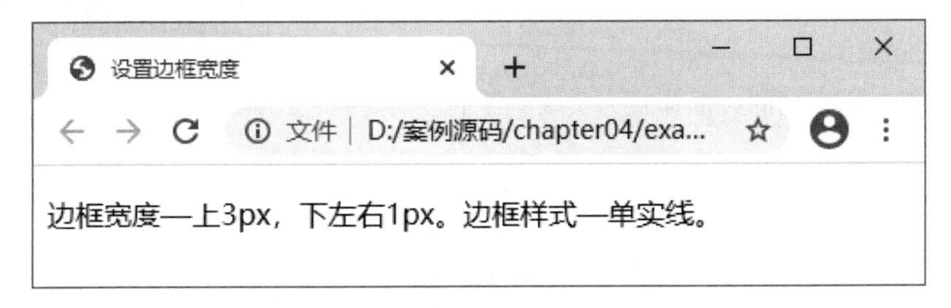

图4-5　仅设置边框宽度的样式效果

在图 4–5 中，段落文本并没有像预期的一样添加边框效果。这是因为在设置边框宽度时，必须同时设置边框样式，如果未设置样式或设置为 none，则不论宽度设置为多少都无效。

在例 4–2 的 CSS 代码中，为<p>标签添加边框样式，代码如下：

```
border-style:solid;          /*综合设置边框样式*/
```

保存 HTML 文件，刷新网页，添加边框样式后的效果如图 4–6 所示。

图4–6 添加边框样式后的效果

在图 4–6 中，段落文本添加了预期的边框效果。

3. 设置边框颜色

border–color 属性用于设置边框颜色，其取值可为预定义的颜色英文单词（如 red、blue）、十六进制颜色值#RRGGBB（如#FF0000 或#F00）或 RGB 模式 rgb(r,g,b)（如 rgb(0,255,0)，括号里是颜色色值或百分比），实际工作中最常用的是十六进制颜色值。

边框的默认颜色为元素本身的文本颜色，对于没有文本的元素，例如只包含图像的表格，其默认边框颜色为父元素的文本颜色。与边框样式和宽度相同，边框颜色的单边与综合设置方式如下：

```
border-top-color:上边框颜色;
border-right-color:右边框颜色;
border-bottom-color:下边框颜色;
border-left-color:左边框颜色;
border-color:上边框颜色[右边框颜色 下边框颜色 左边框颜色];
```

综合设置四边颜色必须按顺时针顺序采用值复制原则，即一个值为四边，两个值为上下、左右，三个值为上、左右、下。

例如，设置段落的边框样式为实线，上下边灰色，左右边红色，代码如下：

```
p{
  border-style:solid;           /*综合设置边框样式*/
  border-color:#CCC #FF0000;    /*设置边框颜色：两个值为上下、左右*/
}
```

再如，设置二级标题的边框样式为实线，且下边框为红色，其余边框采用默认文本的颜色，代码如下：

```
h2{
  border-style:solid;           /*综合设置边框样式*/
  border-bottom-color:red;      /*单独设置下边框颜色*/
}
```

注意：

① 设置边框颜色时同样必须设置边框样式，如果未设置样式或设置为 none，则其他边框属性无效。

② 使用 RGB 模式设置颜色时，如果括号里面的数值为百分比，必须把“0”也加上百分号，写作“0%”。

多学一招：巧用边框透明色（transparent）

CSS2.1 将元素背景延伸到了边框，同时增加了 transparent 透明色。如果我们需要将已有的边框设置为暂时不可见，可使用“border-color:transparent;”，这时边框显示为透明，但边框依然存在。待我们需要边框可见时，再设置相应的颜色。通过设置边框透明色的方式可以保证元素的区域不发生变化。这种方式与取消边框样式不同，取消边框样式时，虽然边框也不可见，但是这时边框的宽度为 0，元素的区域发生了变化。

4. 设置边框综合样式

使用 border-style、border-width、border-color 虽然可以实现丰富的边框效果，但是这些方式书写的代码烦琐，且不便于阅读。CSS 提供了更简单的边框设置方式，具体设置方式如下：

```
border-top:上边框宽度 样式 颜色;
border-right:右边框宽度 样式 颜色;
border-bottom:下边框宽度 样式 颜色;
border-left:左边框宽度 样式 颜色;
border:四边宽度 样式 颜色;
```

上面的设置方式中，边框的宽度、样式、颜色顺序任意，不分先后，可以只指定需要设置的属性，省略的部分将取默认值（样式不能省略）。

当每一侧的边框样式都不同，或者只需单独定义某一侧的边框样式时，可以使用单侧边框的综合设置样式属性 border-top、border-bottom、border-left 或 border-right。例如，单独定义段落的上边框，代码如下：

```
p{ border-top:2px solid #CCC;}      /*定义上边框，各个值顺序任意*/
```

该样式代码将段落的上边框设置为 2px、单实线、灰色，其他各边的边框按默认值不可见，这段代码等价于：

```
p{
  border-top-style:solid;
  border-top-width:2px;
  border-top-color:#CCC;
}
```

当四条边的边框样式都相同时，可以使用 border 属性进行综合设置。例如，将二级标题的边框设置为双实线、红色、3px 宽，代码如下：

```
h2{border:3px double red;}
```

接下来对标题、段落和图像分别应用 border 相关的复合属性设置边框，如例 4-3 所示。

例 4-3　example03.html

```
1 <!doctype html>
2 <html>
3 <head>
4 <meta charset="utf-8">
5 <title>综合设置边框</title>
6 <style type="text/css">
7 h2{
8    border-bottom:5px double blue;    /*border-bottom复合属性设置下边框*/
9    text-align:center;
10 }
11 .text{                              /*单侧复合属性设置各边框*/
12   border-top:3px dashed #F00;
13   border-right:10px double #900;
14   border-bottom:3px dotted #CCC;
15   border-left:10px solid green;
16 }
17 .pingmian{                          /*border复合属性设置各边框相同*/
18   border:15px solid #CCC;
19 }
20 </style>
21 </head>
22 <body>
23 <h2>设置边框属性</h2>
24 <p class="text">该段落使用单侧边框的综合属性，分别给上、右、下、左四个边设置不同
的样式。</p>
25 <img class="pingmian" src="tu.png" alt="图片" />
26 </body>
27 </html>
```

在例 4-3 中，使用边框的单侧复合属性设置二级标题和段落文本，其中二级标题添加下边框，段落文本的各侧边框样式都不同，然后使用复合属性 border，为图像设置四条相同的边框。

运行例 4-3，效果如图 4-7 所示。

多学一招：认识复合属性

border、border-top 等能够一个属性定义元素的多种样式，在 CSS 中称之为复合属性。常用的复合属性有 font、border、margin、padding 和 background 等。实际工作中常使用复合属性，它可以简化代码，提高页面的运行速度。但是，如果只设置一个属性值，最好不要应用复合属性，以免样式代码不被兼容。

图4-7　综合设置边框

4.2.2　内边距属性

为了调整内容在盒子中的显示位置，常常需要给元素设置内边距。内边距也称内填充，指的是元素内容与边框之间的距离。下面将对内边距相关属性进行详细讲解。

在 CSS 中，padding 属性用于设置内边距。同边框属性 border 一样，padding 也是复合属性，其相关设置方式如下：

```
padding-top:上内边距;
padding-right:右内边距;
padding-bottom:下内边距;
padding-left:左内边距;
padding:上内边距 [右内边距 下内边距 左内边距];
```

在上面的设置中，padding 相关属性的取值可为 auto 自动（默认值），不同单位的数值，相对于父元素（或浏览器）宽度的百分比%，但不允许使用负值。在实际工作中，padding 属性值最常用的单位是像素（px）。

同边框相关属性一样，使用复合属性 padding 定义内边距时，必须按顺时针顺序采用值复制的原则，一个值为四边、两个值为上下、左右，三个值为上、左右、下。

了解了内边距的相关属性后，接下来通过一个案例来演示其效果，如例 4-4 所示。

例 4-4　example04.html

```
1 <!doctype html>
2 <html>
3 <head>
4 <meta charset="utf-8">
5 <title>设置内边距</title>
```

```
 6 <style type="text/css">
 7 .border{ border:5px solid #ccc;}        /*为图像和段落设置边框*/
 8 img{
 9    padding:80px;                        /*图像四个方向内边距相同*/
10    padding-bottom:0;                 /*单独设置下边距*/
11    /*上面两行代码等价于padding:80px 80px 0;*/
12 }
13 p{ padding:5%;}                         /*段落内边距为父元素宽度的5%*/
14 </style>
15 </head>
16 <body>
17 <img class="border" src="padding_in.png" alt="内边距" />
18 <p class="border">段落内边距为父元素宽度的5%。</p>
19 </body>
20 </html>
```

在例 4-4 中，使用 padding 相关属性设置图像和段落的内边距，其中段落内边距使用百分比数值。

运行例 4-4，效果如图 4-8 所示。

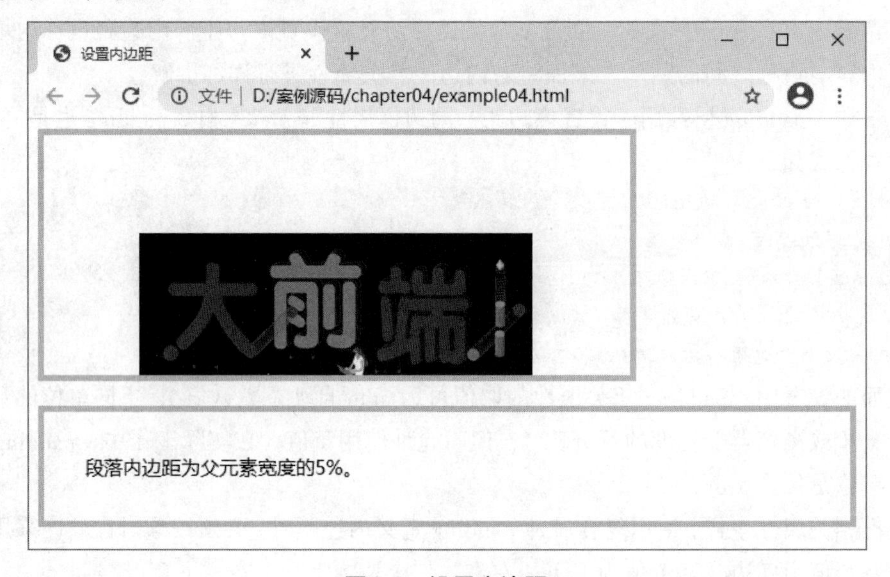

图4-8　设置内边距

由于段落的内边距设置为百分比数值，当拖动浏览器窗口改变其宽度时，段落的内边距会随之发生变化。

注意：

如果设置内外边距属性值为百分比，不论上下或左右的内外边距，都是相对于父元素宽度（width）的百分比，随父元素宽度（width）的变化而变化，和高度（height）无关。

4.2.3　外边距属性

网页是由多个盒子排列而成的，要想拉开盒子与盒子之间的距离，合理地布局网页，就需要为盒子设置外边距。所谓外边距指的是元素边框与相邻元素之间的距离。在 CSS 中 margin 属性用于设置外边距，它是一个复合属性，与内边距 padding 的用法类似。设置外边距的方法如下：

```
margin-top:上外边距;
margin-right:右外边距;
margin-bottom:下外边距;
margin-left:左外边距;
margin:上外边距 [右外边距 下外边距 左外边距];
```

margin 取值遵循值复制的原则，其取 1~4 个值的情况与 padding 相同，但是外边距可以使用负值，使设置外边距的元素与相邻元素发生重叠。

当对块元素（将在 4.4 节详细介绍）应用宽度属性 width，并将左右的外边距都设置为 auto，可使块元素水平居中。实际工作中常用这种方式进行网页布局，示例代码如下：

```
.num{margin:0 auto;}
```

下面通过一个案例来演示外边距属性的用法和效果，如例 4-5 所示。

例 4-5　example05.html

```
1 <!doctype html>
2 <html>
3 <head>
4 <meta charset="utf-8">
5 <title>外边距</title>
6 <style type="text/css">
7 img{
8    border:5px solid green;
9    float:left;                    /*设置图像左浮动*/
10   margin-right:50px;         /*设置图像的右外边距*/
11   margin-left:30px;          /*设置图像的左外边距*/
12     /*上面两行代码等价于margin:0 50px 0 30px;*/
13 }
14 p{text-indent:2em;}            /*段落文本首行缩进2字符*/
15 </style>
16 </head>
17 <body>
18 <img src="longmao.png" alt="龙猫和小月姐妹" />
19 <p>龙猫剧情简介：小月的母亲生病住院了，父亲带着她与妹妹到乡下去居住。她们在乡下遇到了很多小精灵，更与一只大大胖胖的龙猫成为了朋友。龙猫与小精灵们利用它们的神奇力量，为小月与妹妹带来了很多神奇的景观······</p>
20 </body>
21 </html>
```

在例 4-5 中，第 9 行代码使用浮动属性 float 将图像居左，而第 10 行和第 11 行代码设置图像的左右外边距分别为 30px 和 50px，使图像和文本之间拉开一定的距离，实现常见的排版效果。

运行例 4-5，效果如图 4-9 所示。

图4-9　外边距的使用

在图 4-9 中图像和段落文本之间拉开了一定的距离，实现了图文混排的效果。但是仔细观察效果图会发现，浏览器边界与网页内容之间也存在一定的距离，然而我们并没有对<p>标签或<body>标签应用内边距或外边距，可见这些标签默认就存在内边距和外边距样式。网页中默认存在内外边距的标签有<body>、<h1>~<h6>、<p>等。

为了更方便地控制网页中的标签，制作网页时添加如下代码，即可清除标签默认的内外边距。

```
*{
  padding:0;          /*清除内边距*/
  margin:0;           /*清除外边距*/
}
```

注意：

如果没有明确定义标签的宽度和高度时，内边距相比外边距的容错率高。

4.2.4　背景属性

网页能通过背景给人留下深刻印象，例如，节日题材的网站一般采用喜庆祥和的图片作为背景，来凸显节日效果。我们想要设置背景样式就需要使用背景属性。通过背景属性，我们可以为网页设置背景颜色、背景图像。下面详细介绍背景属性的用法。

1. 设置背景颜色

在 CSS 中，网页元素的背景颜色使用 background-color 属性来设置，其属性值与文本颜色的取值一样，可使用颜色英文单词、十六进制#RRGGBB 或 RGB 代码 rgb(r,g,b)。background-color 的默认值为 transparent，即背景透明，这时子元素会显示父元素的背景。

了解了背景颜色属性 background-color 的用法后，接下来通过一个设置背景的案例做具体演示，如例 4-6 所示。

例 4-6　example06.html

```
1 <!doctype html>
2 <html>
3 <head>
4 <meta charset="utf-8">
5 <title>背景颜色</title>
6 <style type="text/css">
7 body{background-color:#CCC;}           /*设置网页的背景颜色*/
8 h2{
9    font-family:"微软雅黑";
10   color:#FFF;
11   background-color:#36C;              /*设置标题的背景颜色*/
12 }
13 </style>
14 </head>
15 <body>
16 <h2>短歌行</h2>
17 <p> 对酒当歌，人生几何！譬如朝露，去日苦多。慨当以慷，忧思难忘。何以解忧？唯有杜康。青青子衿，悠悠我心。但为君故，沉吟至今。呦呦鹿鸣，食野之苹。我有嘉宾，鼓瑟吹笙。明明如月，何时可掇？忧从中来，不可断绝。越陌度阡，枉用相存。契阔谈讌，心念旧恩。月明星稀，乌鹊南飞。绕树三匝，何枝可依？山不厌高，海不厌深。周公吐哺，天下归心。</p>
18 </body>
19 </html>
```

在例 4-6 中，通过 background-color 属性分别控制标题和网页主体的背景颜色。

运行例 4-6，效果如图 4-10 所示。

图4-10　设置背景颜色

在图 4-10 中，标题文本的背景颜色为蓝色，段落文本显示父元素 body 的背景颜色。这是由于未对段落标签<p>设置背景颜色，其默认属性值为 transparent（显示透明色），所以段落将显示其父元素的背景颜色。

2. 设置背景图像

元素的背景不仅可以设置为某种颜色，还可以设置为图像。在 CSS 中通过 background-image 属性设置背景图像。

以例 4-6 为基础，准备一张背景图像，如图 4-11 所示，将图像放在 example06.html 文件所在的文件夹中，然后更改 body 元素的 CSS 样式代码。

```
body{
  background-color:#CCC;              /*设置网页的背景颜色*/
  background-image:url(bg.jpg);       /*设置网页的背景图像*/
}
```

保存 HTML 页面，刷新网页，设置背景图像后的效果如图 4-12 所示。

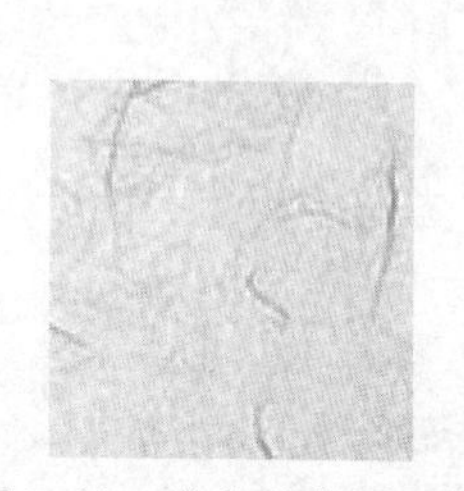

图4-11 准备的背景图像

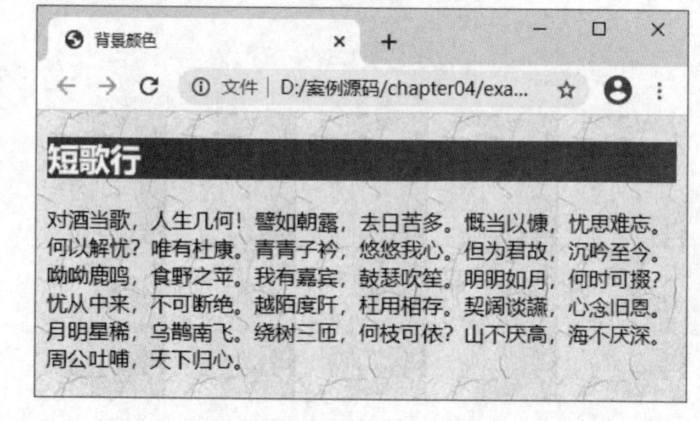

图4-12 设置背景图像后的效果

在图 4-12 中，背景图像自动沿着水平和竖直两个方向平铺，充满整个网页，并且覆盖了 body 父盒子的背景颜色。

（1）设置背景图像平铺

默认情况下，背景图像会自动沿水平和竖直两个方向平铺。如果不希望图像平铺，或者只沿着一个方向平铺，可以通过 background-repeat 属性来控制，该属性的取值如下：

- repeat：沿水平和竖直两个方向平铺（默认值）。
- no-repeat：不平铺（图像位于元素的左上角，只显示一次）。
- repeat-x：只沿水平方向平铺。
- repeat-y：只沿竖直方向平铺。

例如，希望上面例子中的图像只沿着水平方向平铺，可以将 body 元素的 CSS 代码更改如下：

```
body{
  background-color:#CCC;              /*设置网页的背景颜色*/
  background-image:url(bg.jpg);       /*设置网页的背景图像*/
  background-repeat:repeat-x;         /*设置背景图像的平铺*/
}
```

保存 HTML 页面，刷新页面，效果如图 4-13 所示。

在图 4-13 中，图像只沿着水平方向平铺，背景图像覆盖的区域就显示背景图像，背景图像没有覆盖的区域按照设置的背景颜色显示。可见当背景图像和背景颜色同时存在时，背景图像优先显示。

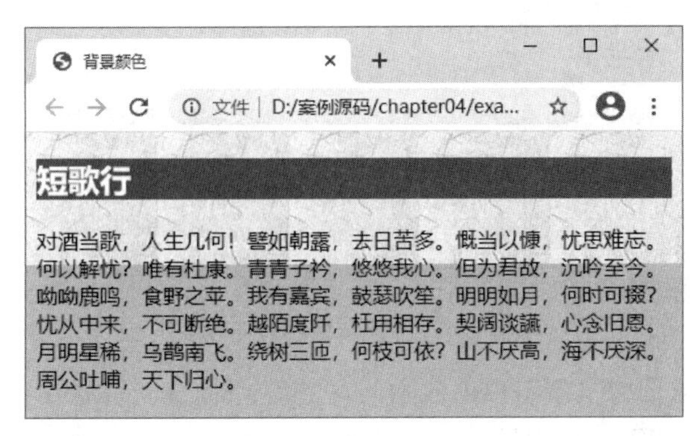

图4-13　设置背景图像水平平铺

（2）设置背景图像的位置

如果将背景图像的平铺属性 background-repeat 定义为 no-repeat，图像将显示在元素的左上角，如例 4-7 所示。

例 4-7　example07.html

```
1 <!doctype html>
2 <html>
3 <head>
4 <meta charset="utf-8">
5 <title>设置背景图像的位置</title>
6 <style type="text/css">
7 body{
8    background-image:url(he.png);       /*设置网页的背景图像*/
9    background-repeat:no-repeat;        /*设置背景图像不平铺*/
10   background-position:50px 80px;  /*用像素值控制背景图像的位置*/
11 }
12 </style>
13 </head>
14 <body>
15 <h2>木兰诗</h2>
16 <p>唧唧复唧唧，木兰当户织。不闻机杼声，唯闻女叹息。问女何所思，问女何所忆。女亦无所思，女亦无所忆。昨夜见军帖，可汗大点兵，军书十二卷，卷卷有爷名。阿爷无大儿，木兰无长兄，愿为市鞍马，从此替爷征。东市买骏马，西市买鞍鞯，南市买辔头，北市买长鞭。旦辞爷娘去，暮宿黄河边，不闻爷娘唤女声，但闻黄河流水鸣溅溅。旦辞黄河去，暮至黑山头，不闻爷娘唤女声，但闻燕山胡骑鸣啾啾。</p>
17 </body>
18 </html>
```

在例 4-7 中，将主体元素<body>的背景图像定义为 no-repeat 不平铺。

运行例 4-7，设置背景图像不平铺的效果如图 4-14 所示。

图4-14　设置背景图像不平铺

在图 4-14 中，背景图像位于 HTML 页面的左上角，即<body>标签的左上角。如果希望背景图像出现在其他位置，就需要使用另一个 CSS 属性 background-position 设置背景图像的位置。例如，将例 4-7 中的背景图像定义在页面的右下角，可以更改 body 元素的 CSS 样式代码：

```
body{
  background-image:url(he.png);          /*设置网页的背景图像*/
  background-repeat:no-repeat;           /*设置背景图像不平铺*/
  background-position:right bottom;      /*设置背景图像的位置*/
}
```

保存 HTML 文件，刷新网页，设置背景图像位置后的效果如图 4-15 所示，背景图像出现在页面的右下角。

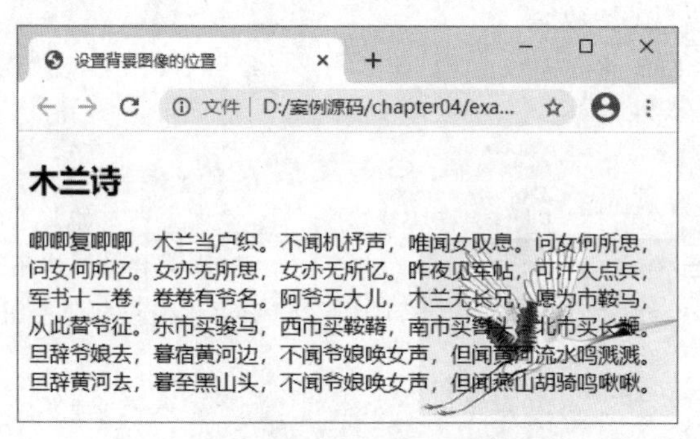

图4-15　设置背景图像位置后的效果

在 CSS 中，background-position 属性的值通常设置为两个，中间用空格隔开，用于定义背景图像在元素的水平和垂直方向的坐标，例如上面的“right bottom”。background-position 属性的默认值为“0 0”或“top left”，即背景图像位于元素的左上角。background-position 属性的取值有多种，具体如下：

① 使用不同单位的数值，直接设置图像左上角在元素中的坐标，例如“background-position:20px 20px;”。

② 使用预定义的关键字，指定背景图像在元素中的对齐方式。

- 水平方向值：left、center、right。
- 垂直方向值：top、center、bottom。

两个关键字的顺序任意，若只有一个值则另一个默认为 center。例如，center 相当于 center center（居中显示），top 相当于 top center 或 center top（水平居中、上对齐）。

③ 使用百分比，按背景图像和元素的指定点对齐。

- 0% 0%：表示图像左上角与元素的左上角对齐。
- 50% 50%：表示图像 50% 50%中心点与元素 50% 50%的中心点对齐。
- 20% 30%：表示图像 20% 30%的点与元素 20% 30%的点对齐。
- 100% 100%：表示图像右下角与元素的右下角对齐。

如果取值只有一个百分数，将作为水平值，垂直值则默认为 50%。

接下来将 background-position 的值定义为像素值，来控制例 4-7 中背景图像的位置，body 元素的 CSS 样式代码如下：

```
body{
  background-image:url(he.png);      /*设置网页的背景图像*/
  background-repeat:no-repeat;       /*设置背景图像不平铺*/
  background-position:50px 80px;     /*用像素值控制背景图像的位置*/
}
```

保存 HTML 页面，再次刷新网页，用像素值控制背景图像位置的效果如图 4-16 所示。

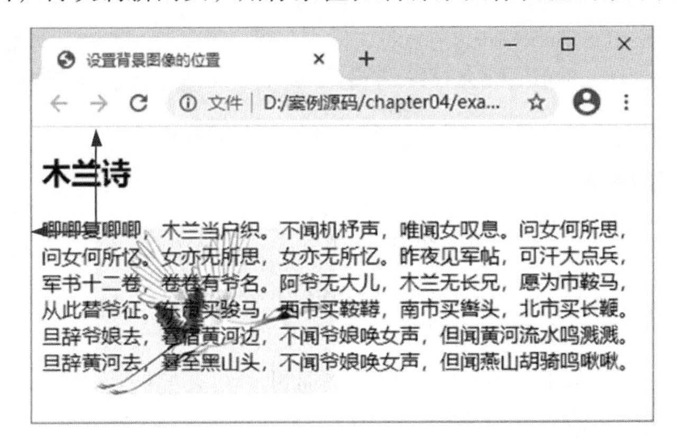

图4-16　用像素值控制背景图像位置的效果

在图 4-16 中，图像距离 body 元素的左边缘为 50px，距离上边缘为 80px。

（3）设置背景图像固定

当网页中的内容较多时，但是希望图像会随着页面滚动条的移动而移动，此时就需要使用 background-attachment 属性来设置。background-attachment 属性有两个属性值，分别代表不同的含义，具体解释如下：

- scroll：图像随页面一起滚动（默认值）。
- fixed：图像固定在屏幕上，不随页面滚动。

例如下面的示例代码，就表示背景图像在距离 body 元素的左边缘为 50px，距离上边缘为 80px 的位置固定。

```
body{
```

```
  background-image:url(he.png);        /*设置网页的背景图像*/
  background-repeat:no-repeat;         /*设置背景图像不平铺*/
  background-position:50px 80px;       /*用像素值控制背景图像的位置*/
  background-attachment:fixed;         /*设置背景图像的位置固定*/
}
```

3. 综合设置元素的背景

同边框属性一样，在 CSS 中背景属性也是一个复合属性，可以将背景相关的样式都综合定义在一个复合属性 background 中。使用 background 属性综合设置背景样式的语法格式如下：

```
background:背景色 url("图像") 平铺 定位 固定;
```

在上面的语法格式中，各样式顺序任意，中间用空格隔开，不需要的样式可以省略。但实际工作中通常按照背景色、url("图像")、平铺、定位、固定的顺序来书写。

例如，下面的示例代码。

```
background: url(he.png) no-repeat 50px 80px fixed;
```

上述代码省略了背景颜色样式，等价于：

```
body{
  background-image:url(he.png);        /*设置网页的背景图像*/
  background-repeat:no-repeat;         /*设置背景图像不平铺*/
  background-position:50px 80px;       /*用像素值控制背景图像的位置*/
  background-attachment:fixed;         /*设置背景图像的位置固定*/
}
```

4.2.5 盒子的宽与高

网页是由多个盒子排列而成的，每个盒子都有固定的大小，在 CSS 中使用宽度属性 width 和高度属性 height 可以对盒子的大小进行控制。width 和 height 的属性值可以为不同单位的数值或相对于父元素的百分比%，实际工作中最常用的是像素值。

了解了盒子的 width 和 height 属性后，接下来通过它们来控制网页中的段落，如例 4-8 所示。

例 4-8　example08.html

```
1 <!doctype html>
2 <html>
3 <head>
4 <meta charset="utf-8">
5 <title>盒子模型的宽度与高度</title>
6 <style type="text/css">
7 .box{
8    width:200px;                     /*设置段落的宽度*/
9    height:80px;                     /*设置段落的高度*/
10   background:#CCC;             /*设置段落的背景颜色*/
11   border:8px solid #F00;       /*设置段落的边框*/
12   padding:15px;                /*设置段落的内边距*/
13   margin:20px;                 /*设置段落的外边距*/
```

```
14 }
15 </style>
16 </head>
17 <body>
18 <p class="box">这是一个盒子</p>
19 </body>
20 </html>
```

在例 4-8 中，通过 width 和 height 属性分别控制段落的宽度和高度，同时对段落应用了盒子模型的其他相关属性，例如边框、内边距、外边距等。

运行例 4-8，效果如图 4-17 所示。

图4-17　控制盒子的宽度与高度

在例 4-8 所示的盒子中，如果问盒子的宽度是多少，初学者可能会不假思索地说是 200px。实际上这是不正确的。因为 CSS 规范中，元素的 width 和 height 属性仅指元素内容的宽度和高度，其周围的内边距、边框和外边距是单独计算的。大多数浏览器，如火狐、谷歌及以上版本都采用了 W3C 规范，符合 CSS 规范的盒子模型的总宽度和总高度的计算原则如下：

- 盒子的总宽度= width+左右内边距之和+左右边框宽度之和+左右外边距之和。
- 盒子的总高度= height+上下内边距之和+上下边框宽度之和+上下外边距之和。

注意：

宽度属性 width 和高度属性 height 仅适用于块元素，对行内元素无效（<img />标签和<input />标签除外）。

4.3　CSS3 新增盒子模型属性

为了丰富网页的样式功能，去除一些冗余的样式代码，CSS3 中添加了一些新的盒子模型属性，如颜色透明、圆角、阴影、渐变等。本节将详细介绍这些全新的 CSS 样式属性。

4.3.1　颜色透明度

在 CSS3 之前，我们设置颜色的方式包含十六进制颜色（如#F00）、RGB 模式颜色，或指定颜色的英文名称（如 red），但这些方法无法改变颜色的不透明度。在 CSS3 中新增了两种设置颜色不透明度的方法：一种是使用 RGBA 模式设置；另一种是使用 opacity 属性设置。下面将详细讲解两种设置方法。

1. RGBA 模式

RGBA 是 CSS3 新增的颜色模式，它是 RGB 颜色模式的延伸。RGBA 模式是在红、绿、蓝三原色的基础上添加了不透明度参数，其语法格式如下：

```
rgba(r,g,b,alpha);
```

上述语法格式中，前三个参数与 RGB 中的参数含义相同，括号里面书写的是 RGB 的颜色色值或者百分比，alpha 参数是一个介于 0.0（完全透明）和 1.0（完全不透明）之间的数字。

例如，使用 RGBA 模式为 p 标签指定透明度为 0.5，颜色为红色的背景，代码如下：

```
p{background-color:rgba(255,0,0,0.5);}
```

或

```
p{background-color:rgba(100%,0%,0%,0.5);}
```

2. opacity 属性

opacity 属性是 CSS3 的新增属性，该属性能够使任何元素呈现出透明效果，作用范围要比 RGBA 模式大得多。opacity 属性的语法格式如下：

```
opacity: 参数;
```

上述语法中，opacity 属性用于定义标签的不透明度，参数表示不透明度的值，它是一个介于 0~1 之间的浮点数值。其中，0 表示完全透明，1 表示完全不透明，而 0.5 则表示半透明。

4.3.2 圆角

在网页设计中，经常会看到一些圆角的图形，如按钮、头像图片等，运用 CSS3 中的 border-radius 属性可以将矩形边框四角圆角化，实现圆角效果。border-radius 属性基本语法格式如下：

```
border-radius:水平半径参数1 水平半径参数2 水平半径参数3 水平半径参数4/垂直半径参数1
垂直半径参数2 垂直半径参数3 垂直半径参数4;
```

在上面的语法格式中，水平和垂直半径参数均有四个参数值，分别对应着矩形的四个圆角（每个角包含着水平和垂直半径参数），如图 4-18 所示。

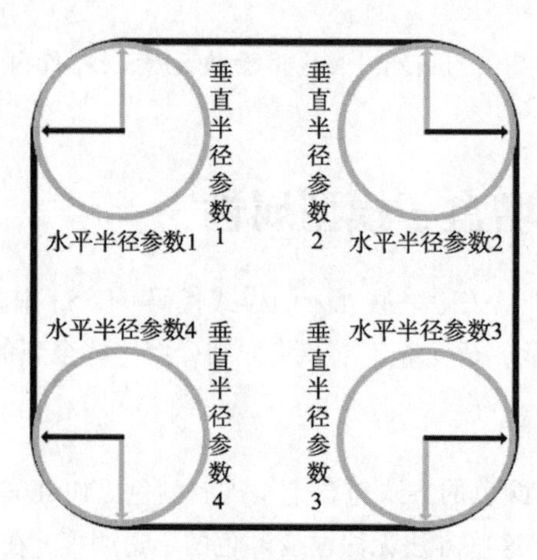

图4-18 参数所对应的圆角

border-radius 的属性值主要包含两个参数，即水平半径参数和垂直半径参数，参数之间用“/”隔开，参数的取值单位可以为 px（像素值）或%（百分比）。下面通过一个案例来演示 border-radius 属性的用法，如例 4-9 所示。

例 4-9　example09.html

```
1 <!doctype html>
2 <html>
3 <head>
4 <meta charset="utf-8">
5 <title>圆角边框</title>
6 <style type="text/css">
7 img{
8    border:8px solid black;
9    border-radius:50px 20px 10px 70px/30px 40px 60px 80px;  /*分别设置四个角水平半径和垂直半径*/
10 }
11 </style>
11 </head>
13 <body>
14 <img class="circle" src="2.jpg" alt="图片"/>
15 </body>
16 </html>
```

在例 4-9 中，第 9 行代码分别将图片四个角设置了不同的水平半径和垂直半径。

运行例 4-9，效果如图 4-19 所示。

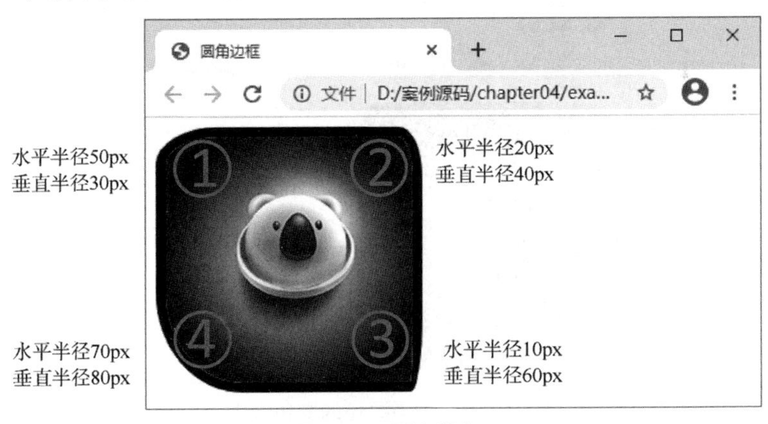

图4-19　圆角边框

需要注意的是，border-radius 属性同样遵循值复制的原则，其水平半径参数和垂直半径参数均可以设置 1~4 个参数值，用来表示四角圆角半径的大小，具体解释如下：

- 水平半径参数和垂直半径参数设置一个参数值时，表示四角的圆角半径均相同。
- 水平半径参数和垂直半径参数设置两个参数值时，第一个参数值代表左上圆角半径和右下圆角半径，第二个参数值代表右上和左下圆角半径，具体示例代码如下：

```
border-radius:50px 20px/30px 60px;
```

在上面的示例代码中设置图像左上和右下圆角水平半径为 50px，垂直半径为 30px，右上和左下圆角水平半径为 20px，垂直半径为 60px。示例代码对应效果如图 4-20 所示。

图4-20　两个参数值的圆角边框

- 水平半径参数和垂直半径参数设置三个参数值时，第一个参数值代表左上圆角半径，第二个参数值代表右上和左下圆角半径；第三个参数值代表右下圆角半径，具体示例代码如下：

```
border-radius:50px 20px 10px/30px 40px 60px;
```

在上面的示例代码中设置图像左上圆角的水平半径为 50px，垂直半径为 30px；右上和左下圆角水平半径为 20px，垂直半径为 40px；右下圆角的水平半径为 10px，垂直半径为 60px。示例代码对应效果如图 4-21 所示。

图4-21　三个参数值的圆角边框

- 水平半径参数和垂直半径参数设置四个参数值时，第一个参数值代表左上圆角半径，第二个参数值代表右上圆角半径，第三个参数值代表右下圆角半径，第四个参数值代表左下圆角半径，具体示例代码如下：

```
border-radius:50px 30px 20px 10px/50px 30px 20px 10px;
```

在上面的示例代码中设置图像左上圆角的水平垂直半径均为 50px，右上圆角的水平和垂直半径均为 30px，右下圆角的水平和垂直半径均为 20px，左下圆角的水平和垂直半径均为 10px。示例代码对应效果如图 4-22 所示。

图4-22　四个参数值的圆角边框

需要注意的是，当应用值复制原则设置圆角边框时，如果“垂直半径参数”省略，则会默认等于“水平半径参数”的参数值。此时圆角的水平半径和垂直半径相等。例如，设置四个参数值的示例代码则可以简写为：

```
img{border-radius:50px 30px 20px 10px;}
```

值得一提的是，如果想要设置例 4-9 中图片的圆角边框显示效果为圆形，只需将第 9 行代码更改为：

```
img{border-radius:150px;}            /*设置显示效果为圆形*/
```

或

```
img{border-radius:50%;}              /*利用%设置显示效果为圆形*/
```

由于案例中图片的宽高均为 300px，所以图片的半径是 150px，使用百分比会比换算图片的半径更加方便。运行案例，对应的效果如图 4-23 所示。

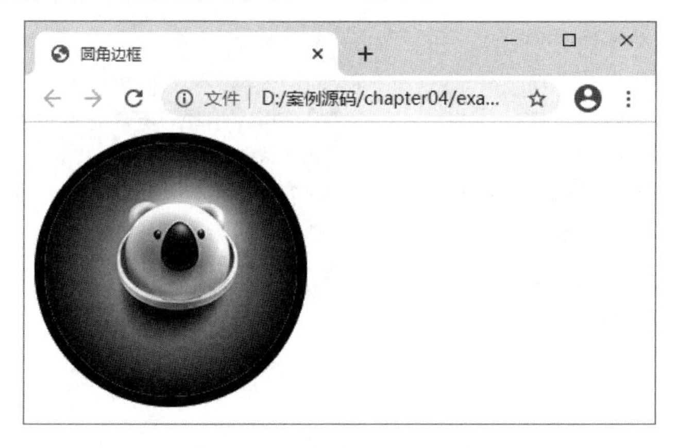

图4-23　圆角边框的圆形效果

4.3.3　图片边框

在网页设计中，我们还可以使用图片作为元素的边框。运用 CSS3 中的 border-image 属性可以轻松实现这个效果。border-image 属性是一个复合属性，内部包含 border-image-source、border-image-slice、border-image-width、border-image-outset 以及 border-image-repeat 等属性，其基本语法格式如下：

```
border-image: border-image-source/ border-image-slice/ border-image-width/
border-image-outset/ border-image-repeat;
```

border-image 的属性描述如表 4-2 所示。

表 4-2 border-image 的属性描述

属 性	描 述
border-image-source	指定图片的路径
border-image-slice	指定边框图像顶部、右侧、底部、左侧向内偏移量（可以简单理解为图片的裁切位置）
border-image-width	指定边框宽度
border-image-outset	指定边框背景向盒子外部延伸的距离
border-image-repeat	指定背景图片的平铺方式

下面通过一个案例来演示图片边框的设置方法，如例 4-10 所示。

例 4-10 example10.html

```
1 <!doctype html>
2 <html>
3 <head>
4 <meta charset="utf-8">
5 <title>图片边框</title>
6 <style type="text/css">
7 p{
8    width:362px;
9    height:362px;
10   border-style:solid;
11   border-image-source:url(3.png); /*设置边框图片路径*/
12   border-image-slice:33%;        /*边框图像顶部、右侧、底部、左侧向内偏移量*/
13   border-image-width:40px;       /*设置边框宽度*/
14   border-image-outset:0;         /*设置边框图像区域超出边框量*/
15   border-image-repeat:repeat;    /*设置图片平铺方式*/
16 }
17 </style>
18 </head>
19 <body>
20 <p></p>
21 </body>
22 </html>
```

在例 4-10 中，第 10 行代码用于设置边框样式，如果想要正常显示图片边框，前提是先设置好边框样式，否则不会显示边框。第 11~15 行代码通过设置图片、内偏移、边框宽度和填充方式定义了一个图片边框，图片素材如图 4-24 所示。

运行例 4-10，效果如图 4-25 所示。

图4-24　边框图片素材

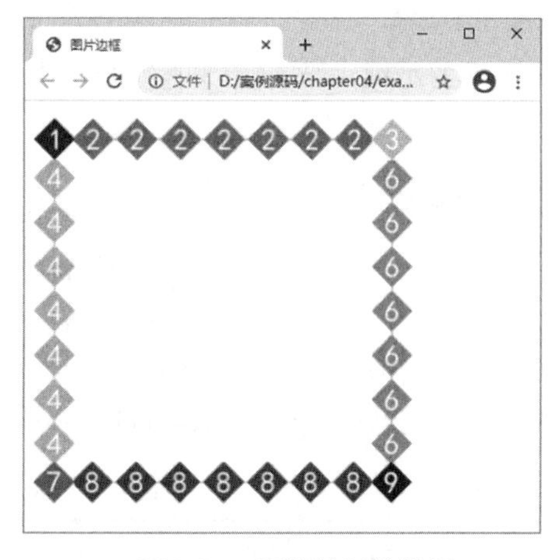

图4-25　图片边框的使用

对比图 4-24 和图 4-25 发现，边框图片素材的四角位置（即数字 1、3、7、9 标示位置）和盒子边框四角位置的数字是吻合的，也就是说在使用 border-image 属性设置边框图片时，会将素材分割成 9 个区域，即图 4-13 中所示的 1~9 数字。在显示时，将 1、3、7、9 作为四角位置的图片，将 2、4、6、8 作为四边的图片进行平铺，如果尺寸不够，则按照自定义的方式填充。而中间的 5 在切割时则被当作透明区域处理。

例如，将例 4-10 中第 15 行代码中图片的填充方式改为“拉伸填充”，具体代码如下：

```
border-image-repeat:stretch;                    /*设置图片填充方式*/
```

保存 HTML 文件，刷新页面，效果如图 4-26 所示。

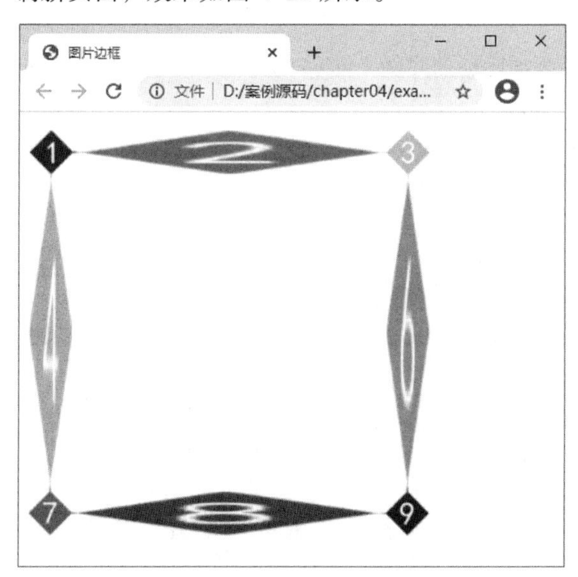

图4-26　拉伸显示效果

通过图 4-26 可以看出，2、4、6、8 区域中的图片被拉伸填充边框区域。与边框样式和宽度相同，图案边框也可以使用综合属性设置样式。如例 4-10 中设置图案边框的第 11~15 行代码也可以简写为：

```
border-image:url(3.png) 33%/40px repeat;
```

在上面的示例代码中，“33%”表示边框的内偏移，“40px”表示边框的宽度，二者需要用“/”隔开。

4.3.4 阴影

在网页制作中，经常需要对盒子添加阴影效果。使用 CSS3 中的 box-shadow 属性可以轻松实现阴影的添加，其基本语法格式如下：

```
box-shadow: h-shadow v-shadow blur spread color outset;
```

在上面的语法格式中，box-shadow 属性共包含六个参数值，如表 4-3 所示。

表 4-3 box-shadow 属性参数值

参数值	描述
h-shadow	表示水平阴影的位置，可以为负值（必选属性）
v-shadow	表示垂直阴影的位置，可以为负值（必选属性）
blur	阴影模糊半径（可选属性）
spread	阴影扩展半径，不能为负值（可选属性）
color	阴影颜色（可选属性）
outset/ inset	默认为外阴影/内阴影（可选属性）

表 4-3 列举了 box-shadow 属性参数值，其中“h-shadow”和“v-shadow”为必选参数值不可以省略，其余为可选参数值。其中，“阴影类型”默认“outset”更改为“inset”后，阴影类型则变为内阴影。

下面通过一个为图片添加阴影的案例来演示 box-shadow 属性的用法和效果，如例 4-11 所示。

例 4-11 example11.html

```
1 <!doctype html>
2 <html>
3 <head>
4 <meta charset="utf-8">
5 <title>box-shadow属性</title>
6 <style type="text/css">
7 img{
8    padding:20px;            /*内边距20px*/
9    border-radius:50%;       /*将图像设置为圆形效果*/
10   border:1px solid #666;
11   box-shadow:5px 5px 10px 2px #999 inset;
12 }
13 </style>
```

```
14 </head>
15 <body>
16 <img src="6.jpg" alt="爱护眼睛"/>
17 </body>
18 </html>
```

在例 4-11 中，第 11 行代码给图像添加了内阴影样式。需要注意的是，使用内阴影时须配合内边距属性 padding，让图像和阴影之间拉开一定的距离，不然图片会将内阴影遮挡。

运行例 4-11，效果如图 4-27 所示。

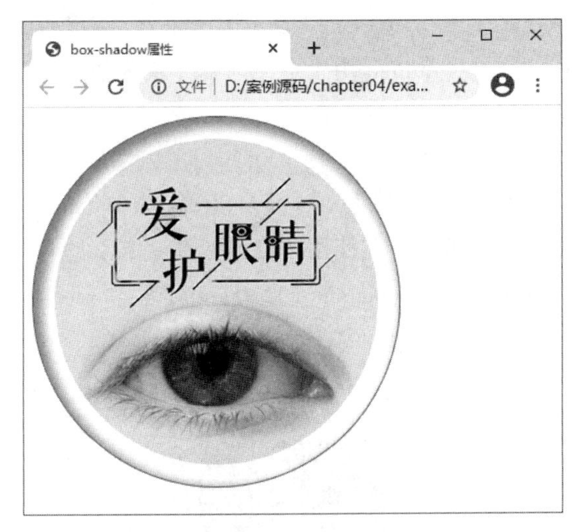

图4-27　box-shadow属性的使用

在图 4-27 中，图片出现了内阴影效果。值得一提的是，同 text-shadow 属性（文字阴影属性）一样，box-shadow 属性也可以改变阴影的投射方向以及添加多重阴影效果，示例代码如下：

```
box-shadow:5px 5px 10px 2px #999 inset,-5px -5px 10px 2px #73AFEC inset;
```

示例代码对应效果如图 4-28 所示。

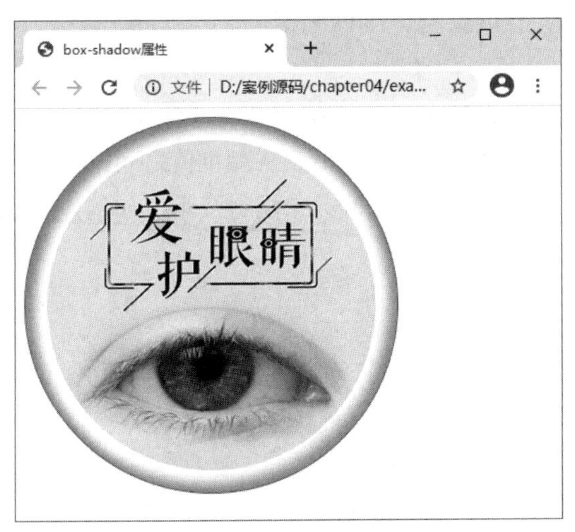

图4-28　多重内阴影的使用

4.3.5 渐变

在 CSS3 之前的版本中，如果需要添加渐变效果，通常要设置背景图像来实现。而 CSS3 中增加了渐变属性，通过渐变属性可以轻松实现渐变效果。CSS3 的渐变属性主要包括线性渐变、径向渐变和重复渐变，具体介绍如下：

1. 线性渐变

在线性渐变过程中，起始颜色会沿着一条直线按顺序过渡到结束颜色。运用 CSS3 中的 “background-image:linear-gradient（参数值）;” 样式可以实现线性渐变效果，其基本语法格式如下：

```
background-image:linear-gradient(渐变角度,颜色值1,颜色值2,...,颜色值n);
```

在上面的语法格式中，linear-gradient 用于定义渐变方式为线性渐变，括号内用于设定渐变角度和颜色值，具体解释如下：

（1）渐变角度

渐变角度指水平线和渐变线之间的夹角，可以是以 deg 为单位的角度数值或“to”加“left”、“right”、“top”和“bottom”等关键词。在使用角度设定渐变起点的时候，0deg 对应“to top”，90deg 对应“to right”，180deg 对应“to bottom”，270deg 对应“to left”，整个过程就是以 bottom 为起点顺时针旋转，具体如图 4-29 所示。

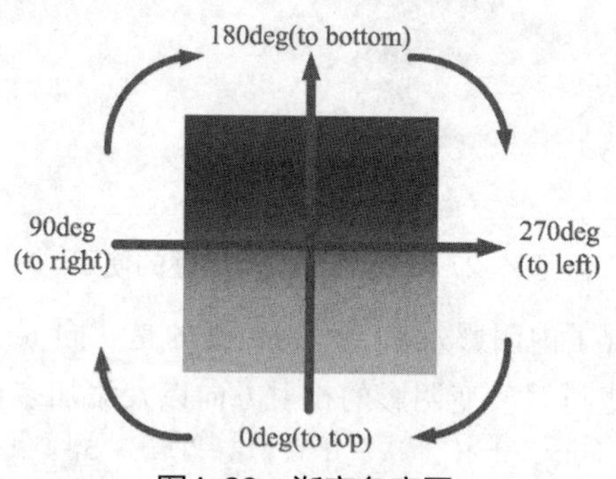

图4-29 渐变角度图

当未设置渐变角度时，会默认为“180deg”等同于“to bottom”。

（2）颜色值

颜色值用于设置渐变颜色，其中“颜色值 1”表示起始颜色，“颜色值 n”表示结束颜色，起始颜色和结束颜色之间可以添加多个颜色值，各颜色值之间用“,”隔开。

下面通过一个案例对线性渐变的用法和效果进行演示，如例 4-12 所示。

例 4-12 example12.html

```
1 <!doctype html>
2 <html>
3 <head>
4 <meta charset="utf-8">
5 <title>线性渐变</title>
6 <style type="text/css">
7 p{
```

```
8     width:200px;
9     height:200px;
10    background-image:linear-gradient(30deg,#0f0,#00F);
11 }
12 </style>
13 </head>
14 <body>
15 <p></p>
16 </body>
17 </html>
```

在例 4-12 中，为 p 标签定义了一个渐变角度为 30deg、绿色（#0f0）到蓝色（#00f）的线性渐变。

运行例 4-12，效果如图 4-30 所示。

图4-30　线性渐变1

在图 4-30 中，实现了绿色到蓝色的线性渐变。值得一提的是，在每一个颜色值后面还可以书写一个百分比数值，用于标示颜色渐变的位置。例如下面的示例代码：

```
background-image:linear-gradient(30deg,#0f0 50%,#00F 80%);
```

在上面的示例代码中，可以看作绿色（#0F0）由 50%的位置开始出现渐变至蓝色（#00F）在 80%的位置结束渐变。可以用 Photoshop 中的渐变色块进行类比，如图 4-31 所示。

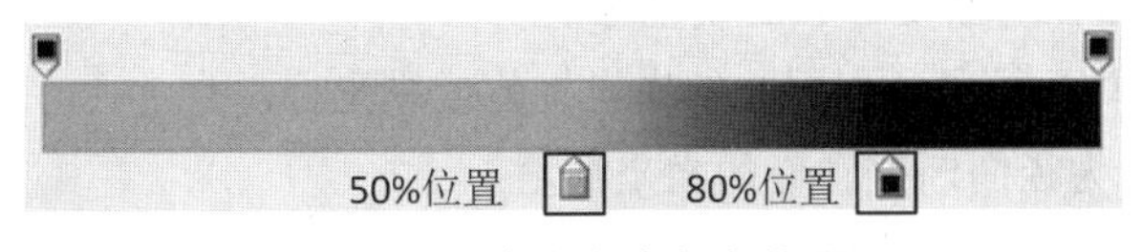

图4-31　定义渐变颜色位置

示例代码对应效果如图 4-32 所示。

图4-32 线性渐变2

2. 径向渐变

径向渐变同样是网页中一种常用的渐变。在径向渐变过程中，起始颜色会从一个中心点开始，按照椭圆或圆形形状进行扩张渐变。运用 CSS3 中的“background-image:radial-gradient（参数值）;”样式可以实现径向渐变效果，其基本语法格式如下：

```
background-image:radial-gradient(渐变形状 圆心位置,颜色值1,颜色值2,...,颜色值n);
```

在上面的语法格式中，radial-gradient 用于定义渐变的方式为径向渐变，括号内的参数值用于设定渐变形状、圆心位置和颜色值。对各参数的具体介绍如下：

（1）渐变形状

渐变形状用来定义径向渐变的形状，其取值即可以是定义水平和垂直半径的像素值或百分比，也可以是相应的关键词。其中关键词主要包括两个值“circle”和“ellipse”，具体解释如下：

- 像素值/百分比：用于定义形状的水平和垂直半径，例如，“80px 50px”即表示一个水平半径为 80px，垂直半径为 50px 的椭圆形。
- circle：指定圆形的径向渐变。
- ellipse：指定椭圆形的径向渐变。

（2）圆心位置

圆心位置用于确定元素渐变的中心位置，使用“at”加上关键词或参数值来定义径向渐变的中心位置。该属性值类似于 CSS 中 background-position 属性值，如果省略则默认为“center”。该属性值主要有以下几种：

- 像素值/百分比：用于定义圆心的水平和垂直坐标，可以为负值。
- left：设置左边为径向渐变圆心的横坐标值。
- center：设置中间为径向渐变圆心的横坐标值或纵坐标。
- right：设置右边为径向渐变圆心的横坐标值。
- top：设置顶部为径向渐变圆心的纵标值。
- bottom：设置底部为径向渐变圆心的纵标值。

（3）颜色值

“颜色值 1”表示起始颜色，“颜色值 n”表示结束颜色，起始颜色和结束颜色之间可以添加多个颜色值，各颜色值之间用“,”隔开。

下面运用径向渐变来制作一个球体，如例 4-13 所示。

例 4-13 example13.html

```
1 <!doctype html>
2 <html>
3 <head>
4 <meta charset="utf-8">
5 <title>径向渐变</title>
6 <style type="text/css">
7 p{
8    width:200px;
9    height:200px;
10   border-radius:50%;      /*设置圆角边框*/
11   background-image:radial-gradient(ellipse at center,#0f0,#030); /*设置
径向渐变*/
12 }
13 </style>
14 </head>
15 <body>
16 <p></p>
17 </body>
18 </html>
```

在例 4-13 中，为 p 标签定义了一个渐变形状为椭圆形，径向渐变位置在容器中心点，绿色(#0f0)到深绿色（#030）的径向渐变；同时使用“border-radius”属性将容器的边框设置为圆角。

运行例 4-13，效果如图 4-33 所示。

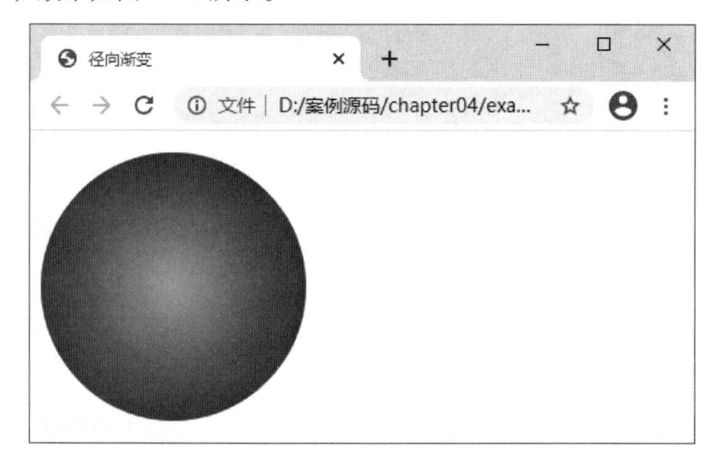

图4-33 径向渐变

在图 4-33 中，球体实现了绿色到深绿色的径向渐变。

值得一提的是，同“线性渐变”类似，在“径向渐变”的颜色值后面也可以书写一个百分

比数值，用于设置渐变的位置。

3. 重复渐变

在网页设计中，经常会遇到在一个背景上重复应用渐变模式的情况，这时就需要使用重复渐变。重复渐变包括重复线性渐变和重复径向渐变，具体解释如下：

（1）重复线性渐变

在 CSS3 中，通过“background-image:repeating-linear-gradient（参数值）;”样式可以实现重复线性渐变的效果，其基本语法格式如下：

```
background-image:repeating-linear-gradient(渐变角度,颜色值1,颜色值2,...,颜色值n);
```

在上面的语法格式中，“repeating-linear-gradient（参数值）”用于定义渐变方式为重复线性渐变，括号内的参数取值和线性渐变相同，分别用于定义渐变角度和颜色值。颜色值同样可以使用百分比定义位置。

下面通过一个案例对重复线性渐变进行演示，如例 4-14 所示。

例 4-14 example14.html

```
1 <!doctype html>
2 <html>
3 <head>
4 <meta charset="utf-8">
5 <title>重复线性渐变</title>
6 <style type="text/css">
7 p{
8    width:200px;
9    height:200px;
10   background-image:repeating-linear-gradient(90deg,#E50743,#E8ED30
10%,#3FA62E 15%);
11 }
12 </style>
13 </head>
14 <body>
15 <p></p>
16 </body>
17 </html>
```

在例 4-14 中，为 p 标签定义了一个渐变角度为 90deg，红黄绿三色的重复线性渐变。

运行例 4-14，效果如图 4-34 所示。

（2）重复径向渐变

在 CSS3 中，通过“background-image:repeating-radial-gradient（参数值）;”样式可以实现重复线性渐变的效果，其基本语法格式如下：

```
background-image:repeating-radial-gradient(渐变形状 圆心位置,颜色值1,颜色值
2,...,颜色值n);
```

在上面的语法格式中，“repeating-radial-gradient（参数值）”用于定义渐变方式为重复径向

渐变，括号内的参数取值和径向渐变相同，分别用于定义渐变形状、圆心位置和颜色值。

图4-34 重复线性渐变

下面通过一个案例对重复径向渐变进行演示，如例 4-15 所示。

例 4-15 example15.html

```
 1 <!doctype html>
 2 <html>
 3 <head>
 4 <meta charset="utf-8">
 5 <title>重复径向渐变</title>
 6 <style type="text/css">
 7 p{
 8     width:200px;
 9     height:200px;
 10    border-radius:50%;
 11    background-image:repeating-radial-gradient(circle   at   50%   50%,
#E50743,#E8ED30 10%,#3FA62E 15%);
 12 }
 13 </style>
 14 </head>
 15 <body>
 16 <p></p>
 17 </body>
 18 </html>
```

在例 4-15 中，为 p 标签定义了一个渐变形状为圆形，径向渐变位置在容器中心点，红黄绿三色径向渐变。

运行例 4-15，效果如图 4-35 所示。

图4-35　重复径向渐变

4.3.6　多背景图像

在 CSS3 之前的版本中，一个容器只能填充一张背景图片，如果重复设置，最后设置的背景图片将覆盖之前的背景。CSS3 中增强了背景图像的功能，允许一个容器里显示多个背景图像，让背景图像效果更容易控制。但是，CSS3 中并没有为实现多背景图片提供对应的属性，而是通过 background-image、background-repeat、background-position 和 background-size 等属性的值来实现多重背景图像效果，各属性值之间用逗号隔开。

下面通过一个案例来演示多重背景图像的设置方法，如例 4-16 所示。

例 4-16　example16.html

```
1 <!doctype html>
2 <html>
3 <head>
4 <meta charset="utf-8">
5 <title>设置多重背景图像</title>
6 <style type="text/css">
7 p{
8    width:300px;
9    height:300px;
10   border:1px solid black;
11   background-image:url(dog.png),url(bg1.png),url(bg2.png);
12 }
13 </style>
14 </head>
15 <body>
16 <p></p>p
17 </body>
18 </html>
```

在例 4-16 中，第 11 行代码通过 background-image 属性定义了三张背景图，需要注意的是排列在最上方的图像应该先链接，其次是中间的装饰，最后才是背景图。

运行例 4-16，效果如图 4-36 所示。

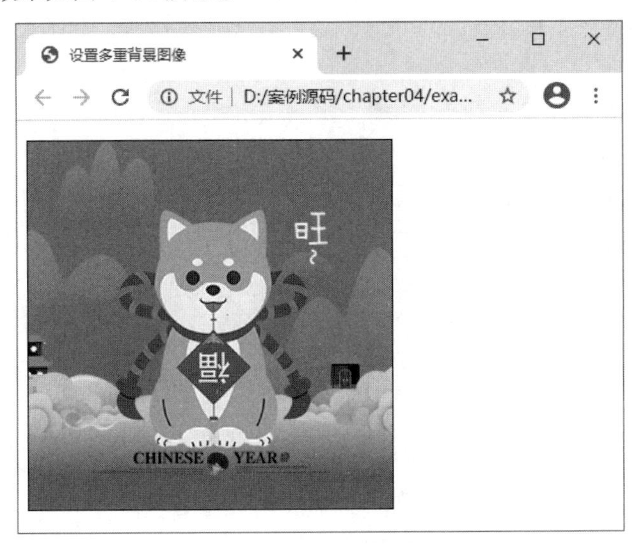

图4-36 设置多重背景图像

4.3.7 修剪背景图像

在 CSS3 中，还增加了一些新的调整背景图像的属性，例如调整背景图像的大小、设置背景图像的显示区域及裁剪区域等，下面将对这些新属性做详细讲解。

1. 设置背景图像的大小

在 CSS3 中，新增了 background-size 属性用于控制背景图像的大小，其基本语法格式如下：

```
background-size:属性值1 属性值2;
```

在上面的语法格式中，background-size 属性可以设置一个或两个值定义背景图像的宽高，其中属性值 1 为必选属性值，属性值 2 为可选属性值。属性值可以是像素值、百分比，或“cover”“contain”关键字，具体解释如表 4-4 所示。

表 4-4 background-size 属性值

属 性 值	描 述
像素值	设置背景图像的高度和宽度。第一个值设置宽度，第二个值设置高度。如果只设置一个值，则第二个值会默认为 auto
百分比	以父标签的百分比来设置背景图像的宽度和高度。第一个值设置宽度，第二个值设置高度。如果只设置一个值，则第二个值会默认为 auto
cover	把背景图像扩展至足够大，使背景图像完全覆盖背景区域。背景图像的某些部分也许无法显示在背景定位区域中
contain	把图像扩展至最大尺寸，以使其宽度和高度完全适应内容区域

2. 设置背景图像的显示区域

在默认情况下，background-position 属性总是以标签左上角为坐标原点定位背景图像，运用

CSS3 中的 background-origin 属性可以改变这种定位方式，自行定义背景图像的相对位置，其基本语法格式如下：

```
background-origin:属性值;
```

在上面的语法格式中，background-origin 属性有三种属性值，分别表示不同的含义，具体介绍如下：

- padding-box：背景图像相对于内边距区域来定位。
- border-box：背景图像相对于边框来定位。
- content-box：背景图像相对于内容框来定位。

3. 设置背景图像的裁剪区域

在 CSS 样式中，background-clip 属性用于定义背景图像的裁剪区域，其基本语法格式如下：

```
background-clip:属性值;
```

上述语法格式上，background-clip 属性和 background-origin 属性的取值相似，但含义不同，具体解释如下：

- border-box：默认值，从边框区域向外裁剪背景。
- padding-box：从内边距区域向外裁剪背景。
- content-box：从内容区域向外裁剪背景。

4.4 元素的类型和转换

在使用这些标签的时候，我们会发现有些标签可以设置宽度和高度属性（如 p 标签），有些标签则不可以（如 strong 标签）。这是因为标签有着特定的类型，不同类型的标签可以设置的属性也不同。本节将详细讲解标签元素的类型和转换方法。

4.4.1 元素的类型

HTML 标签语言提供了丰富的标签，用于组织页面结构。为了使页面结构的组织更加轻松、合理，HTML 标签被定义成了不同的类型，一般分为块元素和行内元素，也称块标签和行内标签，了解它们的特性可以为使用 CSS 设置样式和布局打下基础。

1. 块元素

块元素在页面中以区域块的形式出现，其特点是，每个块元素通常都会独自占据一行或多行，可以对其设置宽度、高度、对齐等属性，常用于网页布局和网页结构的搭建。

常见的块元素有<h1>~<h6>、<p>、<div>、<ul>、<ol>、<li>等，其中<div>标签是最典型的块元素。

2. 行内元素

行内元素也称内联元素或内嵌元素，其特点是，不会占据一行，也不强迫其他标签在新的一行显示。一个行内标签通常会和其他行内标签显示在同一行中，它们不占有独立的区域，仅仅靠自身的文本内容大小和图像尺寸来支撑结构，一般不可以设置宽度、高度、对齐等属性，常用于控制页面中文本的样式。

常见的行内元素有<strong>、<b>、<em>、<i>、<del>、<s>、<ins>、<u>、<a>、<span>等，其中<span>标签是最典型的行内元素。

下面通过一个案例来进一步认识块元素与行内元素，如例 4-17 所示。

例 4-17 example17.html

```
1 <!doctype html>
2 <html>
3 <head>
4 <meta charset="utf-8">
5 <title>块元素和行内元素</title>
6 <style type="text/css">
7 h2{
8    background:#39F;          /*定义h2标签的背景颜色为青色*/
9    width:350px;              /*定义h2标签的宽度为350px*/
10   height:50px;              /*定义h2标签的高度为50px*/
11   text-align:center;        /*定义h2标签的文本水平对齐方式为居中*/
12 }
13 p{background:#060;}        /*定义p的背景颜色为绿色*/
14 strong{
15   background:#66F;          /*定义strong标签的背景颜色为紫色*/
16   width:360px;              /*定义strong标签的宽度为360px*/
17   height:50px;              /*定义strong标签的高度为50px*/
18   text-align:center;        /*定义strong标签的文本水平对齐方式为居中*/
19 }
20 em{background:#FF0;}       /*定义em的背景颜色为黄色*/
21 del{background:#CCC;}      /*定义del的背景颜色为灰色*/
22 </style>
23 </head>
24 <body>
25 <h2>h2标签定义的文本</h2>
26 <p>p标签定义的文本</p>
27 <p>
28   <strong>strong标签定义的文本</strong>
29   <em>em标签定义的文本</em>
30   <del>del标签定义的文本</del>
31 </p>
32 </body>
33 </html>
```

在例 4-17 中，第 25~31 行代码中使用了不同类型的标签，如使用块标签<h2>、<p>和行内标签<strong>、<em>、<del>分别定义文本，然后对不同的标签应用不同的背景颜色，同时，对<h2>和<strong>应用相同的宽度、高度和对齐属性。

运行例 4-17，效果如图 4-37 所示。

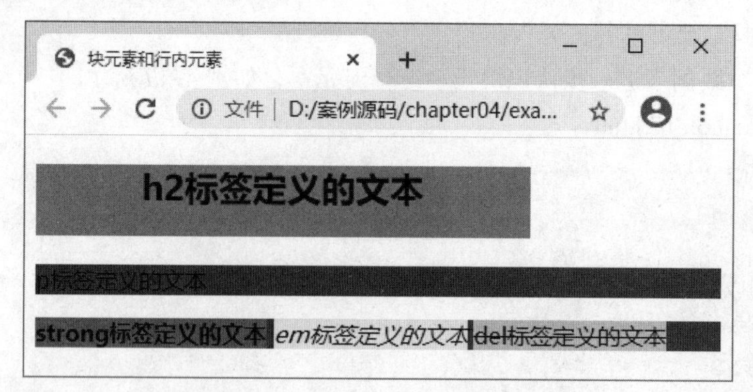

图4-37　块元素和行内元素的显示效果

从图 4-37 可以看出，不同类型的元素在页面中所占的区域不同。块元素<h2>和<p>各自占据一个矩形的区域，依次竖直排列。然而行内元素<strong>、<em>和<del>排列在同一行。可见块元素通常独占一行，可以设置宽高和对齐属性，而行内元素通常不独占一行，不可以设置宽高和对齐属性。行内元素可以嵌套在块元素中，而块元素不可以嵌套在行内元素中。

注意：

在行内元素中有几个特殊的标签，如<img />标签和<input />标签，对它们可以设置宽高和对齐属性，有些资料可能会称它们为行内块元素。

4.4.2　div 和 span

为了更好地理解块元素和行内元素，下面将详细介绍在 CSS 布局的页面中经常使用的块元素 div 和行内元素 span。

1. div

div 英文全称为“division”，译为中文是“分割、区域”。<div>标签简单而言就是一个块元素，可以实现网页的规划和布局。在 HTML 文档中，页面会被划分为很多区域，不同区域显示不同的内容，如导航栏、banner、内容区等，这些区块一般都通过<div>标签进行分隔。

可以在 div 标签中设置外边距、内边距、宽和高，同时内部可以容纳段落、标题、表格、图像等各种网页元素，也就是说，大多数 HTML 标签都可以嵌套在<div>标签中，<div>中还可以嵌套多层<div>。<div>标签非常强大，通过与 id、class 等属性结合设置 CSS 样式，可以替代大多数的块级文本标签。

下面通过一个案例来演示<div>标签用法，如例 4-18 所示。

例 4-18　example18.html

```
1 <!doctype html>
2 <html>
3 <head>
4 <meta charset="utf-8">
5 <title>div标签</title>
```

```
6 <style type="text/css">
7 .one{
8    width:600px;              /*盒子模型的宽度*/
9    height:50px;              /*盒子模型的高度*/
10   background:aqua;          /*盒子模型的背景*/
11   font-size:20px;           /*设置字体大小*/
12   font-weight:bold;         /*设置字体加粗*/
13   text-align:center;        /*文本内容水平居中对齐*/
14 }
15 .two{
16   width:600px;              /*设置宽度*/
17   height:100px;             /*设置高度*/
18   background:lime;          /*设置背景颜色*/
19   font-size:14px;           /*设置字体大小*/
20   text-indent:2em;          /*设置首行文本缩进2字符*/
21 }
22 </style>
23 </head>
24 <body>
25 <div class="one">
26   用div标签设置标题文本
27 </div>
28 <div class="two">
29   <p>div标签中嵌套P标签的文本内容</p>
30 </div>
31 </body>
32 </html>
```

在例 4-18 中，第 25~27 行和第 28~30 行代码分别定义了两对<div>，其中第二对<div>中嵌套段落标签<p>。第 25 行和第 28 行代码分别对两对<div>分别添加 class 属性，然后通过 CSS 控制其宽、高、背景颜色和文字样式等。

运行例 4-18，效果如图 4-38 所示。

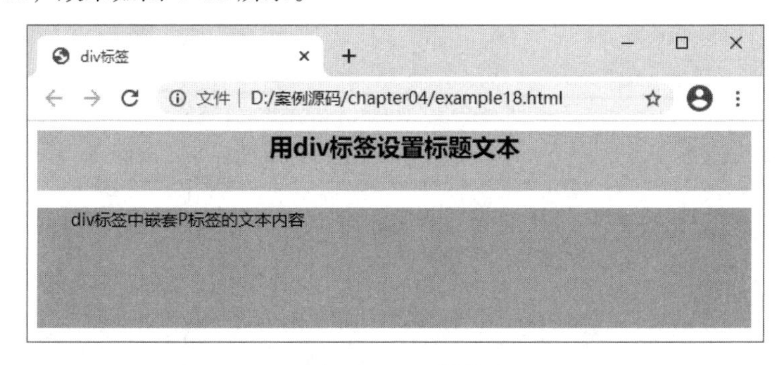

图4-38　div标签

从图 4-38 中可以看出，通过对<div>标签设置相应的 CSS 样式实现了预期的效果。

注意：

① <div>标签最大的意义在于和浮动属性 float 配合，实现网页的布局，这就是常说的 DIV+CSS 网页布局。对于浮动和布局这里了解即可，后面的章节将会详细介绍。

② <div>标签可以替代块元素如<h>、<p>等，但是它们在语义上有一定的区别。例如<div>标签和<h2>标签的不同在于<h2>标签具有特殊的含义，语义较重，代表着标题，而<div>标签是一个通用的块元素，主要用于布局。

2. span

span 中文译为“范围”，作为容器标签被广泛应用在 HTML 语言中。和<div>标签不同的是，<span>标签是行内元素，仅作为只能包含文本和各种行内标签的容器，如加粗标签<strong>、倾斜标签<em>等。<span>标签中还可以嵌套多层<span>。

<span>标签常用于定义网页中某些特殊显示的文本，配合 class 属性使用。<span>标签本身没有结构特征，只有在应用样式时，才会产生视觉上的变化。当其他行内标签都不合适时，就可以使用<span>标签。

下面通过一个案例来演示<span>标签的使用，如例 4-19 所示。

例 4-19 example19.html

```
1 <!doctype html>
2 <html>
3 <head>
4 <meta charset="utf-8">
5 <title>span标签的使用</title>
6 <style type="text/css">
7 #header{                          /*设置当前div中文本的通用样式*/
8    font-family:"微软雅黑";
9    font-size:16px;
10   color:#099;
11 }
12 #header .main{             /*控制第一个span中的特殊文本*/
13   color:#63F;
14   font-size:20px;
15   padding-right:20px;
16 }
17 #header .art{              /*控制第二个span中的特殊文本*/
18   color:#F33;
19   font-size:18px;
20 }
21 </style>
22 </head>
23 <body>
```

```
24 <div id="header">
25 <span class="main">木偶戏</span>是中国一种古老的民间艺术，<span class="art">是中国乡土艺术的瑰宝。</span>
26 </div>
27 </body>
28 </html>
```

在例 4-19 中，第 24~26 行代码使用<div>标签定义文本的通用样式。然后在<div>中嵌套两对<span>标签，用<span>标签控制特殊显示的文本，并通过 CSS 设置样式。

运行例 4-19，效果如图 4-39 所示。

图4-39 span标签的使用

在图 4-39 中，特殊显示的文本“木偶戏”和“是中国乡土艺术的瑰宝”，都是通过 CSS 控制<span>标签设置的。

需要注意的是，<div>标签可以内嵌<span>标签，但是<span>标签中却不能嵌套<div>标签。可以将<div>标签和<span>标签分别看作一个大容器和小容器，大容器内可以放下小容器，但是小容器内却放不下大容器。

4.4.3 元素类型的转换

网页是由多个块元素和行内元素构成的盒子排列而成的。如果希望行内元素具有块元素的某些特性，例如可以设置宽高，或者需要块元素具有行内元素的某些特性，例如不独占一行排列，可以使用 display 属性对元素的类型进行转换。

display 属性常用的属性值及含义如下：

- inline：此元素将显示为行内元素（行内元素默认的 display 属性值）。
- block：此元素将显示为块元素（块元素默认的 display 属性值）。
- inline-block：此元素将显示为行内块元素，可以对其设置宽高和对齐等属性，但是该元素不会独占一行。
- none：此元素将被隐藏，不显示，也不占用页面空间，相当于该元素不存在。

使用 display 属性可以对元素的类型进行转换，使元素以不同的方式显示。接下来通过一个案例来演示 display 属性的用法和效果，如例 4-20 所示。

例 4-20 example20.html

```
1 <!doctype html>
2 <html>
3 <head>
4 <meta charset="utf-8">
```

```
5 <title>元素的转换</title>
6 <style type="text/css">
7 div,span{                               /*同时设置div和span的样式*/
8   width:200px;                          /*宽度*/
9   height:50px;                          /*高度*/
10  background:#FCC;                      /*背景颜色*/
11  margin:10px;                          /*外边距*/
12 }
13 .d_one,.d_two{display:inline;}        /*将前两个div转换为行内元素*/
14 .s_one{display:inline-block;}         /*将第一个span转换为行内块元素*/
15 .s_three{display:block;}              /*将第三个span转换为块元素*/
16 </style>
17 </head>
18 <body>
19 <div class="d_one">第一个div中的文本</div>
20 <div class="d_two">第二个div中的文本</div>
21 <div class="d_three">第三个div中的文本</div>
22 <span class="s_one">第一个span中的文本</span>
23 <span class="s_two">第二个span中的文本</span>
24 <span class="s_three">第三个span中的文本</span>
25 </body>
26 </html>
```

在例 4-20 中，定义了三个 div 和三对 span，为它们设置相同的宽度、高度、背景颜色和外边距。同时，对前两个 div 应用“display:inline;”样式，使它们从块元素转换为行内元素，对第一个和第三个 span 分别应用“display: inline-block;”和“display:inline;”样式，使它们分别转换为行内块元素和行内元素。

运行例 4-20，效果如图 4-40 所示。

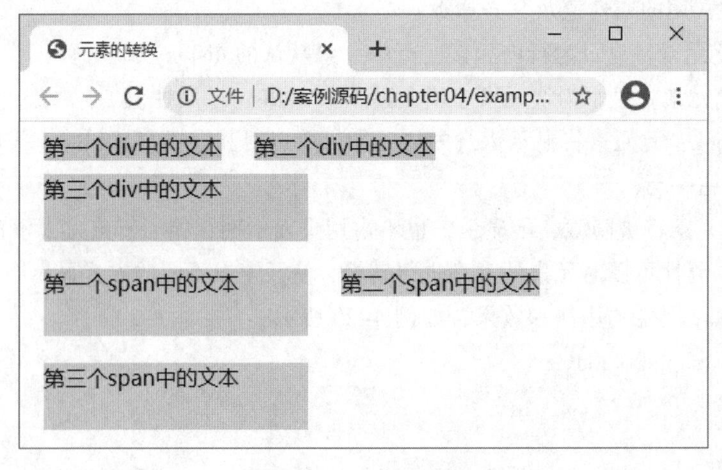

图4-40　元素的转换

从图 4-40 可以看出，前两个 div 排列在了同一行，靠自身的文本内容支撑其宽高，这是因为它们被转换成了行内元素。而第一个和第三个 span 则按固定的宽高显示，不同的是前者不会独占一行，后者独占一行，这是因为它们分别被转换成了行内块元素和块元素。

在上面的例子中，使用 display 的相关属性值，可以实现块元素、行内元素和行内块元素之间的转换。如果希望某个元素不被显示，还可以使用“display:none;”进行控制。例如，希望上面例子中的第三个 div 不被显示，可以在 CSS 代码中增加如下样式：

```
.d_three{display:none;}                /*隐藏第三个div*/
```

保存 HTML 页面，刷新网页，隐藏第三个 div 的效果，如图 4-41 所示。

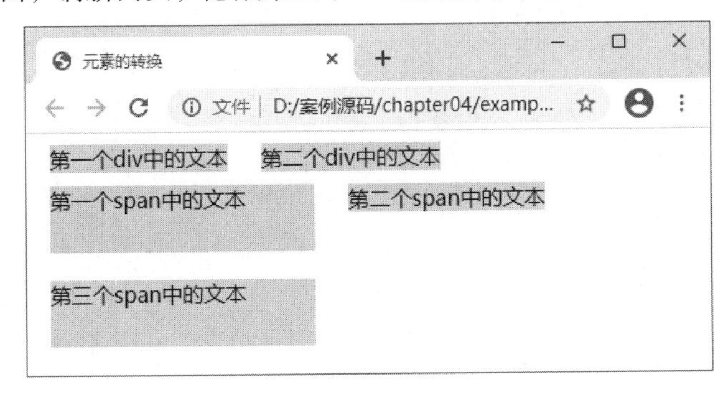

图4-41　隐藏第三个div的效果

从图 4-41 可以看出，当定义元素的 display 属性为 none 时，该元素将从页面消失，不再占用页面空间。

注意：

行内元素只可以定义左右外边距，当定义上下外边距时无效。

4.5　块元素垂直外边距的合并

当两个相邻或嵌套的块元素相遇时，其垂直方向的外边距会自动合并，发生重叠。了解块元素的这一特性，有助于设计者更好地使用 CSS 进行网页布局。本节将针对块元素垂直外边距的合并进行详细的讲解。

4.5.1　相邻块元素垂直外边距的合并

当上下相邻的两个块元素相遇时，如果上面的标签有下外边距 margin-bottom，下面的标签有上外边距 margin-top，则它们之间的垂直间距不是 margin-bottom 与 margin-top 之和，而是两者中的较大者。这种现象称为相邻块元素垂直外边距的合并（也称外边距塌陷）。

为了更好地理解相邻块元素垂直外边距的合并，接下来看一个具体的案例，如例 4-21 所示。

例 4-21　example21.html

```
1 <!doctype html>
2 <html>
3 <head>
```

```
4 <meta charset="utf-8">
5 <title>相邻块元素垂直外边距的合并</title>
6 <style type="text/css">
7 .one{
8   width:150px;
9   height:150px;
10   background:#FC0;
11   margin-bottom:20px;   /*定义第一个div的下外边距为20px*/
12 }
13 .two{
14   width:150px;
15   height:150px;
16   background:#63F;
17   margin-top:40px;      /*定义第二个div的上外边距为40px*/
18 }
19 </style>
20 </head>
21 <body>
22 <div class="one">1</div>
23 <div class="two">2</div>
24 </body>
25 </html>
```

在例 4-21 中，第 22、23 行代码分别定义了两对<div>。第 7~12 行和第 13~18 行代码分别为<div>设置实体化三属性。不同的是，第 11 行代码为第一个<div>定义下外边距“margin-bottom:20px;”，第 17 行代码为第二个<div>定义上外边距“margin-top:40px;”。

运行例 4-21，效果如图 4-42 所示。

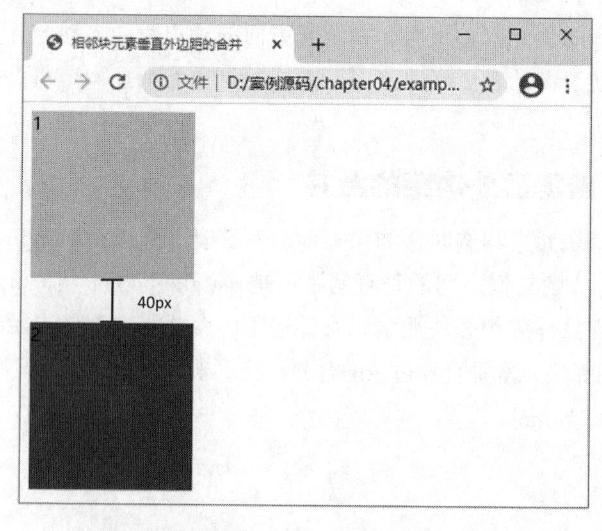

图4-42 相邻块元素垂直外边距的合并

在图 4-42 中，两个<div>之间的垂直间距并不是第一个<div>的 margin-bottom 与第二个<div>的 margin-top 之和 60px。如果用测量工具测量可以发现，两者之间的垂直间距是 40px，即为 margin-bottom 与 margin-top 中的较大者。

4.5.2　嵌套块元素垂直外边距的合并

对于两个嵌套关系的块元素，如果父标签没有上内边距及边框，则父标签的上外边距会与子标记的上外边距发生合并，合并后的外边距为两者中的较大者，即使父标签的上外边距为 0，也会发生合并。

为了更好地理解嵌套块元素垂直外边距的合并，接下来看一个具体的案例，如例 4-22 所示。

例 4-22　example22.html

```
1 <!doctype html>
2 <html>
3 <head>
4 <meta charset="utf-8">
5 <title>嵌套块元素上外边距的合并</title>
6 <style type="text/css">
7 *{margin:0; padding:0;}     /*使用通配符清除所有HTML标记的默认边距*/
8 div.father{
9    width:400px;
10   height:400px;
11   background:#FC0;
12   margin-top:20px;       /*定义第一个div的上外边距为20px*/
13 }
14 div.son{
15   width:200px;
16   height:200px;
17   background:#63F;
18   margin-top:40px;       /*定义第二个div的上外边距为40px*/
19 }
20 </style>
21 </head>
22 <body>
23 <div class="father">
24   <div class="son"></div>
25 </div>
26 </body>
27 </html>
```

在例 4-22 中，第 23~25 行代码分别定义了两对 div，它们是嵌套的父子关系，分别为其设置宽度、高度、背景颜色和上外边距，其中父 div 的上外边距为 20px，子 div 的上外边距为 40px。为了便于观察，在第 7 行代码中，使用通配符清除所有 HTML 标记的默认边距。

运行例 4-22，效果如图 4-43 所示。

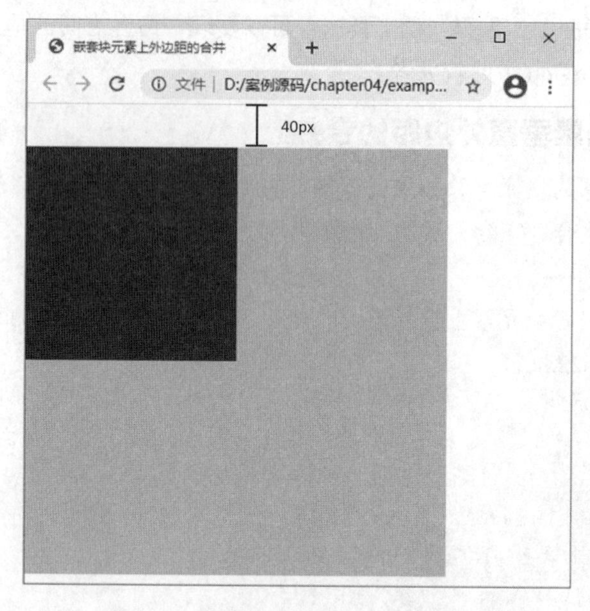

图4-43　嵌套块元素上外边距的合并

在图 4-43 中，父 div 与子 div 的上边缘重合，这是因为它们的外边距发生了合并。如果使用测量工具测量可以发现，此时的外边距为 40px，即取父 div 与子 div 上外边距中的较大者。

如果希望外边距不合并，可以为父 div 定义 1px 的上边框或上内边距。这里以定义父 div 的上边框为例，在父 div 的 CSS 样式中增加如下代码。

```
border-top:1px solid #FCC;        /*定义父div的上边框*/
```

保存 HTML 文件，刷新网页，效果如图 4-44 所示。

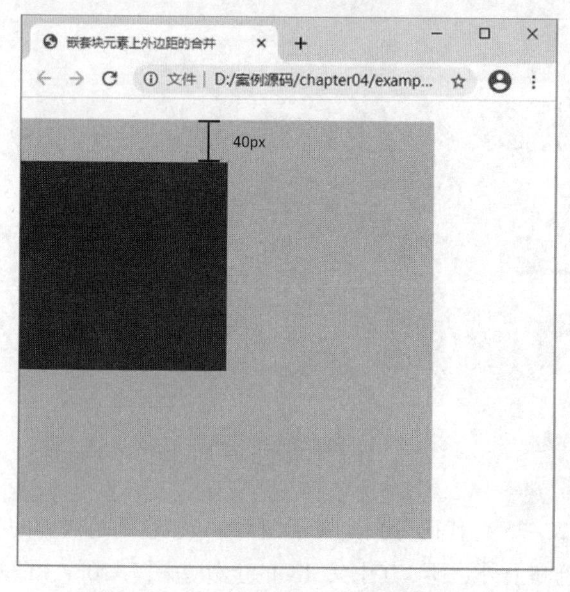

图4-44　父div有上边框时外边距不合并

在图 4-44 中，父 div 与浏览器上边缘的垂直间距为 20px，子 div 与父 div 上边缘的垂直间距为 40px，也就是说外边距没有发生合并。

4.6　阶段案例——制作音乐排行榜

本章前几节重点讲解了盒子模型的概念、盒子相关属性、元素的类型和转换等。为了使读者更熟练地运用盒子模型相关属性控制页面中的各个元素，本节将通过案例的形式分步骤制作一个音乐排行榜模块。音乐排行榜模块的效果如图 4-45 所示。

图4-45　音乐排行榜模块的效果

4.6.1　分析效果图

1. 结构分析

如果把各个元素都看成具体的盒子，则效果图所示的页面由多个盒子构成。音乐排行榜整体主要由唱片背景和歌曲排名两部分构成。其中，唱片背景可以通过一个大的 div 进行整体控制，歌曲排名部分通过段落标签 p 进行定义。效果图 4-45 对应的页面结构如图 4-46 所示。

2. 样式分析

控制效果图 4-46 的样式主要分为以下几个部分。

① 通过最外层的大盒子对页面的整体控制，需要对其设置宽度、高度、圆角、边框、渐变及内边距等样式，实现唱片背景效果。

② 整体控制列表内容（div），需要对其设置宽度、高度、圆角、阴影等样式。

③ 设置五个 p 标签作为歌曲列表内容，需要设置这些标签的宽高、背景样式属性。其中第一个 p 标签需要添加多重背景图像，最后一个 p 底部要圆角化，需要对它们单独进行控制。

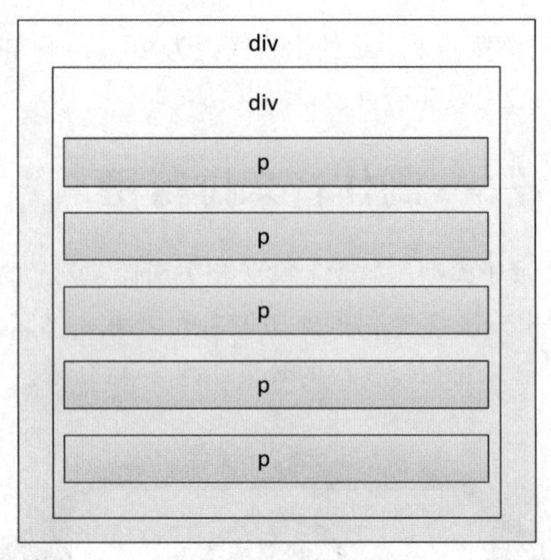

图4-46　页面结构图

4.6.2　制作页面结构

根据上面的分析，可以使用相应的 HTML 标记来搭建网页结构，如例 4-23 所示。

例 4-23　example23.html

```
1 <!doctype html>
2 <html><head>
3 <meta charset="utf-8">
4 <title>音乐排行榜</title>
5 <link rel="stylesheet" type="text/css" href="style05.css">
6 </head>
7 <body>
8 <div class="bg">
9    <div class="sheet">
10        <p class="tp"></p>
11        <p>vnessa-constance</p>
12        <p>dogffedrd-seeirtit</p>
13        <p>dsieirif-constance</p>
14        <p>wytuu-qeyounted</p>
15        <p class="yj">qurested-conoted</p>
16   </div>
17 </div>
18 </body>
19 </html>
```

在例 4-23 所示的 HTML 结构代码中，最外层的 div 用于对音乐排行榜模块进行整体控制，其内部嵌套了一个小的 div 标签和 p 标签，用于定义音乐排名。

运行例 4-23，效果如图 4-47 所示。

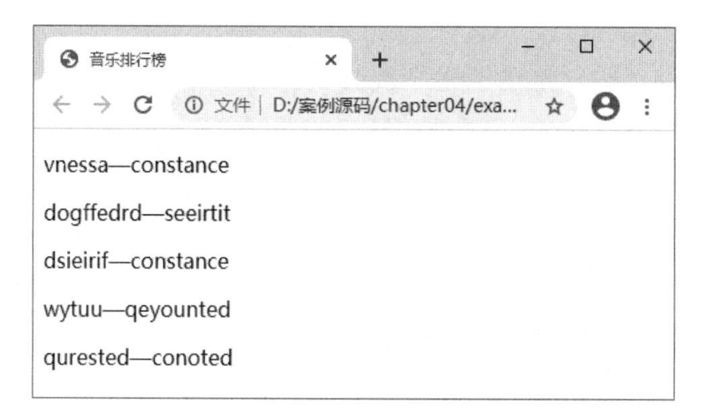

图4-47　HTML结构页面效果

4.6.3　定义 CSS 样式

搭建完页面的结构,接下来为页面添加 CSS 样式。本节采用从整体到局部的方式实现图 4-45 所示的效果，具体如下：

1. 定义基础样式

在定义 CSS 样式时，首先要清除浏览器默认样式，具体 CSS 代码如下：

```
*{margin:0; padding:0;}
```

2. 整体控制歌曲排行榜模块

通过一个大的 div 对歌曲排行榜模块进行整体控制，根据效果图为其添加相应的样式代码，具体如下：

```
/*整体控制歌曲排行榜模块*/
.bg{
  width:600px;
  height:550px;
  background-image:repeating-radial-gradient(circle at 50% 50%,#333,#000 1%);
  margin:50px auto;
  padding:40px;
  border-radius:50%;
  padding-top:50px;
  border:10px solid #ccc;
}
```

3. 设置歌曲排名部分样式

歌曲排名部分由一个小的 div 标签和 p 标签组成，需要为它们添加圆角和阴影等样式，具体代码如下：

```
1 /*歌曲排名部分*/
2 .sheet{
3    width:372px;
4    height:530px;
5    background:#fff;
```

```
6    border-radius:30px;
7    box-shadow:15px 15px 12px #000;
8    margin:0 auto;}
9 .sheet p{
10   width:372px;
11   height:55px;
12   background:#504d58 url(yinfu.png) no-repeat 70px 20px;
13   margin-bottom:2px;
14   font-size:18px;
15   color:#d6d6d6;
16   line-height:55px;
17   text-align:center;
18   font-family:"微软雅黑";
19 }
```

4．设置需要单独控制的列表项样式

在控制歌曲排名部分的无序列表中，第一个用于显示图片的标签（p）和最后一个需要圆角化的标签（p），需要单独控制，具体代码如下：

```
1 /*需要单独控制的列表项*/
2 .sheet .tp{
3    width:372px;
4    height:247px;
5    background:#fff;
6    background-image:url(yinyue.jpg),url(wenzi.jpg);
7    background-repeat:no-repeat;
8    background-position:87px 16px,99px 192px;
9    border-radius:30px 30px 0 0;
10 }
11 .sheet .yj{border-radius:0 0 30px 30px;}
```

至此，完成了效果图 4-45 所示歌曲排行榜模块的 CSS 样式部分。

小结

本章首先介绍了盒子模型的概念，盒子模型相关的属性，然后讲解了 CSS3 新增的盒子模型属性和元素的类型，最后运用所学知识制作了一个音乐排行榜效果。

通过本章的学习，读者应该能够熟悉盒子模型的构成，熟练运用盒子模型相关属性控制网页中的元素，完成页面中一些简单模块的制作。

第5章 列表和超链接

学习目标

- 掌握无序、有序及定义列表的使用，能够制作常见的网页模块。
- 掌握超链接标签的使用，能够使用超链接定义网页元素。
- 掌握 CSS 伪类的用法，能够使用 CSS 伪类实现超链接特效。

一个网站由多个网页构成，每个网页上都有大量的信息，要想使网页中的信息排列有序，条理清晰，并且网页与网页之间有一定的关联，就需要使用列表和超链接。本章将对列表标签、CSS 列表样式、超链接标签和链接伪类进行具体讲解。

5.1 列表标签

列表标签是网页结构中最常用的标签，按照列表结构划分，网页中的列表通常分为三类，分别是无序列表、有序列表和定义列表。本节将对这三种列表标签进行详细讲解。

5.1.1 无序列表

无序列表是一种不分排序的列表，各个列表项之间没有顺序级别之分。无序列表使用<ul>标签定义，内部可以嵌套多个<li>标签（<li>是列表项）。定义无序列表的基本语法格式如下：

```
<ul>
    <li>列表项1</li>
    <li>列表项2</li>
    <li>列表项3</li>
    ...
</ul>
```

在上面的语法中，<ul>标签用于定义无序列表，<li>标签嵌套在<ul>标签中，用于描述具体的列表项，每对<ul>标签中至少应包含一对<li>标签。

值得一提的是，<ul>标签和<li>标签都拥有 type 属性，用于指定列表项目符号，不同 type 属性值可以呈现不同的项目符号。表 5-1 列举了无序列表常用的 type 属性值。

表 5-1　无序列表常用的 type 属性值

type 属性值	显 示 效 果
disc（默认值）	●
circle	○
square	■

了解了无序列表的基本语法和 type 属性后，下面通过一个案例进行演示，如例 5-1 所示。

例 5-1　example01.html

```
1 <!doctype html>
2 <html lang="en">
3 <head>
4 <meta charset="UTF-8">
5 <title>无序列表</title>
6 </head>
7 <body>
8     <ul>
9         <li type="square" >春</li>
10        <li>夏</li>
11        <li>秋</li>
12        <li>冬</li>
13    </ul>
14 </body>
15 </html>
```

在例 5-1 中，创建了一个无序列表，并为第一个列表项设置 type 属性。

运行例 5-1，效果如图 5-1 所示。

图5-1　无序列表

通过图 5-1 可以看出，不定义 type 属性时，列表项目符号显示为默认的“●”，设置 type 属性时，列表项目符号会按相应的样式显示。

注意：

① 不推荐使用无序列表的 type 属性，一般通过 CSS 样式属性替代。

② <ul>标签中只能嵌套<li>标签，直接在<ul>标签中输入文字的做法是不被允许的。

5.1.2　有序列表

有序列表是一种强调排列顺序的列表，使用<ol>标签定义，内部可以嵌套多个<li>标签。例如，网页中常见的歌曲排行榜、游戏排行榜等都可以通过有序列表来定义。定义有序列表的基本语法格式如下：

```
<ol>
    <li>列表项1</li>
    <li>列表项2</li>
    <li>列表项3</li>
    ...
</ol>
```

在上面的语法中，<ol>标签用于定义有序列表，<li>标签为具体的列表项，和无序列表类似，每对<ol>标签中也至少应包含一对<li>标签。

在有序列表中，除了 type 属性之外，还可以为<ol>定义 start 属性、为<li>标签定义 value 属性，它们决定有序列表的项目符号。有序列表属性和属性值如表 5-2 所示。

表 5-2　有序列表属性和属性值

属性	属性值/属性值类型	描　　述
type	1（默认）	项目符号显示为数字 1 2 3...
	a 或 A	项目符号显示为英文字母 a b c d...或 A B C...
	i 或 I	项目符号显示为罗马数字 i ii iii...或 I II III...
start	数字	规定项目符号的起始值
value	数字	规定项目符号的数字

了解了有序列表的基本语法和常用属性，接下来通过一个案例来演示其用法和效果，如例 5-2 所示。

例 5-2　example02.html

```
1 <!doctype html>
2 <html>
3 <head>
4 <meta charset="utf-8">
5 <title>有序列表</title>
6 </head>
7 <body>
8 <ol>
9   <li>大师兄孙悟空</li>
10  <li>二师兄猪八戒</li>
```

```
11   <li>三师弟沙和尚</li>
12 </ol>
13 <ol>
14   <li type="1" value="1">第一名状元</li>      <!--阿拉伯数字排序-->
15   <li type="a">第二名榜眼</li>                <!--英文字母排序-->
16   <li type="I">第三名探花</li>                <!--罗马数字排序-->
17 </ol>
18 </body>
19 </html>
```

在例 5-2 中，定义了两个有序列表。其中，第 8~12 行代码中的第一个有序列表没有应用任何属性，第 13~17 行代码中有序列表的第二个列表项应用了 type 和 value 属性，用于设置特定的列表项目符号。

运行例 5-2，效果如图 5-2 所示。

图5-2　有序列表的使用

通过图 5-2 看出，不定义列表项目符号时，有序列表的列表项默认按“1、2、3...”的顺序排列。当使用 type 或 value 定义列表项目符号时，有序列表的列表项按指定的项目符号显示。

注意：

在制作网页时，通常不使用<ol>标签、<li>标签的 type、start 和 value 属性，最好通过 CSS 样式属性替代。

5.1.3　定义列表

定义列表与有序列表、无序列表父子搭配的不同，它包含了三个标签：<dl>、<dt>、<dd>。定义有序列表的基本语法格式如下：

```
<dl>
    <dt>名词1</dt>
    <dd>dd是名词1的描述信息1</dd>
    <dd>dd是名词1的描述信息2</dd>
    ...
    <dt>名词2</dt>
    <dd>dd是名词2的描述信息1</dd>
    <dd>dd是名词2的描述信息2</dd>
    ...
</dl>
```

在上面的语法中，<dl>标签用于指定定义列表，<dt>标签和<dd>标签并列嵌套于<dl>标签中。其中，<dt>标签用于指定术语名词，<dd>标签用于对名词进行解释和描述。一对<dt>标签可以对应多对<dd>标签，也就是说可以对一个名词进行多项解释。

了解了定义列表的基本语法，接下来通过一个案例来演示其用法和效果，如例 5-3 所示。

例 5-3　example03.html

```
1 <!doctype html>
2 <html>
3 <head>
4 <meta charset="utf-8">
5 <title>定义列表</title>
6 </head>
7 <body>
8 <dl>
9    <dt>红色</dt>
10   <dd>可见光谱中长波末端的颜色。</dd>
11   <dd>是光的三原色和心理原色之一。</dd>
12   <dd>表着吉祥、喜庆、热烈、奔放、激情、斗志、革命。</dd>
13   <dd>红色的补色是青色。</dd>
14 </dl>
15 </body>
16 </html>
```

在例 5-3 中，第 8~14 行代码定义了一个定义列表，其中<dt></dt>标签内为名词“红色”，其后紧跟着四对<dd></dd>标签，用于对<dt></dt>标签中的名词进行解释和描述。

运行例 5-3，效果如图 5-3 所示。

通过图 5-3 看出，相对于<dt>标签中的术语或名词，<dd>标签中解释和描述性的内容会产生一定的缩进效果。

值得一提的是，在网页设计中，定义列表常用于实现图文混排效果。其中，<dt>标签中插入图片，<dd>标签中放入对图片解释说明的文字。例如，下面的“艺术设计”模块就是通过定义列表来实现的，其 HTML 结构如图 5-4 所示。

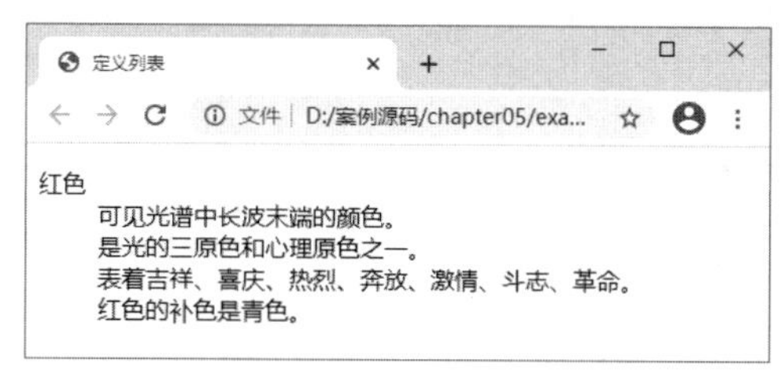

图5-3　定义列表的使用

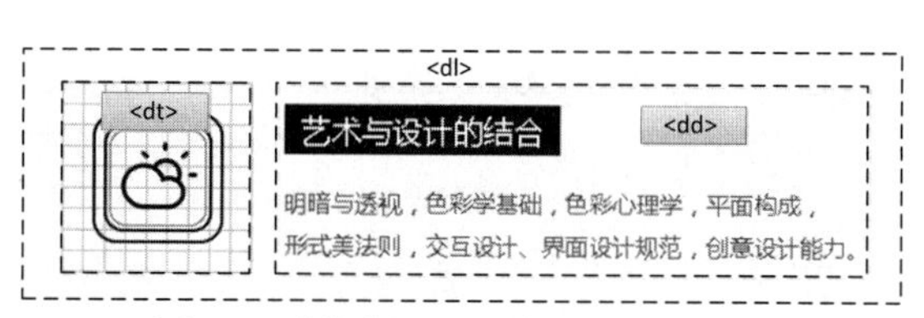

图5-4　“艺术设计”模块的HTML结构

注意：

① <dl>、<dt>、<dd>三个标签之间不允许出现其他标签。

② <dl>标签必须与<dt>标签相邻。

5.1.4 列表的嵌套应用

在网上购物商城中浏览商品时，经常会看到商品被分为若干类别，这些商品类别通常还包含若干子类。同样，在使用列表时，列表项中也有可能包含若干子列表项，我们要想在列表项中定义子列表项就需要将列表进行嵌套。列表嵌套的方法十分简单，我们只需将子列表嵌套在上一级列表的列表项中即可。例如，下面的代码是在无序列表中嵌套一个有序列表。

```
<ul>
  <li>列表项1</li>
  <li>列表项2</li>
  <li>
     <ol>
        <li>列表项1</li>
        <li>列表项2</li>
     </ol>
  </li>
</ul>
```

了解了列表嵌套的方法后，下面通过一个案例对列表的嵌套进行演示，如例 5-4 所示。

例 5-4　example04.html

```
1 <!doctype html>
2 <html lang="en">
3 <head>
4 <meta charset="UTF-8">
5 <title>ol元素的使用</title>
6 </head>
7 <body>
8 <h2>饮品</h2>
9 <ul>
10   <li>咖啡
11     <ol>                 <!--有序列表的嵌套-->
12           <li>拿铁</li>
13           <li>摩卡</li>
14         </ol>
15     </li>
16    <li>茶
17       <ul>                 <!--无序列表的嵌套-->
18           <li>碧螺春</li>
19           <li>龙井</li>
20       </ul>
21    </li>
22 </ul>
23 </body>
24 </html>
```

在例 5-4 中，首先定义了一个包含两个列表项的无序列表，然后在第一个列表项中嵌套一个有序列表，在第二个列表项中嵌套一个无序列表。

运行例 5-4，效果如图 5-5 所示。

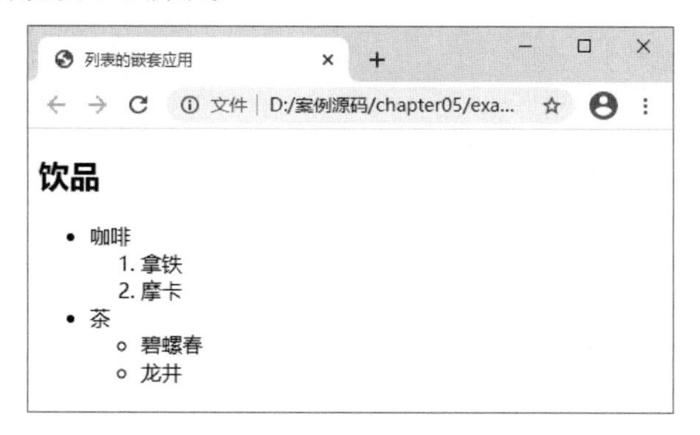

图5-5 列表嵌套效果展示

在图 5-5 中，咖啡和茶两种饮品又进行了第二次分类，咖啡分类为拿铁和摩卡，茶分类为碧螺春和龙井。

5.2 CSS 控制列表样式

定义无序或有序列表时，可以通过标签的属性控制列表的项目符号，但该方式不符合结构表现分离的网页设计原则。为此 CSS 提供了一系列的列表样式属性，来单独控制列表项目符号，本节将对这些属性进行详细的讲解。

5.2.1 list-style-type 属性

在 CSS 中，list-style-type 属性用于控制列表项显示符号的类型，其取值有多种，它们的显示效果各不相同，具体如表 5-3 所示。

表 5-3 list-style-type 属性值

属性值	描述	属性值	描述
disc	实心圆（无序列表）	none	不使用项目符号（无序列表和有序列表）
circle	空心圆（无序列表）	cjk-ideographic	简单的表意数字（有序列表）
square	实心方块（无序列表）	georgian	传统的乔治亚编号方式（有序列表）
decimal	阿拉伯数字（有序列表）	decimal-leading-zero	以 0 开头的阿拉伯数字（有序列表）
lower-roman	小写罗马数字（有序列表）	upper-roman	大写罗马数字（有序列表）
lower-alpha	小写英文字母（有序列表）	upper-alpha	大写英文字母（有序列表）
lower-latin	小写拉丁字母（有序列表）	upper-latin	大写拉丁字母（有序列表）
hebrew	传统的希伯来编号方式（有序列表）	armenian	传统的亚美尼亚编号方式（有序列表）

了解了 list-style-type 的常用属性值及其显示效果后，接下来通过一个具体的案例来演示其用法，如例 5-5 所示。

例 5-5　example05.html

```
1 <!doctype html>
2 <html>
3 <head>
4 <meta charset="utf-8">
5 <title>列表项显示符号</title>
6 <style type="text/css">
7 ul{ list-style-type:square;}
8 ol{ list-style-type:decimal;}
9 </style>
10 </head>
11 <body>
12 <h3>红色</h3>
13 <ul>
14     <li>大红</li>
15     <li>朱红</li>
16     <li>嫣红</li>
17 </ul>
18 <h3>蓝色</h3>
19 <ol>
20   <li>群青</li>
21   <li>普蓝</li>
22   <li>湖蓝</li>
23 </ol>
24 </body>
25 </html>
```

在例 5-5 中，第 13~17 行代码定义了一个无序列表，第 19~23 行代码定义了一个有序列表。对无序列表 ul 应用“list-style-type:square;”，将其列表项显示符号设置为实心方块。同时，对有序列表 ol 应用“list-style-type:decimal;”，将其列表项显示符号设置为阿拉伯数字。

运行例 5-5，效果如图 5-6 所示。

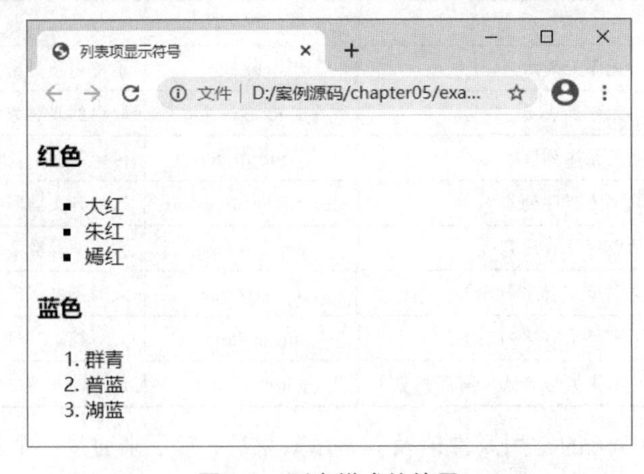

图5-6　列表样式的使用

注意：

由于各个浏览器对 list-style-type 属性的解析不同。因此，在实际网页制作过程中不推荐使用 list-style-type 属性。

5.2.2 list-style-image 属性

一些常规的列表项显示符号并不能满足网页制作的需求，为此 CSS 提供了 list-style-image 属性，其取值为图像的 url。使用 list-style-image 属性可以为各个列表项设置项目图像，使列表的样式更加美观。

为了使初学者更好地应用 list-style-image 属性，接下来对无序列表<ul>定义列表项目图像，如例 5-6 所示。

例 5-6　example06.html

```
1  <!doctype html>
2  <html>
3  <head>
4  <meta charset="utf-8">
5  <title>list-style-image控制列表项目图像</title>
6  <style type="text/css">
7     ul{list-style-image:url(1.png);}
8  </style>
9  </head>
10 <body>
11 <h2>栗子功效</h2>
12 <ul>
13    <li>抗衰老</li>
14    <li>益气健脾</li>
15    <li>预防骨质疏松</li>
16 </ul>
17 </body>
18 </html>
```

在例 5-6 中，第 7 行代码通过 list-style-image 属性为列表项添加图片。

运行例 5-6，效果如图 5-7 所示。

图5-7　list-style-image控制列表项目图像

通过图 5-7 看出，列表项目图像和列表项没有对齐，这是因为 list-style-image 属性对列表项目图像的控制能力不强。因此，实际工作中不建议使用 list-style-image 属性，常通过为<li>设置背景图像的方式实现列表项目图像。

5.2.3 list-style-position 属性

设置列表项目符号时，有时需要控制列表项目符号的位置，即列表项目符号相对于列表项内容的位置。在 CSS 中，list-style-position 属性用于控制列表项目符号的位置，其取值有 inside 和 outside 两种，对它们的解释如下：

- inside：列表项目符号位于列表文本以内。
- outside：列表项目符号位于列表文本以外（默认值）。

为了使初学者更好地理解 list-style-position 属性，接下来通过一个具体的案例来演示其用法和效果，如例 5-7 所示。

例 5-7 example07.html

```
1 <!doctype html>
2 <html>
3 <head>
4 <meta charset="utf-8">
5 <title>列表项目符号位置</title>
6 <style type="text/css">
7 .in{list-style-position:inside;}
8 .out{list-style-psition:outside;}
9 li{border:1px solid #CCC;}
10 </style>
11 </head>
12 <body>
13 <h2>中秋节</h2>
14 <ul class="in">
15     <li>中秋节，又称月夕、秋节、仲秋节。</li>
16     <li>时在农历八月十五。</li>
17     <li>始于唐朝初年，盛行于宋朝。</li>
18     <li>自2008年起中秋节被列为国家法定节假日。</li>
19 </ul>
20 <ul class="out">
21     <li>端午节</li>
22     <li>除夕</li>
23     <li>清明节</li>
24     <li>重阳节</li>
25 </ul>
26 </body>
27 </html>
```

在例 5-7 中，定义了两个无序列表，并使用内嵌式 CSS 样式表对列表项目符号的位置进行设置。第 7 行代码对第一个无序列表应用“list-style-position:inside;”，使其列表项目符号位于列表文本以内，而第 8 行代码对第二个无序列表应用“list-style-position:outside;”，使其列表项目符号位于列表文本以外。为了使显示效果更加明显，在第 9 行代码中对<li>设置了边框样式。

运行例 5-7，效果如图 5-8 所示。

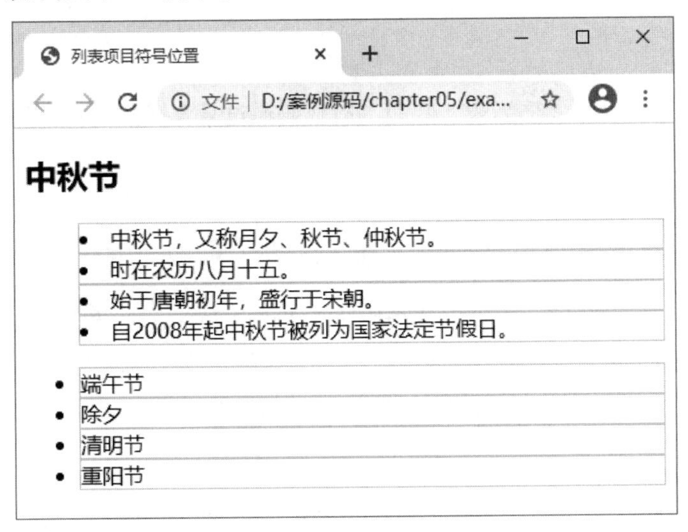

图5-8　列表项目符号位置

通过图 5-8 看出，第一个无序列表的列表项目符号位于列表文本以内，第二个无序列表的列表项目符号位于列表文本以外。

5.2.4　list-style 属性

在 CSS 中列表样式也是一个复合属性，可以将列表相关的样式都综合定义在一个复合属性 list-style 中。使用 list-style 属性综合设置列表样式的语法格式如下：

```
list-style:列表项目符号 列表项目符号的位置 列表项目图像;
```

使用复合属性 list-style 时，通常按上面语法格式中的顺序书写，各个样式之间以空格隔开，不需要的样式可以省略。接下来通过一个案例来演示其用法和效果，如例 5-8 所示。

例 5-8　example08.html

```
1  <!doctype html>
2  <html>
3  <head>
4  <meta charset="utf-8">
5  <title>list-style属性</title>
6  <style type="text/css">
7  ul{list-style:circle inside;}
8  .one{list-style: outside url(1.png);}
9  </style>
10 </head>
```

```
11 <body>
12  <ul>
13    <li class="one">栗子的营养价值</li>
14    <li>包含丰富的不饱和脂肪酸和维生素、矿物质</li>
15    <li>富含蛋白质、核黄素、碳水化合物</li>
16  </ul>
17 </body>
18 </html>
```

在例 5-8 中定义了一个无序列表，第 7、8 行代码通过复合属性 list-style 分别控制<ul>和第一个<li>的样式。

运行例 5-8，效果如图 5-9 所示。

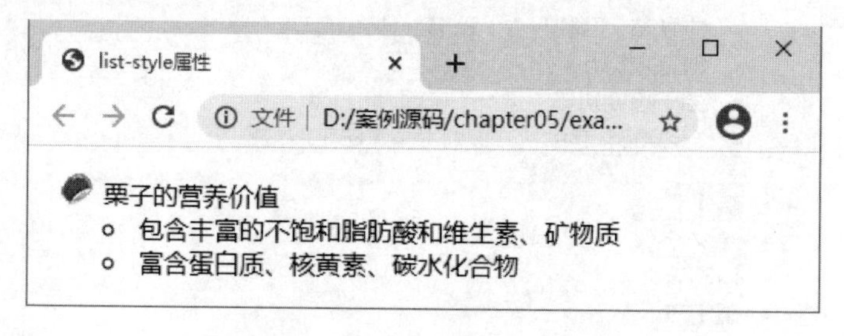

图5-9　list-style属性的使用

值得一提的是，在实际网页制作过程中，为了更高效地控制列表项显示符号，通常将 list-style 的属性值定义为 none，然后通过为<li>设置背景图像的方式实现不同的列表项目符号。接下来通过一个案例来演示通过背景属性定义列表项目符号的方法，如例 5-9 所示。

例 5-9　example09.html

```
1 <!doctype html>
2 <html>
3 <head>
4 <meta charset="utf-8">
5 <title>背景属性定义列表项显示符号</title>
6 <style type="text/css">
7 dd{
8    list-style:none;      /*清除列表的默认样式*/
9    height:26px;
10   line-height:26px;
11   background:url(2.png) no-repeat left center; /*为li设置背景图像 */
12   padding-left:25px;
13 }
14 </style>
15 </head>
16 <body>
17 <h2>熊猫</h2>
```

```
18 <dl>
19   <dt><img src="xiongmao.jpg"></dt>
20   <dd>黑眼圈</dd>
21   <dd>肥胖腰</dd>
22   <dd>圆滚滚</dd>
23 </dl>
24 </body>
25 </html>
```

在例 5-9 中，添加了一个定义列表，其中第 8 行代码通过“list-style:none;”清除列表的默认显示样式，第 11 行代码通过为<dd>设置背景图像的方式来定义列表项显示符号。第 19 行代码在<dt>内部增加了一张熊猫的图片。

运行例 5-9，效果如图 5-10 所示。

图5-10　背景属性定义列表项显示符号

通过图 5-10 可以看出，每个列表项前都添加了列表项目图像。如果需要调整列表项目图像只需更改标签的背景属性即可。

5.3　超链接标签

超链接是网页中最常用的元素，每个网页通过超链接关联在一起，构成一个完整的网站。超链接定义的对象可以是图片，也可以是文本，或者是网页中的任何内容元素。只有通过超链接定义的对象，才能在单击后进行跳转。本节将对超链接标签进行详细的讲解。

5.3.1 创建超链接

超链接在网页中占有不可替代的地位在 HTML 中创建超链接非常简单，只需用<a>标签嵌套需要被链接的对象即可。创建超链接的基本语法格式如下：

```
<a href="跳转目标" target="目标窗口的弹出方式">文本或图像</a>
```

在上面的语法中，<a>标签是一个行内元素，用于定义超链接，href 和 target 为<a>标签常用属性，具体介绍如下：

- href：用于指定链接目标的 url 地址，当为<a>标签应用 href 属性时，这个<a>标签就具有了超链接的功能。
- target：用于指定链接页面的打开方式，其取值有_self 和_blank 两种，其中_self 为默认值，意为在原窗口中打开，_blank 为在新窗口中打开。

了解了创建超链接的基本语法和超链接标签的常用属性后，接下来带领大家创建一个带有超链接功能的简单页面，如例 5-10 所示。

例 5-10　example10.html

```
1 <!doctype html>
2 <html>
3 <head>
4 <meta charset="utf-8">
5 <title>超链接</title>
6 </head>
7 <body>
8 <a href="http://www.zcool.com.cn/"target="_self">站酷</a>target="_self"
原窗口打开<br />
9 <a href="http://www.baidu.com/" target="_blank">百度</a> target="_blank"
新窗口打开
10 </body>
11 </html>
```

在例 5-10 中，第 8 行和第 9 行代码分别创建了两个超链接，通过 href 属性将它们的链接目标分别指定为“站酷”和“百度”，同时通过 target 属性定义第一个链接页面在原窗口打开，第二个链接页面在新窗口打开。

运行例 5-10，效果如图 5-11 所示。

图5-11　超链接的使用

通过图 5-11 可以看出，被超链接标签<a>标签嵌套的文本“站酷”和“百度”颜色特殊且带有下画线效果，这是因为超链接标签本身有默认的显示样式。当光标移上链接文本时，光标变为“👆”的形状，同时页面的左下角会显示链接页面的地址。当单击链接文本“站酷”和“百度”时，分别会在原窗口和新窗口中打开链接页面，如图 5-12 和图 5-13 所示。

图5-12 链接页面在原窗口打开

图5-13 链接页面在新窗口打开

注意：

① 暂时没有确定链接目标时，通常将<a>标签的 href 属性值定义为“#”(即 href="#")，表示该链接暂时为一个空链接。

② 不仅可以创建文本超链接，而且在网页中各种网页元素，如图像、表格、音频、视频等都可以添加超链接。

多学一招：图像超链接出现边框解决办法

创建图像超链接时，在某些浏览中，图像会自动添加边框效果，影响页面的美观。去掉边框最直接的方法是将边框设置为 0，具体代码如下：

```
<a href="#"><img src="图像URL" border="0" /></a>
```

5.3.2 锚点链接

如果网页内容较多，页面过长，浏览网页时就需要不断地拖动滚动条来查看所需要的内容，这样不仅效率较低，而且不方便操作。为了提高信息的检索速度，HTML 语言提供了一种特殊的链接——锚点链接。通过创建锚点链接，用户能够直接跳到指定位置的内容。

为了使初学者更形象地认识锚点链接，接下来通过一个具体的案例来演示页面中创建锚点链接的方法，如例 5-11 所示。

例 5-11　example11.html

```
1    <!doctype html>
2    <html>
3    <head>
4    <meta charset="utf-8">
5    <title>锚点链接</title>
6    </head>
7    <body>
8    中国科学家：
9    <ul>
10    <li><a href="#one">李四光</a></li>
11    <li><a href="#two">袁隆平</a></li>
12    <li><a href="#three">屠呦呦</a></li>
13    <li><a href="#four">南仁东</a></li>
14    <li><a href="#five">孙家栋</a></li>
15    </ul>
16    <h3 id="one">李四光</h3>
17    <p>李四光，1889年出生于湖北黄冈。作为中国地质力学的创立者、现代地球科学和地质工作的奠基人，李四光在地质领域的贡献，对于新中国可谓是意义非凡。2009年，李四光被评为"100位新中国成立以来感动中国人物"之一。</p>
18    <br /><br /><br /><br /><br /><br /><br /><br /><br /><br /><br /><br /><br /><br />
19    <h3 id="two">袁隆平</h3>
20    <p>袁隆平，1930年出生于北京，祖籍江西九江德安县，被誉为“杂交水稻之父”。袁隆平发明出了“三系法”籼型杂交水稻、“两系法”杂交水稻，创建了著名的超级杂交稻技术体系，不仅使中国人民填饱了肚子，也将粮食安全牢牢抓在我们中国人自己手中。2004年，袁隆平荣获“世界粮食奖”；2019年，荣获“共和国勋章”。</p>
21    <br /><br /><br /><br /><br /><br /><br /><br /><br /><br /><br /><br /><br /><br />
22    <h3 id="three">屠呦呦</h3>
```

```
23    <p>屠呦呦，1930年出生于浙江宁波，是中国第一位获得诺贝尔科学奖的本土科学家，也是第一位获得诺贝尔生理学或医学奖的华人科学家。屠呦呦从中医药典籍和中草药入手，经过多年的试验研究，发现了“青蒿素”——一种有效治疗疟疾的药物，挽救了全球数百万人的生命。2015年，屠呦呦荣获诺贝尔生理学或医学奖；2019年，荣获“共和国勋章”。</p>
24    <br /><br /><br /><br /><br /><br /><br /><br /><br /><br /><br /><br /><br /><br />
25    <h3 id="four">南仁东</h3>
26    <p>南仁东，1945年出生于吉林辽源，被誉为中国“天眼之父”。在担任FAST工程首席科学家兼总工程师期间，南仁东负责500米口径球面射电望远镜的科学技术工作，带领团队接连攻克多个技术难关，确保FAST项目落成投入使用，使得我国在单口径射电望远镜领域内，处于世界领先地位。2019年，南仁东被授予“人民科学家”荣誉称号，并被评选为“最美奋斗者”。</p>
27    <br /><br /><br /><br /><br /><br /><br /><br /><br /><br /><br /><br /><br /><br />
28    <h3 id="five">孙家栋</h3>
29    <p>孙家栋，1929年出生于辽宁瓦房店，被誉为中国航天的“大总师”和“中国卫星之父”。在“两弹一星”工程中，孙家栋担任中国第一颗人造卫星“东方红一号”的总体设计负责人，后来又担任中国第一颗遥感测控卫星、返回式卫星的技术负责人和总设计师，同时，他又是以中国通信、气象、地球资源探测、导航等为主的第二代应用卫星的工程总设计师，还担任月球探测一期工程的总设计师。1999年，孙家栋被授予“两弹一星功勋奖章”；2019年，荣获“共和国勋章”。</p>
30    </body>
31    </html>
```

在例 5-11 中，使用<a>标签应用 href 属性，其中 href 属性="#id 名"，如第 10~14 行代码所示，只要单击创建了超链接的对象就会跳到指定位置的内容。

运行例 5-11，效果如图 5-14 所示。

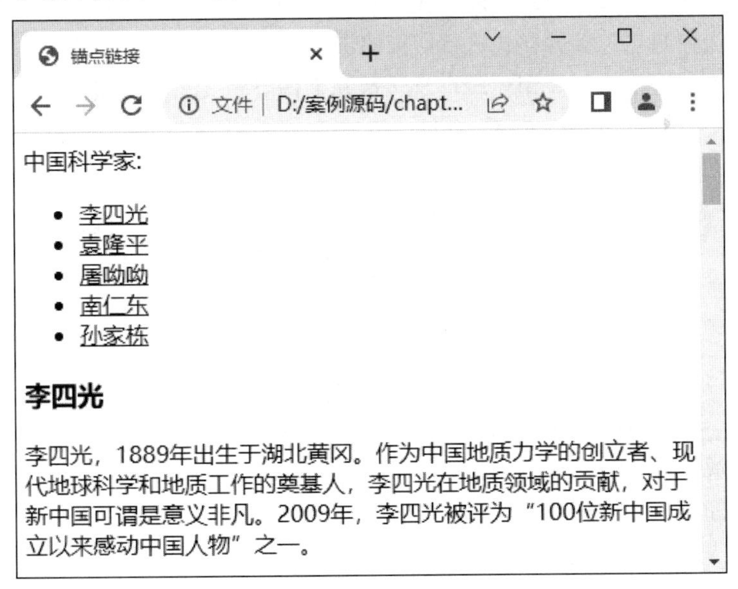

图5-14 锚点链接

通过图 5-14 看出，网页页面内容比较长而且出现了滚动条。当光标单击“原研哉”的链接时，页面会自动定位到相应的内容介绍部分，页面效果如图 5-15 所示。

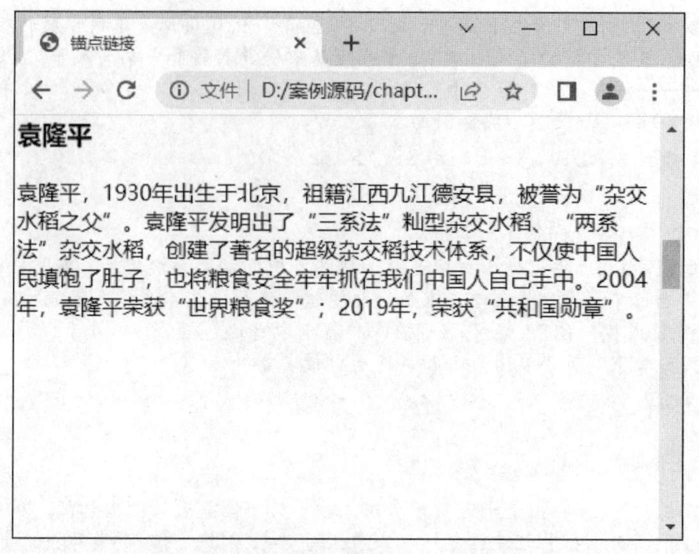

图5-15　页面跳到相应内容的指定位置

通过上面的例子可以总结出，创建锚点链接可分为两步：一是使用<a>标签应用 href 属性（href 属性= "#id 名"，id 名不可重复）创建链接文本；二是使用相应的 id 名标注跳转目标的位置。

5.4　链接伪类控制超链接

定义超链接时，为了提高用户体验，经常需要为超链接指定不同的状态，使得超链接在单击前、单击后和光标悬停时的样式不同。在 CSS 中，通过链接伪类可以实现不同的链接状态，下面将对链接伪类控制超链接的样式进行详细的讲解。

与超链接相关的四个伪类应用比较广泛，这几个伪类定义了超链接的四种不同状态，具体如表 5-4 所示。

表 5-4　超链接标签<a>的伪类

超链接标签<a>的伪类	描　述
a:link{ CSS 样式规则; }	超链接的默认样式
a:visited{ CSS 样式规则; }	超链接被访问过之后的样式
a:hover{ CSS 样式规则; }	光标经过、悬停时超链接的样式
a: active{ CSS 样式规则; }	光标选中超链接时的样式

了解了超链接标签<a>的四种状态后，接下来通过一个案例来演示效果，如例 5-12 所示。

例 5-12　example12.html

```
1 <!doctype html>
2 <html>
3 <head>
4 <meta charset="utf-8">
5 <title>超链接的伪类选择器</title>
```

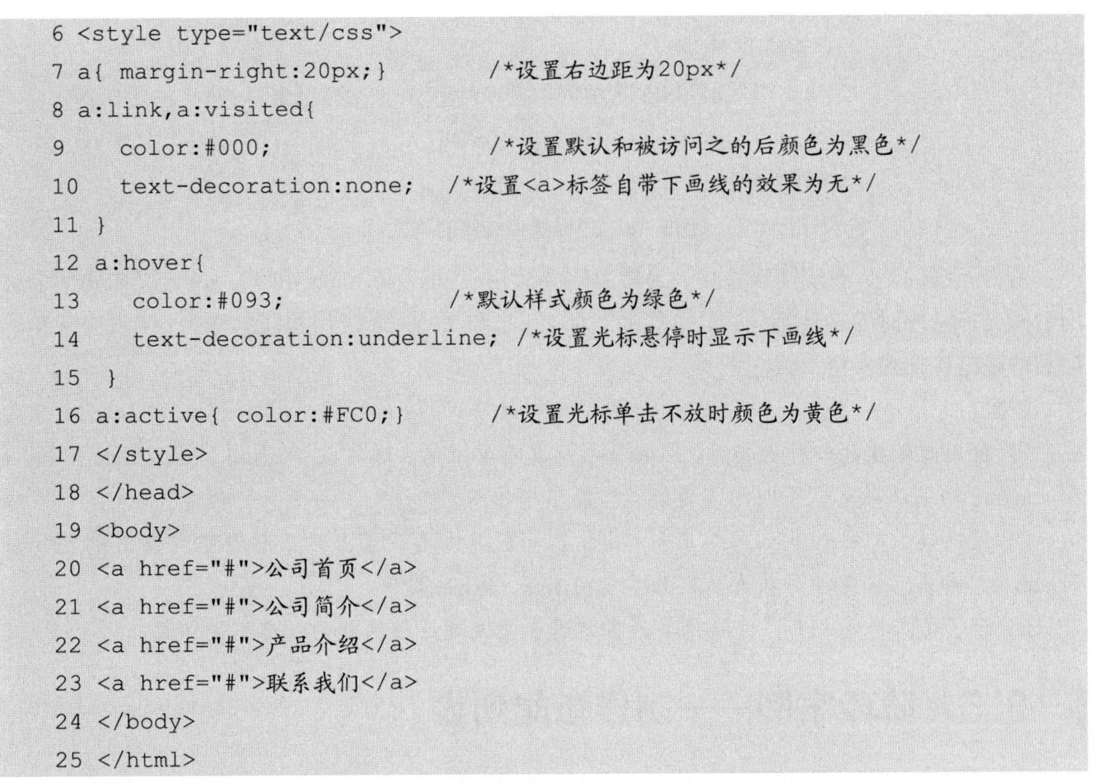

```
6 <style type="text/css">
7 a{ margin-right:20px;}          /*设置右边距为20px*/
8 a:link,a:visited{
9   color:#000;                   /*设置默认和被访问之的后颜色为黑色*/
10  text-decoration:none;     /*设置<a>标签自带下画线的效果为无*/
11 }
12 a:hover{
13   color:#093;               /*默认样式颜色为绿色*/
14   text-decoration:underline; /*设置光标悬停时显示下画线*/
15  }
16 a:active{ color:#FC0;}         /*设置光标单击不放时颜色为黄色*/
17 </style>
18 </head>
19 <body>
20 <a href="#">公司首页</a>
21 <a href="#">公司简介</a>
22 <a href="#">产品介绍</a>
23 <a href="#">联系我们</a>
24 </body>
25 </html>
```

在例 5-12 中，通过链接伪类定义超链接不同状态的样式。需要注意的是第 10 行代码用于清除超链接默认的下画线，第 14 行代码设置在光标悬停时为超链接添加下画线。

运行例 5-12，效果如图 5-16 所示。

图5-16　超链接伪类选择器的使用

通过图 5-16 看出，设置超链接的文本显示颜色为黑色，超链接的自带下画线效果为无。当光标悬停到链接文本时，文本颜色变为绿色且添加下画线效果，如图 5-17 所示。当光标选中链接文本时，文本颜色变为黄色且添加默认的下画线，如图 5-18 所示。

图5-17　光标悬停时的链接样式

图5-18 光标选中链接时样式

值得一提的是，在实际工作中，通常只需要使用 a:link、a:visited 和 a:hover 定义未访问、访问后和光标悬停时的超链接样式，并且常常对 a:link 和 a:visited 应用相同的样式，使未访问和访问后的超链接样式保持一致。

注意：

① 使用超链接的四种伪类时，对排列顺序是有要求的。通常按照 a:link、a:visited、a:hover 和 a:active 的顺序书写，否则定义的样式可能不起作用。

② 超链接的四种伪类状态并非全部定义，一般只需要设置三种状态即可，如 link、hover 和 active。如果只设定两种状态，则只需使用 link、hover 即可。

③ 除了文本样式之外，链接伪类还常常用于控制超链接的背景、边框等样式。

5.5 阶段案例——制作新闻列表

在前几个小节重点讲解了列表标签、超链接标签以及 CSS 控制列表与超链接的样式。为了使初学者更好地运用列表与超链接组织页面，本小节将通过案例的形式分步骤制作网页中常见的新闻列表，效果如图 5-19 所示。当光标移上链接文本时，文本的颜色发生改变，如图 5-20 所示。

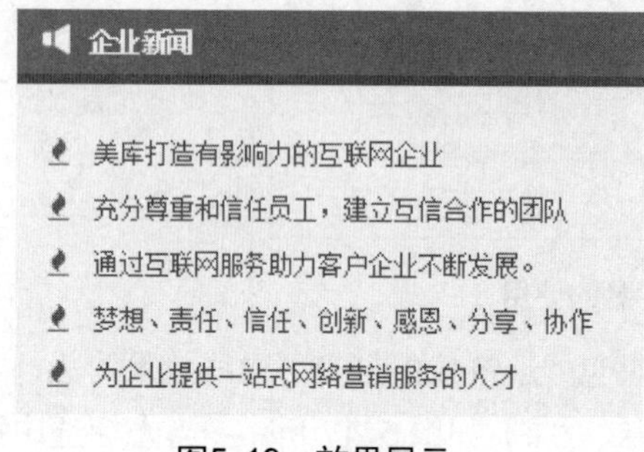

图5-19 效果展示

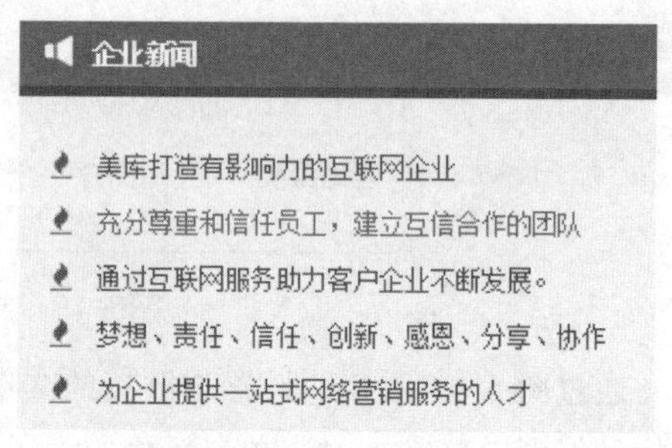

图5-20 光标悬浮效果

5.5.1 分析效果图

为了提高网页制作的效率，应该对页面的效果图结构和样式进行分析，下面对效果图 5-19 进行分析。

1. 结构分析

观察效果图 5-19，容易看出整个新闻列表整体上由上面的新闻标题和下面的新闻内容两部分构成。其中，新闻内容部分结构清晰，各条新闻并列存在、不分先后，可以使用无序列表进行定义。此外，各条新闻都是可单击的链接，通过单击它们可以链接到相应的新闻页面。在标题和新闻内容的外面还需要定义一个大盒子用于对新闻列表的整体控制。效果图 5-19 对应的页面结构如图 5-21 所示。

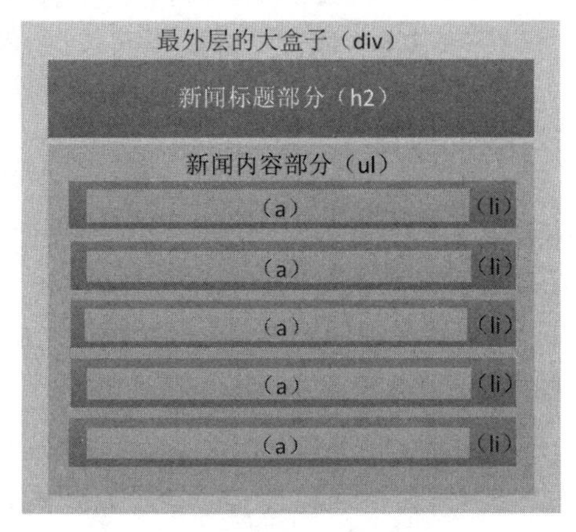

图5-21　页面结构图

2. 样式分析

控制效果图 5-19 的样式主要分为以下几个部分：

① 通过最外层的大盒子实现对页面的整体控制，需要对其设置宽度、高度及外边距样式。

② 标题的文本、边框、背景及内边距样式。

③ 整体控制列表内容（ul），对其设置左内边距和上内边距，使列表内容的左侧有一定的空间。

④ 上侧和新闻标题拉开距离。

⑤ 各列表项（li）的高度、背景及内边距样式。

⑥ 通过 CSS 伪类控制链接文本的样式。

5.5.2　制作页面结构

根据上面的分析，可以使用相应的 HTML 标签来搭建网页结构，如例 5-13 所示。

例 5-13　example13.html

```
1 <!doctype html>
2 <html>
3 <head>
4 <meta charset="utf-8">
5 <title>企业新闻</title>
6 <link rel="stylesheet" href="style05.css" type="text/css" />
7 </head>
8 <body>
9 <div class="all">
10   <h2 class="head">企业新闻</h2>
11   <ul class="content">
```

```
12          <li><a href="#">美库打造有影响力的互联网企业</a></li>
13          <li><a href="#">充分尊重和信任员工，建立互信合作的团队</a></li>
14          <li><a href="#">通过互联网服务助力客户企业不断发展。</a></li>
15          <li><a href="#">梦想、责任、信任、创新、感恩、分享、协作</a></li>
16          <li><a href="#">为企业提供一站式网络营销服务的人才</a></li>
17      </ul>
18 </div>
19 </body>
20 </html>
```

在例 5-13 所示的 HTML 结构代码中，最外层 class 为 all 的<div>用于对新闻列表的整体控制，其中第 10 行的<h2>标签用于定义新闻标题部分。在标题部分之后，创建了一个带有超链接功能的无序列表，用于定义新闻内容。

运行例 5-13，效果如图 5-22 所示。

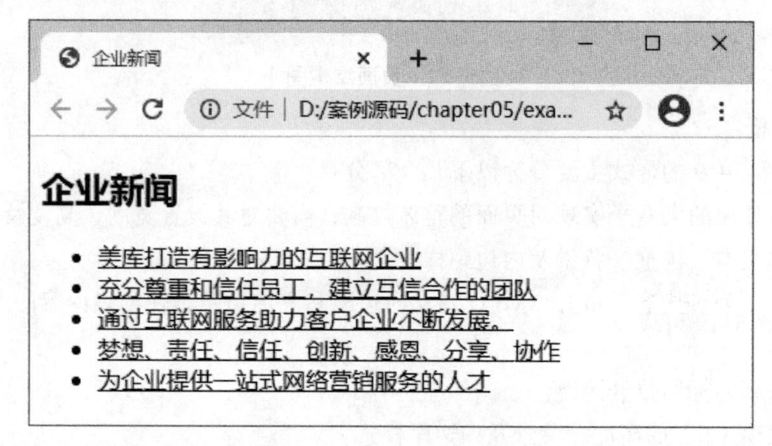

图5-22 HTML结构页面效果

5.5.3 定义 CSS 样式

搭建完页面的结构后，接下来使用 CSS 对页面的样式进行修饰。为了使初学者更好地掌握 CSS 控制列表与超链接样式的方法，本小节采用从整体到局部的方式实现效果图 5-19 及图 5-20 所示的效果。

1. 定义基础样式

首先定义页面的统一样式。CSS 代码如下：

```
/*全局控制*/
body{font-size:12px; font-family:"宋体"; color:#222;}
/*重置浏览器的默认样式*/
body,h2,ul,li{ padding:0; margin:0; list-style:none;}
```

2. 整体控制新闻列表

制作页面结构时，我们定义了一个 class 为 all 的<div>用于对新闻列表的整体控制，其宽度和高度固定。此外，为了使页面在浏览器中居中，可以对其应用外边距属性 margin。CSS 代码如下：

```
.all{            /*控制最外层的大盒子*/
  width:300px;
  height:200px;
  margin:20px auto;
}
```

3. 制作标题部分

对于效果图 5-19 中的标题部分，需要单独控制其字号和文本颜色，为了使标题文本垂直居中，可以对其应用相同的高和行高。此外，还需要对标题设置边框、背景及内边距样式。CSS 代码如下：

```
.head{
  font-size:12px;
  color:#fff;
  height:30px;
  line-height:30px;
  border-bottom:5px solid #cc5200;     /*单独定义下边框进行覆盖*/
  background:#f60 url(title_bg.png) no-repeat 11px 7px;
  padding-left:34px;
}
```

4. 整体控制列表内容

观察效果图 5-19 可以发现，列表内容与标题之间有一定的距离，且其左侧有一定的留白，可以通过对无序列表<ul>设置内边距来实现，CSS 代码如下：

```
.content{
  padding:25px 0 0 15px;
  background:#fff5ee;
}
```

5. 控制列表项

对于列表项<li>，需要控制其高度、背景及内边距。CSS 代码如下：

```
.content li{
  height:26px;
  background:url(li_bg.png) no-repeat left top;
  padding-left:22px;
}
```

6. CSS 控制链接文本

链接文本默认颜色特殊，并带有下画线，要想得到图 5-20 所示的链接文本效果，就需要使用 CSS 伪类控制超链接。CSS 代码如下：

```
.content li a:link,.content li a:visited{   /*未单击和单击后的样式*/
  color:#666;
  text-decoration:none;
```

```
}
.content li a:hover{                          /*光标移上时的样式*/
  color:#F60;
}
```

至此，我们就完成了效果图 5-19 和图 5-20 所示新闻列表的 CSS 样式部分。

小结

本章首先介绍了盒子模型的概念，盒子模型相关的属性，然后讲解了 CSS3 新增的盒模型属性和元素的类型，最后运用所学知识制作了一个音乐排行榜效果。

通过本章的学习，读者应该能够熟悉盒子模型的构成，熟练运用盒子模型相关属性控制网页中的元素，完成页面中一些简单模块的制作。

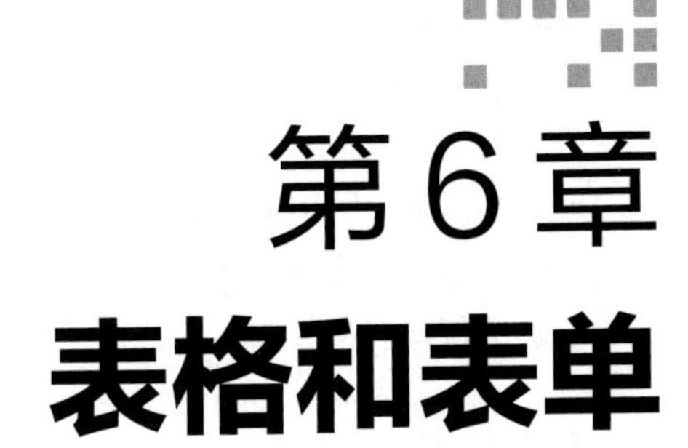

第6章 表格和表单

- 掌握表格的应用，能够运用表格标签创建表格并设置表格样式。
- 了解表单的构成，能够说出表单各组成模块的功能。
- 掌握表单控件的用法，能够创建各类功能的表单控件。
- 掌握表单样式的设置方式，能够使用 CSS 美化页面中的表单。

表格与表单是 HTML 网页中的重要标签，利用表格可以对网页进行排版，使网页信息有条理地显示出来，而利用表单则可以使网页从单向的信息传递发展到能够与用户进行交互对话，实现了网上注册、网上登录、网上交易等多种功能。本章将对表格与表单的相关知识进行详细的讲解。

6.1 表格

日常生活中，为了清晰地显示数据或信息，常常使用表格对数据或信息进行统计。同样，在制作网页时，为了使网页中的元素有条理地显示，也可以使用表格对网页进行规划。为此，HTML 语言提供了一系列的表格标签，本节将对这些标签进行详细的讲解。

6.1.1 创建表格

在 Word 中，如果要创建表格，只需插入表格，然后设定相应的行数和列数即可。然而在 HTML 网页中，所有的元素都是通过标签定义的，要想创建表格，就需要使用表格相关的标签。使用标签创建表格的基本语法格式如下：

```
<table>
    <tr>
        <td>单元格内的文字</td>
        ...
    </tr>
    ...
</table>
```

在上面的语法中包含三对 HTML 标签，分别为<table>标签、<tr>标签、<td>标签，它们是创建 HTML 网页中表格的基本标签，缺一不可。对这些标签的具体解释如下：

- <table>标签：用于定义一个表格的开始与结束。在<table>标签内部，可以放置表格的标题、表格行和单元格等。
- <tr>标签：用于定义表格中的一行，必须嵌套在<table>标签中，在<table></table>中包含几对<tr>标签，就表示该表格有几行。
- <td>标签：用于定义表格中的单元格，必须嵌套在<tr>标签中，一对<tr>标签中包含几对<td>标签，就表示该行中有多少列（或多少个单元格）。

了解了创建表格的基本语法后，下面通过一个案例进行演示，如例 6-1 所示。

例 6-1 example01.html

```
1 <!doctype html>
2 <html>
3 <head>
4 <meta charset="utf-8">
5 <title>表格</title>
6 </head>
7 <body>
8 <table border="1">
9     <tr>
10        <td>学生名称</td>
11        <td>竞赛学科</td>
12        <td>分数</td>
13    </tr>
14    <tr>
15        <td>小明</td>
16        <td>数学</td>
17        <td>87</td>
18    </tr>
19    <tr>
20        <td>小李</td>
21        <td>英语</td>
22        <td>86</td>
23    </tr>
24    <tr>
25        <td>小萌</td>
26        <td>物理</td>
27        <td>72</td>
28    </tr>
29 </table>
30 </body>
31 </html>
```

在例 6-1 中，使用表格相关的标签定义了一个 4 行 3 列的表格。为了使表格的显示格式更加清晰，在第 8 行代码中，对表格标签<table>应用了边框属性 border。

运行例 6-1，效果如图 6-1 所示。

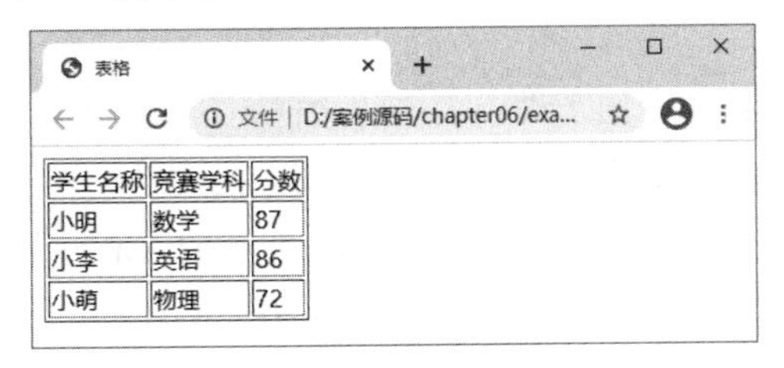

学生名称	竞赛学科	分数
小明	数学	87
小李	英语	86
小萌	物理	72

图6-1　表格

通过图 6-1 可以看出，表格以 4 行 3 列的方式显示，并且添加了边框效果。如果去掉第 8 行代码中的边框属性 border，刷新页面，保存 HTML 文件，则效果如图 6-2 所示。

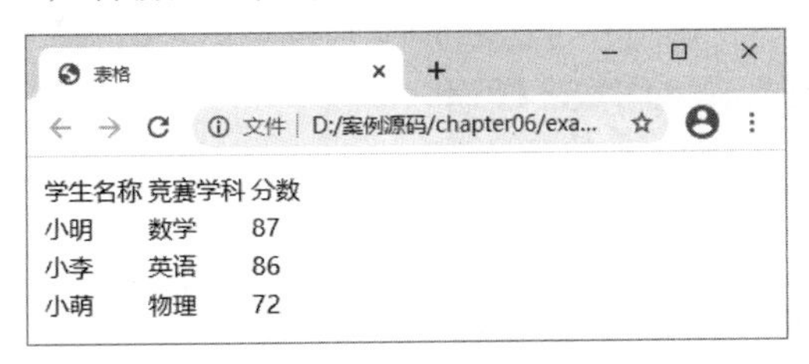

图6-2　去掉边框属性的效果

通过图 6-2 可以看出，即使去掉边框，表格中的内容依然整齐有序地排列着。创建表格时，表格默认边框为 0，宽度和高度靠表格里的内容来支撑。

注意：

<td>标签中可以嵌套表格<table>标签。但是<tr>标签中只能嵌套<td>标签，不可以在<tr>标签中输入文字。

6.1.2　<table>标签的属性

表格标签包含了大量属性，虽然大部分属性都可以使用 CSS 进行替代，但是 HTML 语言中也为<table>标签提供了一系列属性，用于控制表格的显示样式。<tr>标签的常用属性如表 6-1 所示。

表 6-1　<tr>标签的常用属性

属　性	描　述	常用属性值
border	设置表格的边框（默认 border="0"为无边框）	像素
cellspacing	设置单元格与单元格之间的空间	像素（默认为 2px）
cellpadding	设置单元格内容与单元格边缘之间的空间	像素（默认为 1px）
width	设置表格的宽度	像素
height	设置表格的高度	像素
align	设置表格在网页中的水平对齐方式	left、center、right
bgcolor	设置表格的背景颜色	预定义的颜色值、十六进制#RGB、rgb(r,g,b)
background	设置表格的背景图像	url 地址

表 6-1 中列出了<table>标签的常用属性，对于其中的某些属性，初学者可能不是很理解，接下来将对这些属性进行具体讲解。

1. border 属性

在<table>标签中，border 属性用于设置表格的边框，默认值为 0。在例 6-1 中，设置<table>标签的 border 属性值为 1 时，出现图 6-1 所示的双线边框效果。

为了更好地理解 border 属性，将例 6-1 中<table>标签的 border 属性值设置为 20，将第 8 行代码更改如下：

```
<table border="20">
```

这时保存 HTML 文件，刷新页面，效果如图 6-3 所示。

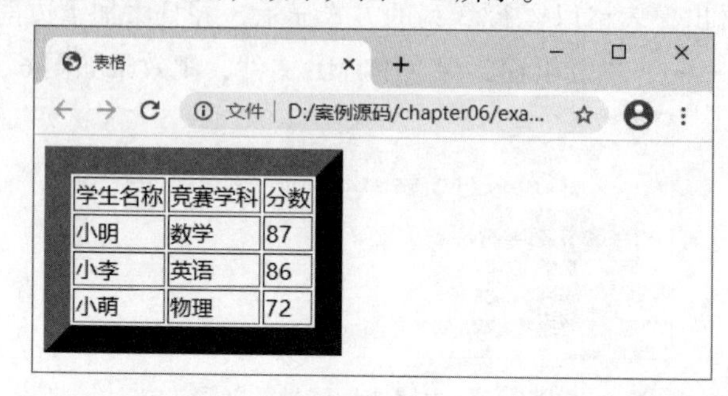

图6-3　设置border="20"的效果

比较图 6-3 和图 6-1，我们会发现表格的双线边框的外边框变宽了，但是内边框不变。其实，在双线边框中，外边框为表格<table>的边框，内边框为单元格<td>的边框。也就是说，<table>标签的 border 属性值改变的是外边框宽度，所以内边框宽度仍然为 1px。

注意：

直接使用 table 标签的边框属性或其他取值为像素的属性时，可以省略单位 px。

2. cellspacing 属性

cellspacing 属性用于设置单元格与单元格之间的空间，默认距离为 2px。例如，对例 6-1 中的<table>标签应用 cellspacing="20"，则第 8 行代码如下：

```
<table border="20" cellspacing="20">
```

这时保存 HTML 文件，刷新页面，效果如图 6-4 所示。

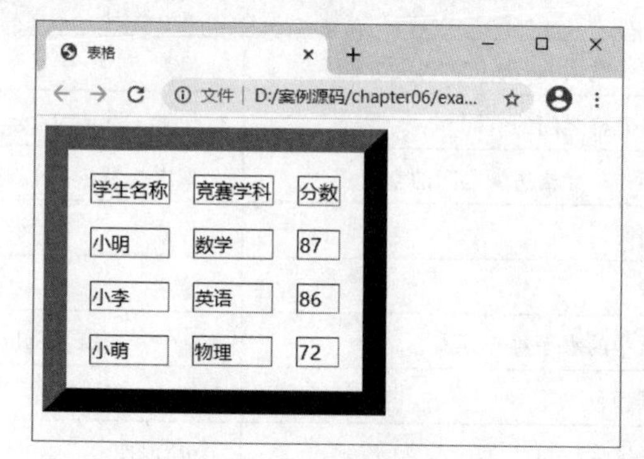

图6-4　设置cellspacing="20"的效果

通过图 6-4 可以看出，单元格与单元格以及单元格与表格边框之间都拉开了 20px 的距离。

3. cellpadding 属性

cellpadding 属性用于设置单元格内容与单元格边框之间的空白间距，默认为 1px。例如，对例 6-1 中的<table>标签应用 cellpadding="20"，则第 8 行代码更改如下：

```
<table border="20" cellspacing="20" cellpadding="20">
```

这时保存 HTML 文件，刷新页面，效果如图 6-5 所示。

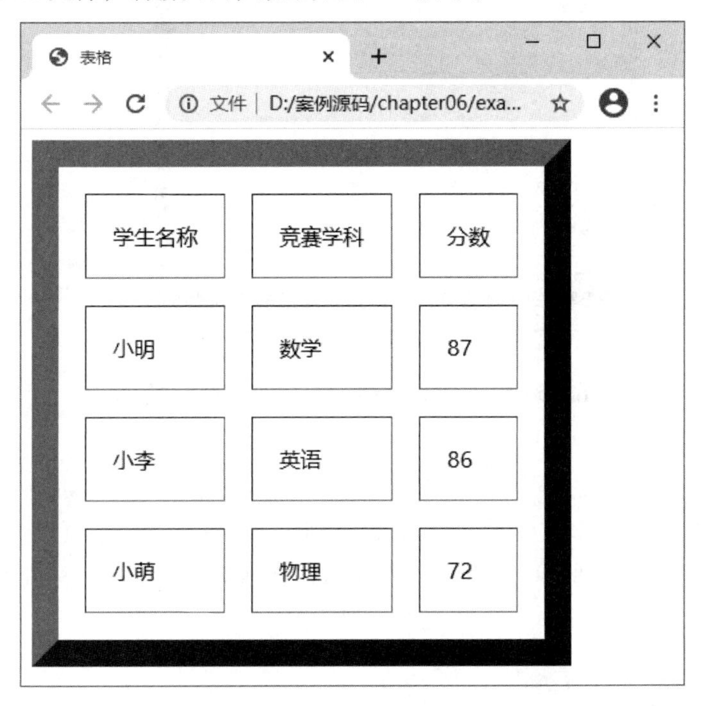

图6-5　设置cellpadding="20"的效果

比较图 6-4 和图 6-5 会发现，在图 6-5 中，单元格内容与单元格边框之出现了 20px 的空白间距，例如“学生名称”与其所在的单元格边框之间出现了 20px 的距离。

4. width 属性和 height 属性

默认情况下，表格的宽度和高度是自适应的，依靠表格内的内容来支撑，例如图 6-1 所示的表格。要想更改表格的尺寸，就需要对其应用宽度属性 width 和高度属性 height。接下来对例 6-1 中的表格设置宽度，将第 8 行代码更改如下：

```
<table border="20" cellspacing="20" cellpadding="20" width="600"
height="600">
```

这时保存 HTML 文件，刷新页面，效果如图 6-6 所示。

在图 6-6 中，表格的宽度和高度为 600px，各单元格的宽高均按一定的比例增加。

注意：

当为表格标签<table>同时设置 width、height 和 cellpadding 属性时，cellpadding 的显示效果将不太容易观察，所以一般在未给表格设置宽高的情况下测试 cellpadding 属性。

图6-6　设置width="600"和height="600"的效果

5. align 属性

align 属性可用于定义表格的水平对齐方式，其可选属性值为 left、center、right。

需要注意的是，当对<table>标签应用 align 属性时，控制的是表格在页面中的水平对齐方式，单元格中的内容不受影响。例如，对例 6-1 中的<table>标签应用 align="center"，将第 8 行代码更改如下：

```
<table border="20" cellspacing="20" cellpadding="20" width="600" height="600" align="center">
```

这时保存 HTML 文件，刷新页面，效果如图 6-7 所示。

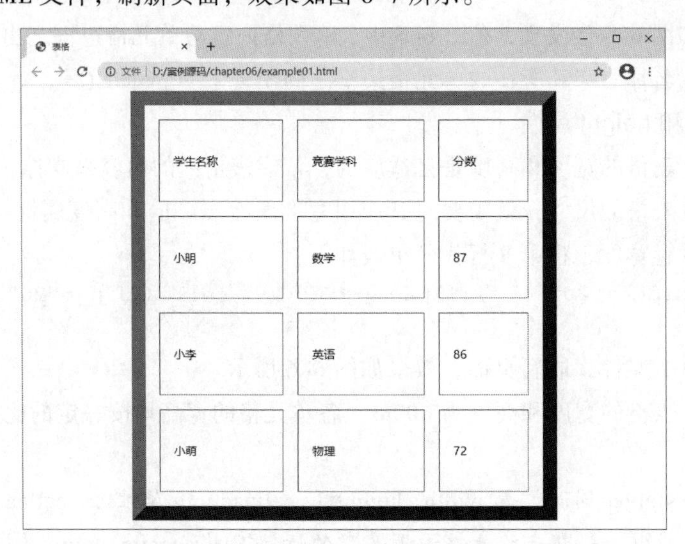

图6-7　设置align="center"的效果

通过图 6-7 可以看出，表格位于浏览器的水平居中位置，而单元格中的内容不受影响。

6. bgcolor 属性

在<table>标签中，bgcolor 属性用于设置表格的背景颜色。例如，将例 6-1 中表格的背景颜色设置为灰色，可以将第 8 行代码更改如下：

```
    <table    border="20"    cellspacing="20"    cellpadding="20"    width="600"
height="600" align="center" bgcolor="CCCCCC">
```

这时保存 HTML 文件，刷新页面，效果如图 6-8 所示。

图6-8　设置背景颜色为灰色的效果

通过图 6-8 可以看出，使用 bgcolor 属性后表格内部所有的背景颜色都变为灰色。

7. background 属性

在<table>标签中，background 属性用于设置表格的背景图像。例如，为例 6-1 中的表格添加背景图像，则第 8 行代码更改如下：

```
    <table    border="20"    cellspacing="20"    cellpadding="20"    width="600"
height="600" align="center" bgcolor="#CCCCCC" background="1.jpg" >
```

这时保存 HTML 文件，刷新页面，效果如图 6-9 所示。

通过图 6-9 可以看出，图像在表格中沿着水平和竖直两个方向平铺，填充整个表格。

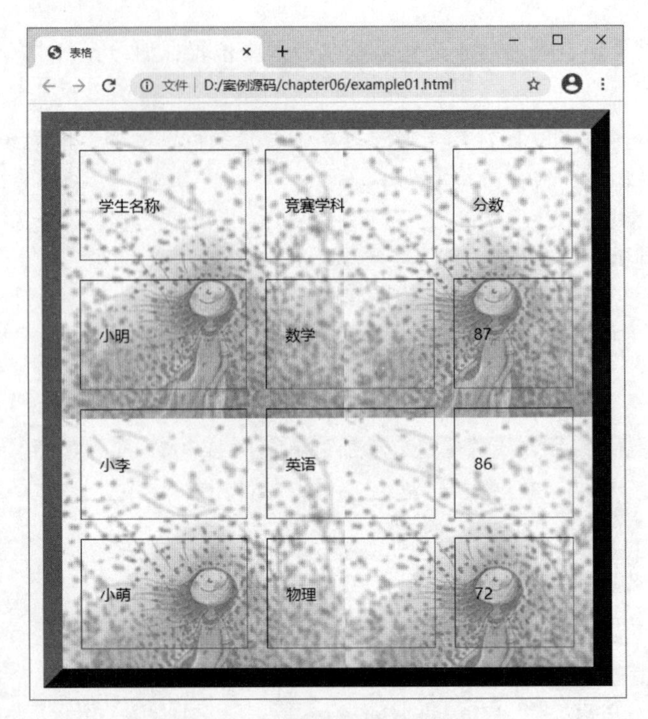

图6-9　设置背景图像的效果

6.1.3　<tr>标签的属性

通过对<table>标签应用各种属性，可以控制表格的整体显示样式，但是制作网页时，有时需要表格中的某一行特殊显示，这时就可以为行标签<tr>定义属性。<tr>标签的常用属性如表6-2所示。

表6-2　<tr>标签的常用属性

属　性	描　述	常用属性值
height	设置行高度	像素
align	设置一行内容的水平对齐方式	left、center、right
valign	设置一行内容的垂直对齐方式	top、middle、bottom
bgcolor	设置行背景颜色	预定义的颜色值、十六进制#RGB、rgb(r,g,b)
background	设置行背景图像	url 地址

表6-2中列出了<tr>标签的常用属性，其中大部分属性与<table>标签的属性相同。为了加深初学者对这些属性的理解，接下来通过一个案例来演示行标签<tr>的常用属性效果，如例6-2所示。

例 6-2　example02.html

```
1 <!doctype html>
2 <html>
3 <head>
4 <meta charset="utf-8">
```

```
5 <title>tr标签的属性</title>
6 </head>
7 <body>
8 <table border="1" width="400" height="240" align="center">
9    <tr height="80" align="center" valign="top" bgcolor="#00CCFF">
10        <td>姓名</td>
11        <td>性别</td>
12        <td>电话</td>
13        <td>住址</td>
14     </tr>
15     <tr>
16        <td>小王</td>
17        <td>女</td>
18        <td>11122233</td>
19        <td>海淀区</td>
20     </tr>
21     <tr>
22       <td>小李</td>
23        <td>男</td>
24        <td>55566677</td>
25        <td>朝阳区</td>
26     </tr>
27     <tr>
28        <td>小张</td>
29        <td>男</td>
30        <td>88899900</td>
31        <td>西城区</td>
32     </tr>
33 </table>
34 </body>
35 </html>
```

在例 6-2 的第 8 行和第 9 行代码中，分别对表格标签<table>和第一个行标签<tr>应用相应的属性，用来控制表格和第一行内容的显示样式。

运行例 6-2，效果如图 6-10 所示。

通过图 6-10 可以看出，表格按照设置的宽高显示，且位于浏览器的水平居中位置。表格的第一行内容按照设置的高度显示、文本内容水平居中垂直居上，并且第一行还添加了背景颜色。

例 6-2 通过对行标签<tr>应用属性，可以单独控制表格中一行内容的显示样式。在学习<tr>的属性时，还需要注意以下几点。

- <tr>标签无宽度属性 width，其宽度取决于表格标签<table>。
- 可以对<tr>标签应用 valign 属性，用于设置一行内容的垂直对齐方式。

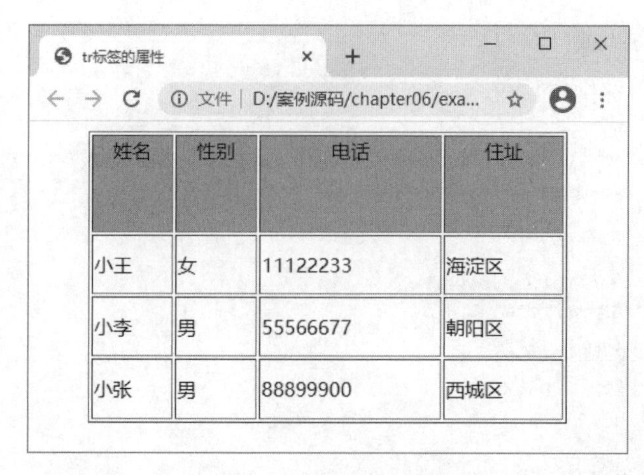

图6-10 行标签的属性使用

6.1.4 <td>标签的属性

通过对行标签<tr>应用属性，可以控制表格中一行内容的显示样式。但是，在网页制作过程中，想要对某一个单元格进行控制，就需要为单元格标签<td>定义属性。<td>标签的常用属性如表 6–3 所示。

表 6-3 <td>标签的常用属性

属性名	含　义	常用属性值
width	设置单元格的宽度	像素
height	设置单元格的高度	像素
align	设置单元格内容的水平对齐方式	left、center、right
valign	设置单元格内容的垂直对齐方式	top、middle、bottom
bgcolor	设置单元格的背景颜色	预定义的颜色值、十六进制#RGB、rgb(r,g,b)
background	设置单元格的背景图像	url 地址
colspan	设置单元格横跨的列数（用于合并水平方向的单元格）	正整数
rowspan	设置单元格竖跨的行数（用于合并竖直方向的单元格）	正整数

表 6–3 中列出了<td>标签的常用属性，其中大部分属性与<tr>标签的属性相同。与<tr>标签不同的是，可以对<td>标签应用 width 属性，用于指定单元格的宽度，同时<td>标签还拥有 colspan 和 rowspan 属性，用于对单元格进行合并。

对于<td>标签的 colspan 和 rowspan 属性，初学者可能难以理解并运用，下面将通过案例来演示如何使用 rowspan 属性合并竖直方向的单元格，将“出生地”下方的三个单元格合并为一个单元格，如例 6–3 所示。

例 6-3　example03.html

```
1 <!doctype html>
2 <html>
3 <head>
4 <meta charset="utf-8">
5 <title>单元格的合并</title>
```

```
6 </head>
7 <body>
8 <table border="1" width="400" height="240" align="center">
9    <tr height="80" align="center" valign="top" bgcolor="#00CCFF">
10         <td>姓名</td>
11         <td>性别</td>
12         <td>电话</td>
13         <td>住址</td>
14     </tr>
15     <tr>
16         <td>小王</td>
17         <td>女</td>
18         <td>11122233</td>
19         <td rowspan="3">北京</td>       <!--rowspan设置单元格竖跨的行数-->
20     </tr>
21     <tr>
22         <td>小李</td>
23         <td>男</td>
24         <td>55566677</td>
25                                         <!--删除了<td>朝阳区</td>-->
26     </tr>
27     <tr>
28         <td>小张</td>
29         <td>男</td>
30         <td>88899900</td>
31                                         <!--删除了 <td>西城区</td>-->
32     </tr>
33 </table>
34 </body>
35 </html>
```

在例 6-3 的第 19 行代码中，将<td>标签的 rowspan 属性值设置为“3”，这个单元格就会竖跨 3 行，同时，由于第 19 行的单元格将占用其下方两个单元格的位置，所以应该注释或删掉其下方的两对<td>标签，即注释或删掉第 25 行和 31 行代码。

运行例 6-3，合并竖列方向单元格的效果如图 6-11 所示。

在图 6-11 中，设置了 rowspan="3"样式的单元格“北京”竖直跨 3 行，占用了其下方两个单元格的位置。

除了竖直相邻的单元格可以合并外，水平相邻的单元格也可以合并。例如，将例 6-3 中的“性别”和“电话”两个单元格合并，只需对第 11 行代码中的<td>标签应用 colspan="2"，同时注释或删掉第 12 行代码即可。

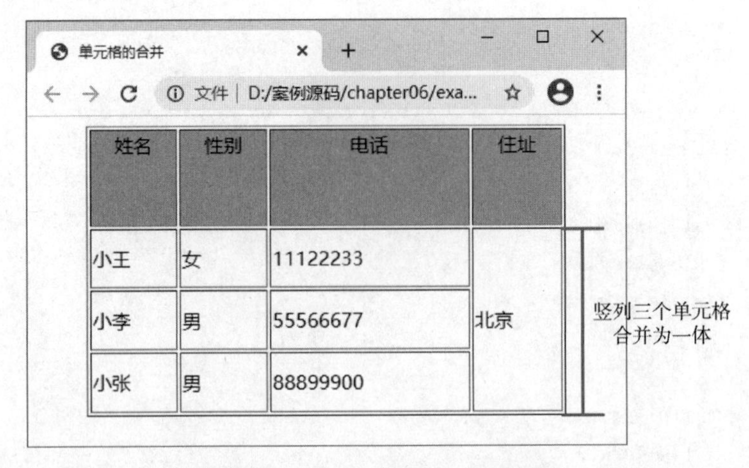

图6-11　合并竖列方向单元格的效果

这时，保存 HTML 文件，刷新网页，合并水平方向单元格的效果如图 6-12 所示。

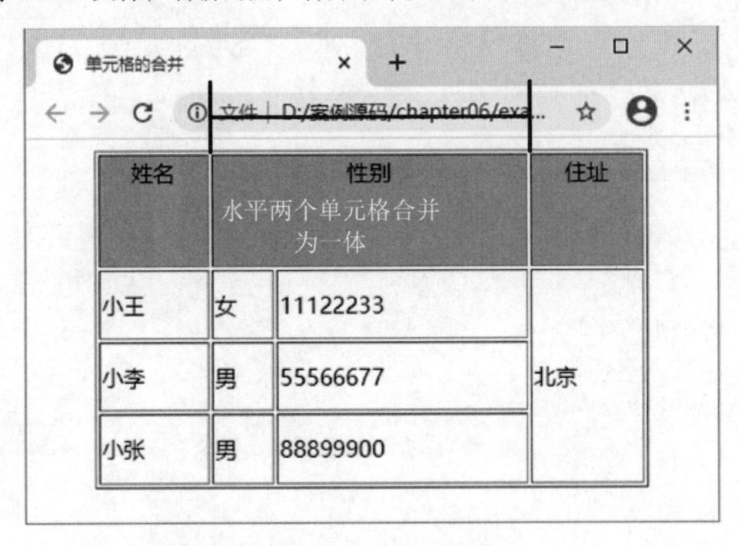

图6-12　合并水平方向单元格的效果

在图 6-12 中，设置了 colspan="2"样式的单元格“性别”水平跨 2 列，占用了其右方一个单元格的位置。

总结例 6-3，可以得出合并单元格的规则：想合并哪些单元格就注释或删除它们，并在预留的单元格中设置相应 colspan 或 rolspan 的值，这个值即为预留单元格水平合并的列数或竖直合并的行数。

注意：

① 在<td>标签的属性中，重点掌握 colspan 和 rolspan。其他的属性了解即可，不建议使用，这些属性均可用 CSS 样式属性替代。

② 当对某一个<td>标签应用 width 属性设置宽度时，该列中的所有单元格均会以设置的宽度显示。

③ 当对某一个<td>标签应用 height 属性设置高度时，该行中的所有单元格均会以设置的高度显示。

6.1.5 <th>标签及其属性

应用表格时经常需要为表格设置表头，以使表格的格式更加清晰，方便查阅。表头一般位于表格的第一行或第一列，其文本加粗居中，如图 6-13 所示。设置表头非常简单，只需用表头标签<th>替代相应的单元格标签<td>即可。

图6-13 设置了表头的表格

<th>标签与<td>标签的属性、用法完全相同，但是它们具有不同的语义。<th>标签用于定义表头单元格，其文本默认加粗居中显示，而<td>标签定义的为普通单元格，其文本为普通文本且水平左对齐显示。

6.1.6 表格的结构

在互联网刚刚兴起时，网页形式单调，内容也比较简单，那时，几乎所有的网页都使用表格进行布局。为了使搜索引擎更好地理解网页内容，在使用表格进行布局时，可以将表格划分为头部、主体和页脚，用于定义网页中的不同内容。划分表格结构的标签如下：

- <thead>标签：用于定义表格的头部，必须位于<table>标签中，一般包含网页的 Logo 和导航等头部信息。
- <tfoot>标签：用于定义表格的页脚，位于<table>标签中<thead></thead>标签之后，一般包含网页底部的企业信息等。
- <tbody>标签：用于定义表格的主体，位于<table>标签中<tfoot>标签之后，一般包含网页中除头部和底部之外的其他内容。

了解了表格的结构划分标签后，接下来就使用它们来布局一个简单的网页，如例 6-4 所示。

例 6-4 example04.html

```
1 <!doctype html>
2 <html>
3 <head>
4 <meta charset="utf-8">
5 <title>划分表格的结构</title>
6 </head>
7 <body>
8     <table width="600" border="1" cellspacing="0" align="center">
```

```
9       <caption>表格的名称</caption>        <!--caption定义表格的标题-->
10       <thead>                             <!--thead定义表格的头部-->
11          <tr>
12             <td colspan="3">网站的logo</td>
13          </tr>
14          <tr>
15          <th><a href="#">首页</a></th>
16          <th><a href="#">关于我们</a></th>
17          <th><a href="#">联系我们</a></th>
18          </tr>
19       </thead>
20       <tfoot>                        <!--tfoot定义表格的页脚-->
21          <tr>
22             <td colspan="3" align="center">底部基本企业信息&copy;【版权信
息】</td>
23          </tr>
24       </tfoot>
25       <tbody>                     <!--tbody定义表格的主体-->
26          <tr height="150">
27             <td>主体的左栏</td>
28             <td>主体的中间</td>
29             <td>主体的右侧</td>
30          </tr>
31          <tr height="150">
32             <td>主体的左栏</td>
33             <td>主体的中间</td>
34             <td>主体的右侧</td>
35          </tr>
36       </tbody>
37    </table>
38 </body>
39 </html>
```

在例 6-4 中，使用表格相关的标签创建一个多行多列的表格，并对其中的某些单元格进行合并。为了使搜索引擎更好地理解网页内容，使用表格的结构划分标签定义不同的网页内容。其中，第 9 行代码中的<caption>标签用于定义表格的标题。

运行例 6-4，效果如图 6-14 所示。

注意：

一个表格只能定义一对<thead>标签、一对<tfoot>标签，但可以定义多对<tbody>标签，它们必须按<thead>标签、<tfoot>标签和<tbody>标签的顺序使用。之所以将<tfoot>标签置于<tbody>标签之前，是为了使浏览器在收到全部数据之前即可显示页脚。

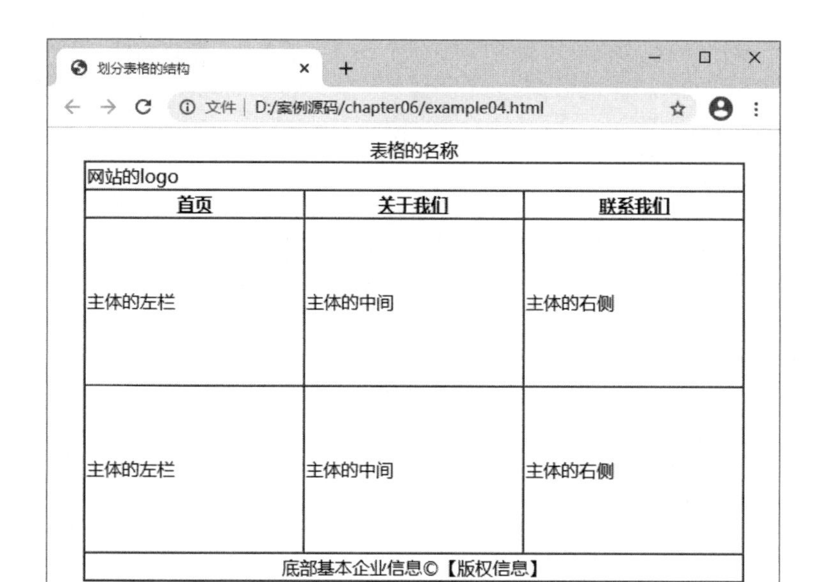

图6-14　划分表格的结构

6.2　CSS 控制表格样式

除了表格标签自带的属性外，还可用 CSS 的边框、宽高、颜色等来控制表格样式。此外，CSS 中还提供了表格专用属性，用于控制表格样式。本节将从边框、边距和宽高三个方面，详细讲解 CSS 控制表格样式的具体方法。

6.2.1　CSS 控制表格边框

使用<table>标签的 border 属性可以为表格设置边框，但是这种方式设置的边框效果并不理想，如果要更改边框的颜色，或改变单元格的边框大小，就会很困难。而使用 CSS 边框样式属性 border 可以轻松地控制表格的边框。

接下来通过一个具体的案例演示设置表格边框的具体方法，如例 6-5 所示。

例 6-5　example05.html

```
1    <!doctype html>
2    <html>
3    <head>
4    <meta charset="utf-8">
5    <title>CSS控制表格边框</title>
6    <style type="text/css">
7    table{
8     width:400px;
9     height:300px;
10       border:1px solid #30F;         /*设置table的边框*/
11    }
```

```
12  th,td{border:1px solid #30F;}  /*为单元格单独设置边框*/
13  </style>
14  </head>
15  <body>
16  <table>
17  <caption>知识点表格</caption><!--caption定义表格的标题-->
18  <tr>
19  <th>知识点编号</th>
20  <th>知识点名称</th>
21  <th>掌握程度</th>
22  <th>重点难点</th>
23  </tr>
24  <tr>
25  <th>1</th>
26  <td>表格</td>
27  <td>掌握</td>
28  <td>重点</td>
29  </tr>
30  <tr>
31  <th>2</th>
32  <td>表单</td>
33  <td>掌握</td>
34  <td>重点</td>
35  </tr>
36  <tr>
37  <th>3</th>
38  <td>表单控件</td>
39  <td>熟悉</td>
40  <td>难点</td>
41  </tr>
42  <tr>
43  <th>4</th>
44  <td>表单新属性</td>
45  <td>了解</td>
46  <td>难点</td>
47  </tr>
48  <tr>
49  <th>5</th>
50  <td>表格的结构</td>
51  <td>掌握</td>
52  <td>难点</td>
```

```
53    </tr>
54    </table>
55    </body>
56    </html>
```

在例 6-5 中，定义了一个 6 行 4 列的表格，然后使用内嵌式 CSS 样式表为表格标签<table>定义宽、高和边框样式，并为单元格单独设置相应的边框。如果只设置<table>样式，效果图只显示外边框的样式，内部不显示边框。

运行例 6-5，效果如图 6-15 所示。 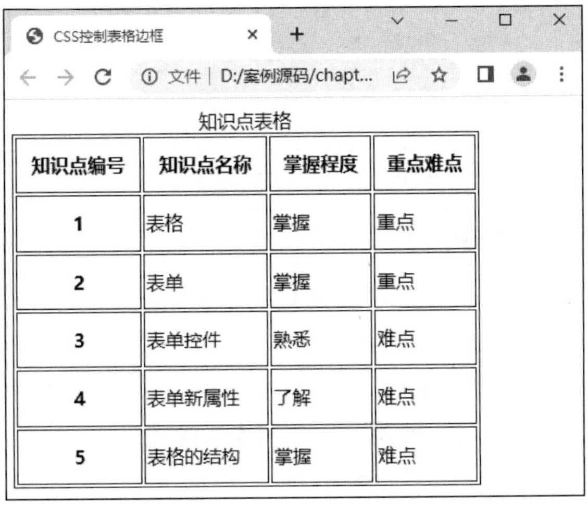

CSS控制表格边框　文件 | D:/案例源码/chapt...

知识点表格

知识点编号	知识点名称	掌握程度	重点难点
1	表格	掌握	重点
2	表单	掌握	重点
3	表单控件	熟悉	难点
4	表单新属性	了解	难点
5	表格的结构	掌握	难点

图6-15　CSS控制表格边框

通过图 6-15 可以发现，单元格与单元格的边框之间存在一定的空间。如果要去掉单元格之间的空间，得到常见的细线边框效果，就需要使用“border-collapse”属性，使单元格的边框合并，具体代码如下：

```
table{
  width:400px;
  height:300px;
  border:1px solid #30F;          /*设置table的边框*/
  border-collapse:collapse;     /*边框合并*/
}
```

保存 HTML 文件，再次刷新网页，效果如图 6-16 所示。

通过图 6-16 可以看出，单元格的边框发生了合并，出现了常见的单线边框效果。border-collapse 属性的属性值除了 collapse（合并）之外，还有一个属性值为 separate（分离），通常表格中边框都默认为 separate。

注意：

① 当表格的 border-collapse 属性设置为 collapse 时，HTML 中设置的 cellspacing 属性值无效。

② 行标签<tr>无 border 样式属性。

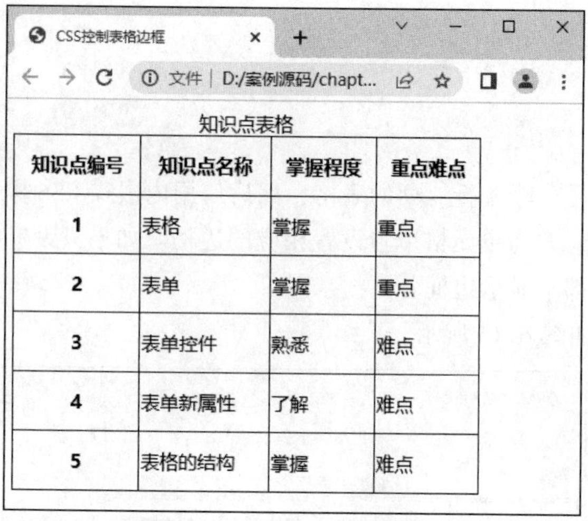

知识点表格

知识点编号	知识点名称	掌握程度	重点难点
1	表格	掌握	重点
2	表单	掌握	重点
3	表单控件	熟悉	难点
4	表单新属性	了解	难点
5	表格的结构	掌握	难点

图6-16　表格的边框合并

6.2.2　CSS 控制单元格边距

使用<table>标签的属性美化表格时，可以通过 cellpadding 和 cellspacing 分别控制单元格内容与边框之间的距离以及相邻单元格边框之间的距离。这种方式与盒子模型中设置内外边距非常类似，那么使用 CSS 对单元格设置内边距 padding 和外边距 margin 样式能不能实现这种效果呢？

新建一个 3 行 3 列的简单表格，使用 CSS 控制表格样式，具体如例 6-6 所示。

例 6-6　example06.html

```
1   <!doctype html>
2   <html>
3   <head>
4   <meta charset="utf-8">
5   <title>CSS控制单元格边距</title>
6   <style type="text/css">
7   table{
8   border:1px solid #30F;        /*设置table的边框*/
9   }
10  th,td{
11  border:1px solid #30F;        /*为单元格单独设置边框*/
12  padding:50px;                 /*为单元格内容与边框设置20px的内边距*/
13  margin:50px;                  /*为单元格与单元格边框之间设置20px的外边距*/
14  }
15  </style>
16  </head>
17  <body>
18  <table>
19  <tr>
20  <th>书籍名称</th>
```

```
21    <th>出版社</th>
22    <th>类型</th>
23    </tr>
24    <tr>
25    <th>《Java基础入门》</th>
26    <td>清华大学出版社</td>
27    <td>编程</td>
28    </tr>
29    <tr>
30    <th>《网页设计与制作项目教程》</th>
31    <td>人民邮电出版社</td>
32    <td>前端</td>
33    </tr>
34    </table>
35    </body>
36    </html>
```

运行例 6-6，效果如图 6-17 所示。

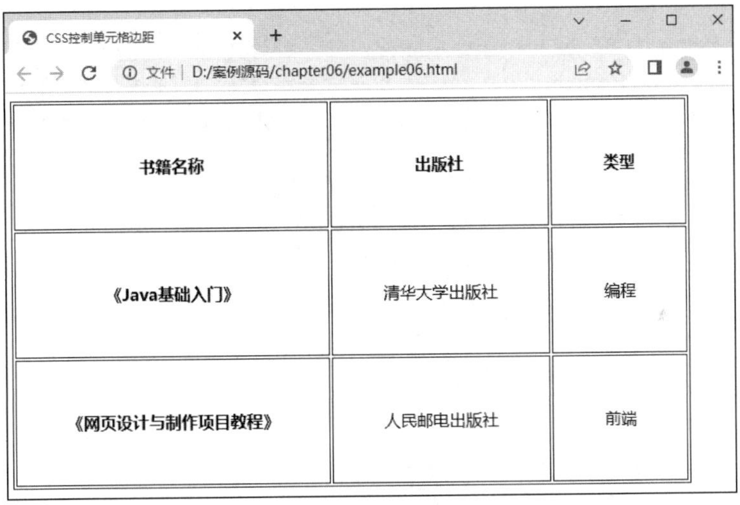

图6-17　CSS控制单元格边距

从图 6-17 可以看出，单元格内容与边框之间拉开了一定的距离，但是相邻单元格之间的距离没有任何变化，也就是说对单元格设置的外边距属性 margin 没有生效。

总结例 6-6 可以得出，设置单元格内容与边框之间的距离，可以对<th>标签和<td>标签应用内边距样式属性 padding，或对<table>标签应用 HTML 标签属性 cellpadding。而<th>标签和<td>标签无外边距属性 margin，要想设置相邻单元格边框之间的距离，只能对<table>标签应用 HTML 标签属性 cellspacing。

注意：

行标签<tr>无内边距属性 padding 和外边距属性 margin。

6.2.3 CSS 控制单元格的宽高

单元格的宽度和高度，有着和其他标签不同的特性，主要表现在单元格之间的互相影响上。使用 CSS 中的 width 和 height 属性可以控制单元格的宽高。接下来通过一个具体的案例来演示，如例 6-7 所示。

例 6-7　example07.html

```
1 <!doctype html>
2 <html>
3 <head>
4 <meta charset="utf-8">
5 <title>CSS控制单元格的宽高</title>
6 <style type="text/css">
7 table{
8    border:1px solid #30F;                    /*设置table的边框*/
9    border-collapse:collapse;                 /*边框合并*/
10 }
11 th,td{
12   border:1px solid #30F;                    /*为单元格单独设置边框*/
13 }
14 .one{ width:100px; height:80px;}           /*定义"东"单元格的宽度与高度*/
15 .two{ height:40px;}                        /*定义"西"单元格的高度*/
16 .three{ width:200px; }                     /*定义"南"单元格的宽度*/
17 </style>
18 </head>
19 <body>
20 <table>
21  <tr>
22     <td class="one"> A房间</td>
23     <td class="two"> B房间</td>
24  </tr>
25  <tr>
26     <td class="three"> C房间</td>
27     <td class="four"> D房间</td>
28  </tr>
29 </table>
30 </body>
31 </html>
```

在例 6-7 中，定义了一个 2 行 2 列的简单表格，将“A 房间”的宽度和高度设置为 100px 和 80px，同时将“B 房间”单元格的高度设置为 40px，“C 房间”单元格的宽度设置为 200px。

运行例 6-7，效果如图 6-18 所示。

通过图 6-18 可以看出，“A 房间”单元格和“B 房间”单元格的高度均为 80px，而“A 房间”单元格和“C 房间”单元格的宽度均为 200px。可见对同一行中的单元格定义不同的高度，或对同一列中的单元格定义不同的宽度时，最终的宽度或高度将取其中的较大者。

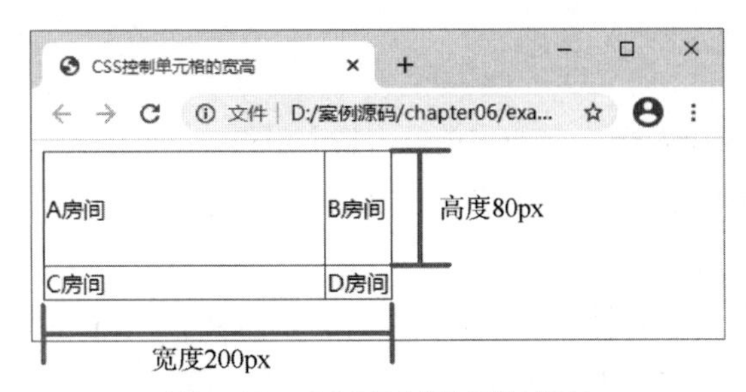

图6-18　CSS控制单元格宽高

6.3　表单

表单是可以通过网络接收其他用户数据的平台，例如注册页面的账户密码输入、网上订货页等，都是以表单的形式来收集用户信息，并将这些信息传递给后台服务器，实现网页与用户间的沟通对话。本节将对表单进行详细的讲解。

6.3.1　表单的构成

在 HTML 中，一个完整的表单通常由表单控件、提示信息和表单域三个部分构成，如图 6-19 所示。

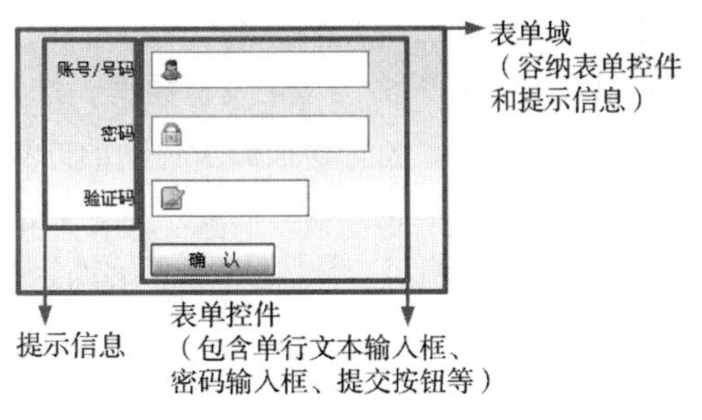

图6-19　表单的构成

对表单构成中的表单控件、提示信息和表单域的具体解释如下：

- 表单控件：包含具体的表单功能项，如单行文本输入框、密码输入框、复选框、提交按钮、搜索框等。
- 提示信息：一些说明性的文字，提示用户进行填写和操作。
- 表单域：相当于一个容器，用来容纳所有的表单控件和提示信息，可以通过它处理表单数据所用程序的 url 地址，定义数据提交到服务器的方法。如果不定义表单域，表单中的数据就无法传送到后台服务器。

6.3.2　创建表单

在 HTML5 中，<form>标签被用于定义表单域，即创建一个表单，以实现用户信息的收集和传递，<form>标签中的所有内容都会被提交给服务器。创建表单的基本语法格式如下：

```
<form action="url地址" method="提交方式" name="表单名称">
  各种表单控件
</form>
```

在上面的语法中，<form>标签之间的表单控件是由用户自定义的，action、method和name为表单标签<form>标签的常用属性，分别用于定义url地址、表单提交方式及表单名称，具体介绍如下：

1. action属性

在表单收集到信息后，需要将信息传递给服务器进行处理，action属性用于指定接收并处理表单数据的服务器程序的url地址。例如：

```
<form action="form_action.asp">
```

表示当提交表单时，表单数据会传送到名为form_action.asp的页面去处理。

action的属性值可以是相对路径或绝对路径，还可以为接收数据的E-mail邮箱地址。例如：

```
<form action=mailto:htmlcss@163.com>
```

表示当提交表单时，表单数据会以电子邮件的形式传递出去。

2. method属性

method属性用于设置表单数据的提交方式，其取值为get或post。在HTML中，可以通过<form>标签的method属性指明表单处理服务器数据的方法。示例代码如下：

```
<form action="form_action.asp" method="get">
```

在上面的代码中，get为method属性的默认值，采用get方法，浏览器会与表单处理服务器建立连接，然后直接在一个传输步骤中发送所有的表单数据。

如果采用post方法，浏览器将会按照下面两步来发送数据。首先，浏览器将与action属性中指定的表单处理服务器建立联系；然后，浏览器按分段传输的方法将数据发送给服务器。

另外，采用get方法提交的数据将显示在浏览器的地址栏中，保密性差，且有数据量的限制。而post方式的保密性好，并且无数据量的限制，所以使用method="post"可以大量提交数据。

3. name属性

表单中的name属性用于指定表单的名称，而表单控件中具有name属性的元素会将用户填写的内容提交给服务器。创建表单的示例代码如下：

```
<form action="http://www.mysite.cn/index.asp" method="post" name="biao">
<!--表单域-->
    账号:        <!--提示信息-->
    <input type="text" name="zhanghao" />                <!--表单控件-->
    密码:        <!--提示信息-->
    <input type="password" name="mima" />                <!--表单控件-->
    <input type="submit" value="提交"/>                  <!--表单控件-->
</form>
```

上述示例代码为一个完整的表单结构，其中<input>标签用于定义表单控件，对于该标签以及标签的相关属性，在本章后面的小节中将会具体讲解，这里了解即可。创建表单示例代码对应效果如图6-20所示。

图6-20　创建表单示例代码对应效果

6.4　表单控件

学习表单的核心就是学习表单控件，HTML 语言提供了一系列的表单控件，用于定义不同的表单功能，如密码输入框、文本域、下拉列表、复选框等，本节将对这些表单控件进行详细的讲解。

6.4.1　input 控件

浏览网页时经常会看到单行文本输入框、单选按钮、复选框、提交按钮、重置按钮等，要想定义这些元素就需要使用 input 控件，其基本语法格式如下：

```
<input type="控件类型"/>
```

在上面的语法中，<input />标签为单标签，type 属性为其最基本的属性，其取值有多种，用于指定不同的控件类型。除了 type 属性之外，<input />标签还可以定义很多其他属性，其常用属性如表 6-4 所示。

表 6-4　<input />标签的常用属性

属　性	属 性 值	描　述
type	text	单行文本输入框
	password	密码输入框
	radio	单选按钮
	checkbox	复选框
	button	普通按钮
	submit	提交按钮
	reset	重置按钮
	image	图像形式的提交按钮
	hidden	隐藏域
	file	文件域
name	由用户自定义	控件的名称
value	由用户自定义	input 控件中的默认文本值
size	正整数	input 控件在页面中的显示宽度
readonly	readonly	该控件内容为只读（不能编辑修改）
disabled	disabled	第一次加载页面时禁用该控件（显示为灰色）
checked	checked	定义选择控件默认被选中的项
maxlength	正整数	控件允许输入的最多字符数

表 6-4 中列出了 input 控件的常用属性，为了使初学者更好地理解和应用这些属性，接下来通过一个案例来演示它们的用法和效果，如例 6-8 所示。

例 6-8　example08.html

```
1 <!doctype html>
2 <html>
3 <head>
4 <meta charset="utf-8">
5 <title>input控件</title>
6 </head>
7 <body>
8 <form action="#" method="post">
9    用户名:                              <!--text单行文本输入框-->
10   <input type="text" value="张三" maxlength="6" /><br /><br />
11     密码:                              <!--password密码输入框-->
12     <input type="password" size="40" /><br /><br />
13     性别:                            <!--radio单选按钮-->
14     <input type="radio" name="sex" checked="checked" />男
15     <input type="radio" name="sex" />女<br /><br />
16     兴趣:                            <!--checkbox复选框-->
17     <input type="checkbox" />唱歌
18     <input type="checkbox" />跳舞
19     <input type="checkbox" />游泳<br /><br />
20     上传头像:
21     <input type="file" /><br /><br />          <!--file文件域-->
22     <input type="submit" />                  <!--submit提交按钮-->
23     <input type="reset" />                   <!--reset重置按钮-->
24     <input type="button" value="普通按钮" />    <!--button普通按钮-->
25     <input type="image" src="login.gif" />    <!--image图像域-->
26     <input type="hidden" />                  <!--hidden隐藏域-->
27 </form>
28 </body>
29 </html>
```

在例 6-8 中，通过对<input />标签应用不同的 type 属性值，来定义不同类型的 input 控件，并对其中的一些控件应用<input />标签的其他可选属性，例如在第 10 行代码中，通过 maxlength 和 value 属性定义单行文本输入框中允许输入的最多字符数和默认显示文本，在第 12 行代码中，通过 size 属性定义密码输入框的宽度，在第 14 行代码中通过 name 和 checked 属性定义单选按钮的名称和默认选中项。

运行例 6-8，效果如图 6-21 所示。

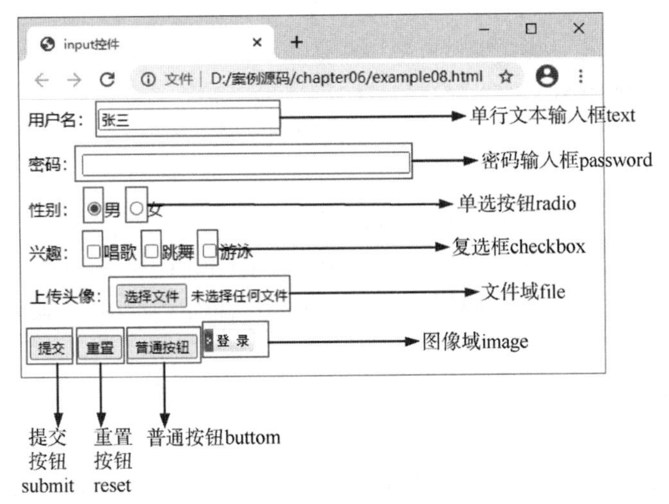

图6-21　input控件效果展示

在图 6-21 中，不同类型的 input 控件外观不同，当对它们进行具体的操作时，如输入用户名和密码，选择性别和兴趣等，显示的效果也不一样。例如，在密码输入框中输入内容时，其中的内容将以圆点的形式显示，而不会像用户名中的内容一样显示为明文（指没加密的文字），如图 6-22 所示。

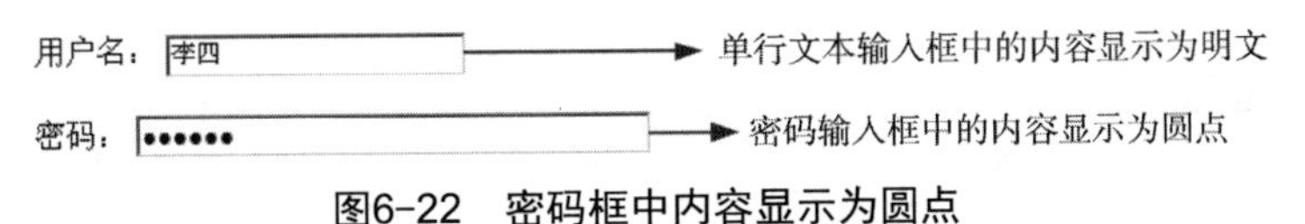

图6-22　密码框中内容显示为圆点

为了使初学者更好地理解不同的 input 控件类型，下面对它们做一个简单的介绍。

（1）单行文本输入框<input type="text" />

单行文本输入框常用来输入简短的信息，如用户名、账号、证件号码等，常用的属性有 name、value、maxlength。

（2）密码输入框<input type="password" />

密码输入框用来输入密码，其内容将以圆点的形式显示。

（3）单选按钮<input type="radio" />

单选按钮用于单项选择，如选择性别、是否操作等。需要注意的是，在定义单选按钮时，必须为同一组中的选项指定相同的 name 值，“单选”才会生效。此外，可以对单选按钮应用 checked 属性，指定默认选中项。

（4）复选框<input type="checkbox" />

复选框常用于多项选择，如选择兴趣、爱好等，可对其应用 checked 属性，指定默认选中项。

（5）普通按钮<input type="button" />

普通按钮常常配合 JavaScript 脚本语言使用，初学者了解即可。

（6）提交按钮<input type="submit" />

提交按钮是表单中的核心控件，用户完成信息的输入后，一般都需要单击提交按钮才能完成表单数据的提交。可以对其应用 value 属性，改变提交按钮上的默认文本。

（7）重置按钮<input type="reset" />

当用户输入的信息有误时，可单击重置按钮取消已输入的所有表单信息。可以对其应用 value 属性，改变重置按钮上的默认文本。

（8）图像形式的提交按钮<input type="image" />

图像形式的提交按钮与普通的提交按钮在功能上基本相同，只是用图像替代了默认的按钮，外观上更加美观。需要注意的是，必须为其定义 src 属性指定图像的 url 地址。

（9）隐藏域<input type=" hidden" />

隐藏域对于用户是不可见的，通常用于后台的程序，初学者了解即可。

（10）文件域<input type="file" />

当定义文件域时，页面中将出现一个文本框和一个“浏览...”按钮，用户可以通过填写文件路径或直接选择文件的方式，将文件提交给后台服务器。

值得一提的是，在实际运用中，常常需要将<input />控件联合<label>标签使用，以扩大控件的选择范围，从而提供更好的用户体验，例如在选择性别时，希望单击提示文字“男”或者“女”也可以选中相应的单选按钮。接下来通过一个案例来演示<label>标签在 input 控件中的使用，如例 6-9 所示。

例 6-9 example09.html

```
1 <!doctype html>
2 <html>
3 <head>
4 <meta charset="utf-8">
5 <title>label标签的使用</title>
6 </head>
7 <body>
8 <form action="#" method="post">
9    <label for="name">姓名: </label>
10   <input type="text" maxlength="6" id="name" /><br /><br />
11     性别:
12     <input type="radio" name="sex" checked="checked" id="man" /><label
for="man">男</label>
13     <input type="radio" name="sex" id="woman" /><label for="woman">女
</label>
14 </form>
15 </body>
16 </html>
```

在例 6-9 中，使用 label 标签包含表单中的提示信息，并且将 for 属性的值设置为相应表单控件的 id 名称，这样<label>标签标注的内容就绑定到了指定 id 的表单控件上，当单击 label 标签中的内容时，相应的表单控件就会处于选中状态。

运行例 6-9，效果如图 6-23 所示。

图6-23　使用<label>标签

在图 6-23 所示的页面中，单击“姓名:”时，光标会自动移动到姓名输入框中，同样单击“男”或“女”时，相应的单选按钮就会处于选中状态。

6.4.2　textarea 控件

当定义 input 控件的 type 属性值为 text 时，可以创建一个单行文本输入框。但是，如果需要输入大量的信息，单行文本输入框就不再适用，为此，HTML 语言提供了<textarea></textarea>标签。通过 textarea 控件可以轻松地创建多行文本输入框，其基本语法格式如下：

```
<textarea cols="每行中的字符数" rows="显示的行数">
  文本内容
</textarea>
```

在上述代码中，cols 和 rows 为<textarea>标签的必备属性，其中 cols 用来定义多行文本输入框每行中的字符数，rows 用来定义多行文本输入框显示的行数，它们的取值均为正整数。

值得一提的是，除了 cols 和 rows 属性外，<textarea>标签还有几个可选属性，分别为 disabled、name 和 readonly，如表 6-5 所示。

表 6-5　textarea 可选属性

属　性	属 性 值	描　述
name	由用户自定义	控件的名称
readonly	readonly	该控件内容为只读（不能编辑修改）
disabled	disabled	第一次加载页面时禁用该控件（显示为灰色）

了解了<textarea>标签的语法格式和属性后，下面通过一个案例来演示其具体用法，如例 6-10 所示。

例 6-10　example10.html

```
1 <!doctype html>
2 <html>
3 <head>
4 <meta charset="utf-8">
5 <title>textarea控件</title>
6 </head>
```

```
7 <body>
8 <form action="#" method="post">
8 评论：<br />
10   <textarea cols="60" rows="8">
11     评论的时候，请遵纪守法并注意语言文明，多给文档分享人一些支持。
12   </textarea><br />
13   <input type="submit" value="提交"/>
14 </form>
15 </body>
16 </html>
```

在例 6-10 中，通过<textarea></textarea>标签定义一个多行文本输入框，并对其应用 clos 和 rows 属性来设置多行文本输入框每行中的字符数和显示的行数。在多行文本输入框之后，通过将 input 控件的 type 属性值设置为 submit，定义了一个提交按钮。同时，为了使网页的格式更加清晰，在代码中的某些部分应用了换行标签
。

运行例 6-10，效果如图 6-24 所示。

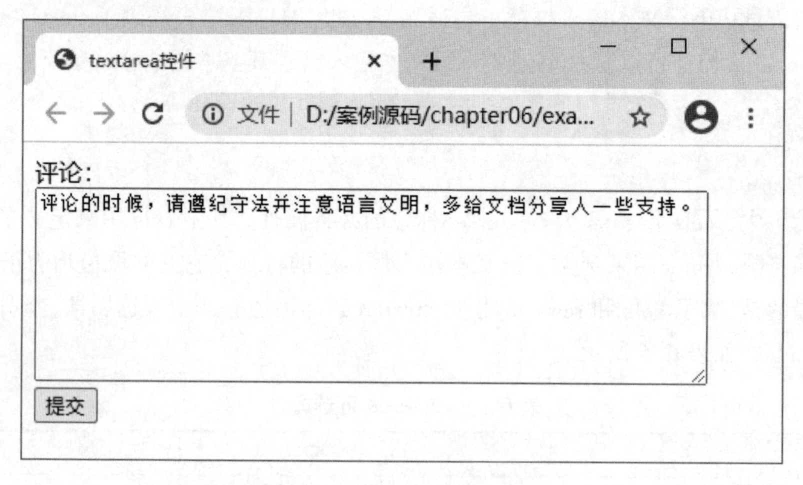

图6-24 textarea元素的应用

在图 6-24 中，出现了一个多行文本输入框，用户可以对其中的内容进行编辑和修改。

注意：

各浏览器对 cols 和 rows 属性的理解不同，当对 textarea 控件应用 cols 和 rows 属性时，多行文本输入框在各浏览器中的显示效果可能会有差异。所以在实际工作中，更常用的方法是使用 CSS 的 width 和 height 属性来定义多行文本输入框的宽高。

6.4.3 select 控件

浏览网页时，经常会看到包含多个选项的下拉菜单，例如选择所在的城市、出生年月兴趣爱好等。图 6-25 所示即为一个下拉菜单，当单击下拉符号“▾”时，会出现一个选择列表，如图 6-26 所示。要想制作这种下拉菜单效果，就需要使用 select 标签。

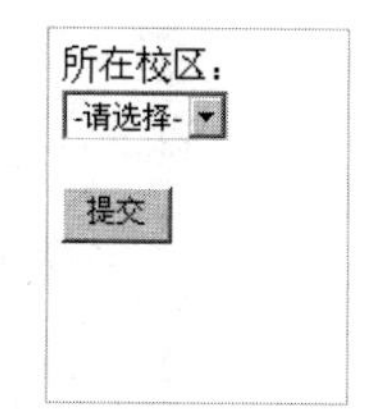

图6-25　下拉菜单

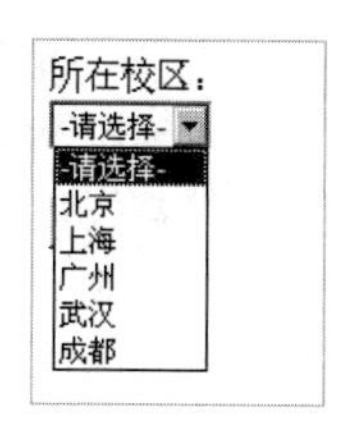

图6-26　下拉菜单的选择列表

使用 select 标签定义下拉菜单的基本语法格式如下：

```
<select>
    <option>选项1</option>
    <option>选项2</option>
    <option>选项3</option>
   ...
</select>
```

在上面的语法中，<select>标签用于在表单中添加一个下拉菜单，<option>标签嵌套在<select>标签中，用于定义下拉菜单中的具体选项，每对<select>标签中至少应包含一对<option>标签。

值得一提的是，在 HTML5 中，可以为<select>标签和<option>标签定义属性，以改变下拉菜单的外观显示效果，具体属性如表 6-6 所示。

表 6-6　<select>标签和<option>标签的常用属性

标　签　名	常用属性	描　　述
<select>	size	指定下拉菜单的可见选项数（取值为正整数）
	multiple	定义 multiple="multiple"时，下拉菜单将具有多项选择的功能，方法为按住“Ctrl”键的同时选择多项
<option>	selected	定义 selected ="selected"时，当前项即为默认选中项

下面通过一个案例来演示几种下拉菜单效果，如例 6-11 所示。

例 6-11　example11.html

```
1 <!doctype html>
2 <html>
3 <head>
4 <meta charset="utf-8">
5 <title>select控件</title>
6 </head>
7 <body>
8 <form action="#" method="post">
9 所在校区：<br />
10    <select>                                          <!--最基本的下拉菜单-->
11         <option>-请选择-</option>
12         <option>北京</option>
13         <option>上海</option>
```

```
14          <option>广州</option>
15          <option>武汉</option>
16          <option>成都</option>
17      </select><br /><br />
18 特长（单选）:<br />
19      <select>
20           <option>唱歌</option>
21          <option selected="selected">画画</option>   <!--设置默认选中项-->
22          <option>跳舞</option>
23      </select><br /><br />
24 爱好（多选）:<br />
25      <select multiple="multiple" size="4">     <!--设置多选和可见选项数-->
26           <option>读书</option>
27          <option selected="selected">写代码</option> <!--设置默认选中项-->
28          <option>旅行</option>
29          <option selected="selected">听音乐</option> <!--设置默认选中项-->
30          <option>踢球</option>
31      </select><br /><br />
32      <input type="submit" value="提交"/>
33 </form>
34 </body>
35 </html>
```

在例 6-11 中，通过<select>、<option>标签及相关属性创建了三个不同的下拉菜单，其中第一个为最简单的下拉菜单，第二个为设置了默认选项的单选下拉菜单，第三个为设置了两个默认选项的多选下拉菜单。

运行例 6-11，效果如图 6-27 所示。

图 6-27 实现了不同的下拉菜单效果，但是，在实际网页制作过程中，有时候需要对下拉菜单中的选项进行分组，这样当存在很多选项时，要想找到某个选项就会更加容易。图 6-28 所示即为选项分组后的下拉菜单展示效果。

图6-27　select控件

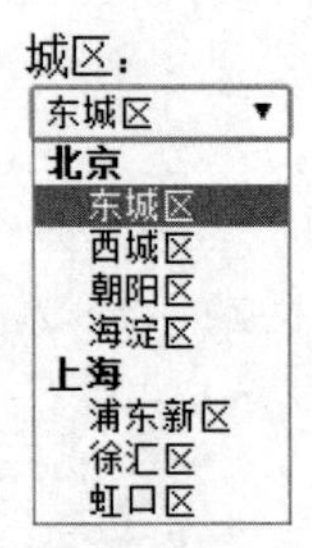

图6-28　选项分组后的下拉菜单

要想实现图 6-28 所示的效果，可以在下拉菜单中使用<optgroup>标签。下面通过一个具体的案例来演示为下拉菜单中的选项分组的方法和效果，如例 6-12 所示。

例 6-12　example12.html

```
1 <!doctype html>
2 <html>
3 <head>
4 <meta charset="utf-8">
5 <title>为下拉菜单中的选项分组</title>
6 </head>
7 <body>
8 <form action="#" method="post">
9 城区：<br />
10   <select>
11        <optgroup label="北京">
12            <option>东城区</option>
13            <option>西城区</option>
14            <option>朝阳区</option>
15            <option>海淀区</option>
16        </optgroup>
17        <optgroup label="上海">
18            <option>浦东新区</option>
19            <option>徐汇区</option>
20            <option>虹口区</option>
21        </optgroup>
22    </select>
23 </form>
24 </body>
25 </html>
```

在例 6-12 中，<optgroup>标签用于定义选项组，必须嵌套在<select>标签中，一对<select>标签中通常包含多对<optgroup>标签。在<optgroup>与</optgroup>之间为<option>标签定义的具体选项。同时<optgroup>标签有一个必需属性 label，用于定义具体的组名。

运行例 6-12，会出现图 6-29 所示的下拉菜单，当单击下拉符号“⌄”时，效果如图 6-30 所示，下拉菜单中的选项被清晰地分组了。

图6-29　为下拉菜单中的选项分组1

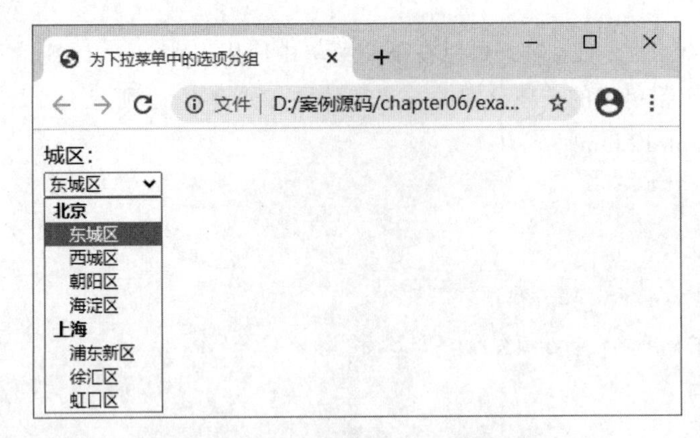

图6-30　为下拉菜单中的选项分组2

多学一招：使用 Dreamweaver 工具生成表单控件

通过前面的介绍已经知道，在 HTML 中有多种表单控件，牢记这些表单控件，对于读者来说比较困难。使用 Dreamweaver 可以轻松地生成各种表单控件，具体步骤如下：

① 选择菜单栏中的“窗口”→“插入”选项，会弹出插入栏，默认效果如图 6-31 所示。

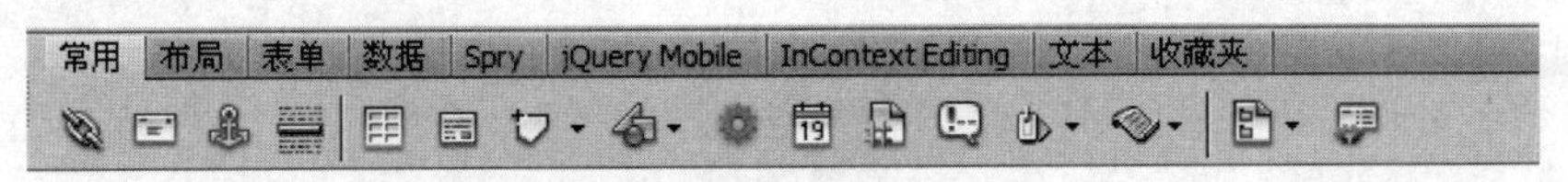

图6-31　插入栏默认效果

② 单击插入栏上方的“表单”选项，会弹出相应的表单工具组，如图 6-32 所示。

图6-32　表单工具组

③ 单击表单工具组中不同的选项，即可生成不同的表单控件，例如单击“[I]”按钮时，会生成一个单行文本输入框。

6.5　HTML5 表单新属性

HTML5 中增加了许多新的表单功能，例如 form 属性、表单控件、input 控件类型、input 属性等，这些新增内容可以帮助设计人员更加高效和省力地制作出标准的 Web 表单。本节将对 HTML5 新增的表单属性做详细讲解。

6.5.1　全新的 form 属性

在 HTML5 中新增了两个 form 属性，分别为 autocomplete 属性和 novalidate 属性，下面将对这两种属性做详细讲解。

1. autocomplete 属性

autocomplete 属性用于指定表单是否有自动完成功能。所谓“自动完成”是指将表单控件输入的内容记录下来，当再次输入时，会将输入的历史记录显示在一个下拉列表里，以实现自动完成输入。autocomplete属性有两个值，对它们的解释如下：

- on：表单有自动完成功能。
- off：表单无自动完成功能。

autocomplete属性示例代码如下：

```
<form id="formBox" autocomplete="on">
```

值得一提的是，autocomplete 属性不仅可以用于<form>标签，还可以用于所有输入类型的<input />标签。

2. novalidate 属性

novalidate属性指定在提交表单时取消对表单进行有效的检查。为表单设置该属性时，可以关闭整个表单的验证，这样可以使<form>标签内的所有表单控件不被验证，novalidate属性的取值为它自身，示例代码如下：

```
<form action="form_action.asp" method="get" novalidate="novalidate">
```

上述示例代码对form标签应用“novalidate="novalidate"”属性，来取消表单验证。

6.5.2 全新的表单控件

在HTML5中新增了一些的控件，如datalist、keygen等，使用这些元素可以强化表单功能，其中datalist控件用于定义输入框的选项列表，在网页中比较常见。

网页中的列表通过datalist内的option进行创建。如果用户不希望从列表中选择某项，也可以自行输入其他内容。datalist 控件通常与 input 控件配合使用，来定义 input 的取值。在使用<datalist>控件时，需要通过id属性为其指定一个唯一的标识，然后为input控件指定list属性，将该属性值设置为datalist对应的id属性值即可。

下面通过一个案例来演示datalist元素的使用，如例6-13所示。

例6-13 example13.html

```
1 <!doctype html>
2 <html>
3 <head>
4 <meta charset="utf-8">
5 <title>datalist元素</title>
6 </head>
7 <body>
8 <form action="#" method="post">
9 请输入用户名：<input type="text" list="namelist"/>
10 <datalist id="namelist">
11    <option>admin</option>
12    <option>lucy</option>
13    <option>lily</option>
14 </datalist>
15 <input type="submit" value="提交" />
16 </form>
```

```
17 </body>
18 </html>
```

在例 6-13 中，首先向表单中添加一个 input 控件，并将其 list 属性值设置为"namelist"。然后添加 id 名为"namelist"的 datalist 控件，并通过 datalist 内的 option 创建列表。

运行例 6-13，效果如图 6-33 所示。

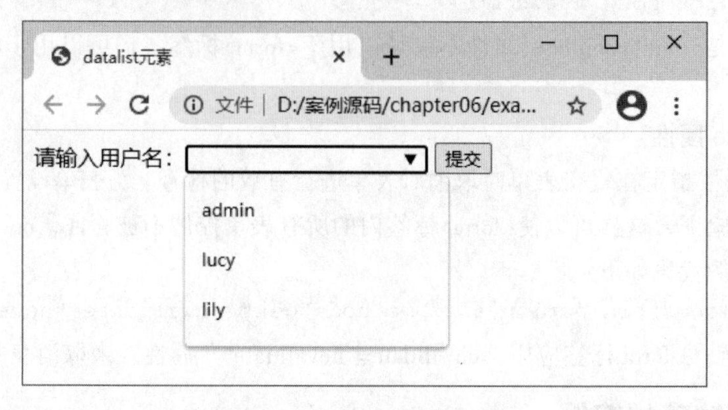

图6-33 datalist元素的效果

6.5.3 全新的 input 控件类型

在 HTML5 中，增加了一些新的 input 控件类型，通过这些新的控件，可以丰富表单功能，更好地实现表单的控制和验证，下面将详细讲解这些新的 input 控件类型。

（1）email 类型<input type="email" />

email 类型的 input 控件是一种专门用于输入 E-mail 地址的文本输入框，用来验证 email 输入框的内容是否符合 E-mail 邮件地址格式；如果不符合，将提示相应的错误信息。

（2）url 类型<input type="url" />

url 类型的 input 控件是一种用于输入 URL 地址的文本框。如果所输入的内容是 URL 地址格式的文本，则会提交数据到服务器；如果输入的值不符合 URL 地址格式，则不允许提交，并且会有提示信息。

（3）tel 类型<input type="tel" />

tel 类型用于提供输入电话号码的文本框，由于电话号码的格式千差万别，很难实现一个通用的格式，因此 tel 类型通常会和 pattern 属性配合使用。

（4）search 类型<input type="search" />

search 类型是一种专门用于输入搜索关键词的文本框，它能自动记录一些字符，例如站点搜索或者 Google 搜索。在用户输入内容后，其右侧会附带一个删除图标，单击这个图标按钮可以快速清除内容。

（5）color 类型<input type="color" />

color 类型用于提供设置颜色的文本框，用于实现一个 RGB 颜色输入。其基本形式是#RRGGBB，默认值为#000000，通过 value 属性值可以更改默认颜色。单击 color 类型文本框，可以快速打开拾色器面板，方便用户可视化选取颜色。

下面通过设置 input 控件的 type 属性来演示不同类型的文本框的用法，如例 6-14 所示。

例 6-14　example14.html

```
1 <!doctype html>
2 <html>
3 <head>
4 <meta charset="utf-8">
5 <title>全新的表单控件</title>
6 </head>
7 <body>
8 <form action="#" method="get">
9 请输入您的邮箱: <input type="email" name="formmail"/><br/>
10 请输入个人网址: <input type="url" name="user_url"/><br/>
11 请输入电话号码: <input type="tel" name="telphone" pattern= "^\d{11}$"
/><br/>
12 输入搜索关键词: <input type="search" name="searchinfo"/><br/>
13 请选取一种颜色: <input type="color" name="color1"/>
14 <input type="color" name="color2" value="#FF3E96"/>
15 <input type="submit" value="提交"/>
16 </form>
17 </body>
18 </html>
```

在例 6-14 中，通过 input 控件的 type 属性将文本框分别设置为 email 类型、url 类型、tel 类型、search 类型以及 color 类型。其中，第 11 行代码通过 pattern 属性设置 tel 文本框中的输入长度为 11 位。

运行例 6-14，效果如图 6-34 所示。

图6-34　input新表单控件效果

在图 6-34 所示的页面中，分别在前三个文本框中输入不符合格式要求的文本内容，依次单击“提交”按钮，效果分别如图 6-35 ~ 图 6-37 所示。

图6-35 email类型验证提示效果

图6-36 url类型验证提示效果

图6-37 tel类型验证效果

在第四个文本框中输入要搜索的关键词，搜索框右侧会出现一个“×”按钮，如图 6-38 所示。单击这个按钮，可以清除已经输入的内容。

图6-38 输入搜索关键词效果

单击第五个文本框中的颜色文本框，会弹出图 6-39 所示的颜色选取器。在颜色选取器中，用户可以选择一种颜色，也可以选取颜色后单击“添加到自定义颜色”按钮，将选取的颜色添加到自定义颜色中。

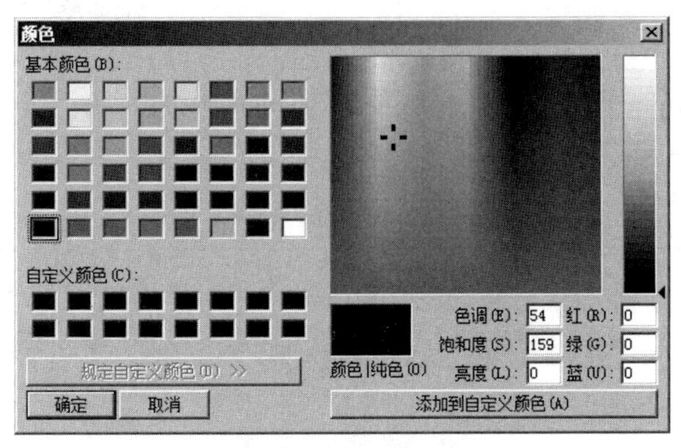

图6-39　颜色选取器

另外，如果输入框中输入的内容符合文本框中要求的格式，单击“提交”按钮，则会提交数据到服务器。

注意：

不同的浏览器对 url 类型的输入框的要求有所不同，在多数浏览器中，要求用户必须输入完整的 URL 地址，并且允许地址前有空格的存在。

（6）number 类型<input type="number" />

number 类型的 input 控件用于提供输入数值的文本框。在提交表单时，会自动检查该输入框中的内容是否为数字。如果输入的内容不是数字或者数字不在限定范围内，则会出现错误提示。

number 类型的输入框可以对输入的数字进行限制，规定允许的最大值和最小值、合法的数字间隔或默认值等。具体属性说明如下：

- value：指定输入框的默认值。
- max：指定输入框可以接受的最大的输入值。
- min：指定输入框可以接受的最小的输入值。
- step：输入域合法的间隔，如果不设置，默认值是 1。

下面通过一个案例来演示 number 类型的 input 控件的用法，如例 6-15 所示。

例 6-15　example15.html

```
1 <!doctype html>
2 <html>
3 <head>
4 <meta charset="utf-8">
5 <title>number类型的使用</title>
6 </head>
7 <body>
8 <form action="#" method="get">
9 请输入数值：<input type="number" name="number1" value="1" min="1" max="20"
step="4"/><br/>
10 <input type="submit" value="提交"/>
```

```
11 </form>
12 </body>
13 </html>
```

在例 6-15 中，将 input 控件的 type 属性设置为 number 类型，并且分别设置 min、max 和 step 属性的值。

运行例 6-15，效果如图 6-40 所示。

图6-40　number类型的默认值效果

通过图 6-40 可以看出，number 类型文本框中的默认值为“1”；读者可以手动在输入框中输入数值或者通过单击输入框的控制按钮来控制数据。例如，当单击输入框中向上的小三角时，效果如图 6-41 所示。

图6-41　number类型的step属性值效果

通过图 6-41 可以看到，number 类型文本框中的值变为了“5”，这是因为第 9 行代码中将 step 属性的值设置为了“4”。另外，当在文本框中输入“25”时，由于 max 属性值为“20”，所以将出现提示信息，效果如图 6-42 所示。

图6-42　number类型的max属性值效果

需要注意的是，如果在 number 文本输入框中输入一个不符合 number 格式的文本“e”，单击“提交”按钮，将会出现验证提示信息，效果如图 6-43 所示。

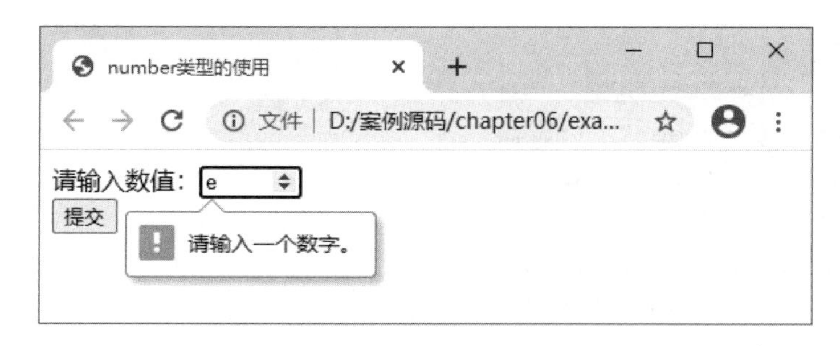

图6-43　不符合number类型的验证效果

（7）range 类型<input type="range" />

range 类型的 input 控件用于提供一定范围内数值的输入范围，在网页中显示为滑动条。它的常用属性与 number 类型一样，通过 min 属性和 max 属性，可以设置最小值与最大值，通过 step 属性指定每次滑动的步幅。

（8）date pickers 类型<input type= date, month, week..." />

date pickers类型是指时间日期类型，HTML5中提供了多个可供选取日期和时间的输入类型，用于验证输入的日期，具体如表 6-7 所示。

表 6-7　时间和日期类型

时间和日期类型	说　明
date	选取日、月、年
month	选取月、年
week	选取周和年
time	选取时间（小时和分钟）
datetime	选取时间、日、月、年（UTC 时间）
datetime-local	选取时间、日、月、年（本地时间）

在表 6-7 中，UTC 是 Universal Time Coordinated 的英文缩写，即“协调世界时”，又称世界标准时间。简单地说，UTC 时间就是 0 时区的时间。例如，如果北京时间为早上 8 点，则 UTC 时间为 0 点，即 UTC 和北京的时差为 8。

下面在 HTML5 中添加多个 input 控件，分别指定这些元素的 type 属性值为时间日期类型，如例 6-16 所示。

例 6-16　example16.html

```
1 <!doctype html>
2 <html>
3 <head>
4 <meta charset="utf-8">
5 <title>时间日期类型的使用</title>
6 </head>
7 <body>
8 <form action="#" method="get">
```

```
9  <input type="date"/> 
10  <input type="month"/> 
11  <input type="week"/> 
12  <input type="time"/> 
13  <input type="datetime"/> 
14  <input type="datetime-local"/>
15  <input type="submit" value="提交"/>
16 </form>
17 </body>
18 </html>
```

运行例 6-16，效果如图 6-44 所示。

图6-44　时间日期类型的使用

用户可以直接向输入框中输入内容，也可以单击输入框之后的按钮进行选择。

注意：

对于浏览器不支持的 input 控件输入类型，将会在网页中显示为一个普通输入框。

6.5.4　全新的 input 属性

在 HTML5 中，还增加了一些新的 input 控件属性，用于指定输入类型的行为和限制，例如 autofocus、min、max、pattern 等。下面将对这些全新的 input 属性做具体讲解。

（1）autofocus 属性

在 HTML5 中，autofocus 属性用于指定页面加载后是否自动获取焦点，将标签的属性值指定为 true 时，表示页面加载完毕后会自动获取该焦点。

下面通过一个案例来演示 autofocus 属性的使用，如例 6-17 所示。

例 6-17　example17.html

```
1 <!doctype html>
2 <html>
3 <head>
4 <meta charset="utf-8">
5 <title>autofocus属性的使用</title>
6 </head>
7 <body>
8 <form action="#" method="get">
9 请输入搜索关键词：<input type="text" name="user_name" autocomplete="off"
```

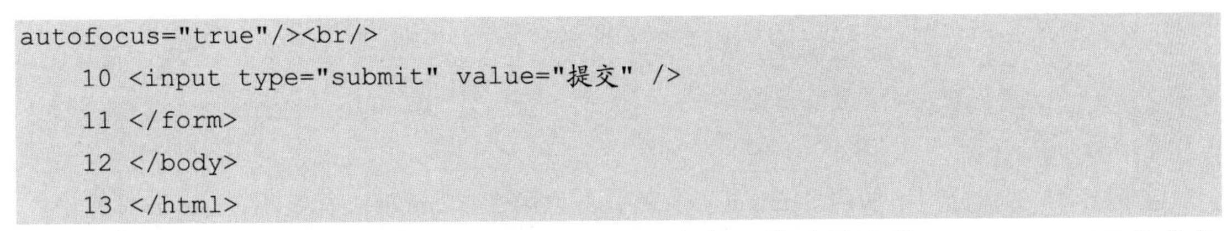

```
autofocus="true"/><br/>
    10 <input type="submit" value="提交" />
    11 </form>
    12 </body>
    13 </html>
```

在例 6-17 中，首先向表单中添加一个<input />标签，然后通过“autocomplete="off"”将自动完成功能设置为关闭状态，并且将 autofocus 的属性值设置为 true，指定在页面加载完毕后会自动获取焦点。

运行例 6-17，效果如图 6-45 所示。

图6-45　autofocus属性的使用

从图 6-45 可以看出，<input />标签输入框在页面加载后自动获取焦点，并且关闭了自动完成功能。

（2）form 属性

在 HTML5 之前，如果用户要提交一个表单，必须把相关的控件元素都放在表单内部，即<form>标签之间。在提交表单时，会将页面中不是表单子元素的控件直接忽略掉。

HTML5 中的 form 属性，可以把表单内的子元素写在页面中的任一位置，只需为这个元素指定 form 属性并设置属性值为该表单的 id 即可。此外，form 属性还允许规定一个表单控件从属于多个表单。

下面通过一个案例来演示 form 属性的使用，如例 6-18 所示。

例 6-18　example18.html

```
    1 <!doctype html>
    2 <html>
    3 <head>
    4 <meta charset="utf-8">
    5 <title>form属性的使用</title>
    6 </head>
    7 <body>
    8 <form action="#" method="get" id="user_form">
    9 请输入您的姓名：<input type="text" name="first_name"/>
    10 <input type="submit" value="提交" />
    11 </form>
    12 <p>下面的输入框在form元素外，但因为指定了form属性为表单的id，所以该输入框仍然属于
表单的一部分。</p>
```

```
    13 请输入您的昵称: <input type="text" name="last_name" form="user_form"/>
<br/>
    14 </body>
    15 </html>
```

在例 6-18 中，分别添加两个<input />标签，并且第二个<input />标签不在<form>标签中。另外，指定第二个<input />标签的 form 属性值为该表单的 id 名。

此时，如果在输入框中分别输入姓名和昵称，则 first_name 和 last_name 将分别被赋值为输入的值。例如，在姓名处输入“张三”，昵称处输入“小张”，效果如图 6-46 所示。

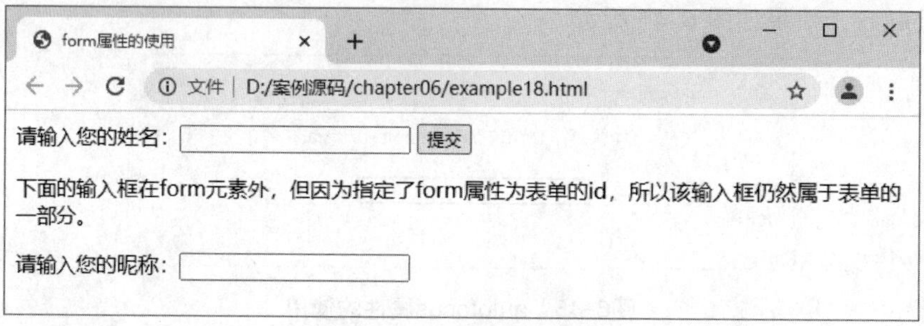

图6-46 输入姓名和昵称

单击“提交”按钮，在浏览器的地址栏中可以看到“first_name=张三&last_name=小张”的字样，表示服务器端接收到“name="张三"”和“name="小张"”的数据，如图 6-47 所示。

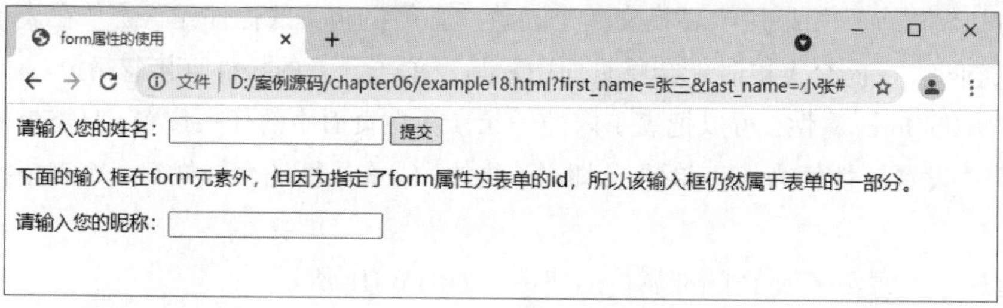

图6-47 地址中提交的数据

注意：

form 属性适用于所有的 input 输入类型。在使用时，只需引用所属表单的 id 即可。

（3）list 属性

在上面的小节中，已经学习了如何通过 datalist 元素实现数据列表的下拉效果。而 list 属性用于指定输入框所绑定的 datalist 元素，其值是某个 datalist 元素的 id。

下面通过一个案例来进一步学习 list 属性的使用，如例 6-19 所示。

例 6-19 example19.html

```
1 <!doctype html>
2 <html>
3 <head>
4 <meta charset="utf-8">
5 <title>list属性的使用</title>
```

```
6 </head>
7 <body>
8 <form action="#" method="get">
9 请输入网址: <input type="url" list="url_list" name="weburl"/>
10 <datalist id="url_list">
11     <option label="新浪" value="http://www.sina.com.cn"></option>
12     <option label="搜狐" value="http://www.sohu.com"></option>
13     <option label="IT" value="http://www.itcast.cn/"></option>
14 </datalist>
15 <input type="submit" value="提交"/>
16 </form>
17 </body>
18 </html>
```

在例 6-19 中，分别向表单中添加 input 和 datalist 元素，并且将<input />标签的 list 属性指定为 datalist 元素的 id 值。

运行例 6-19，单击输入框，就会弹出已定义的网址列表，效果如图 6-48 所示。

图6-48 list属性的应用

（4）multiple 属性

multiple 属性指定输入框可以选择多个值，该属性适用于 email 和 file 类型的 input 元素。multiple 属性用于 email 类型的 input 元素时，表示可以向文本框中输入多个 E-mail 地址，多个地址之间通过逗号隔开。multiple 属性用于 file 类型的 input 元素时，表示可以选择多个文件。

下面通过一个案例来进一步演示 multiple 属性的使用，如例 6-20 所示。

例 6-20 example20.html

```
1 <!doctype html>
2 <html>
3 <head>
4 <meta charset="utf-8">
```

```
5  <title>multiple属性的使用</title>
6  </head>
7  <body>
8  <form action="#" method="get">
9  电子邮箱：<input type="email" name="myemail" multiple="true"/>  
（如果电子邮箱有多个，请使用逗号分隔）<br/><br/>
10 上传照片：<input type="file" name="selfile" multiple="true"/><br/><br/>
11 <input type="submit" value="提交"/>
12 </form>
13 </body>
14 </html>
```

在例 6-20 中，分别添加 email 类型和 file 类型的 input 元素，并且使用 multiple 属性指定输入框可以选择多个值。运行例 6-11，效果如图 6-49 所示。

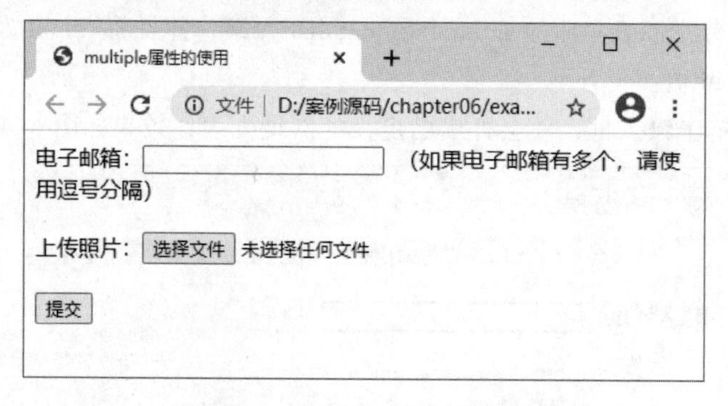

图6-49　multiple属性的使用1

如果想要向文本框中输入多个 E-mail 地址，可以将多个地址之间通过逗号分隔；如果想要选择多张照片，可以按住“Shift”键选择多个文件，效果如图 6-50 所示。

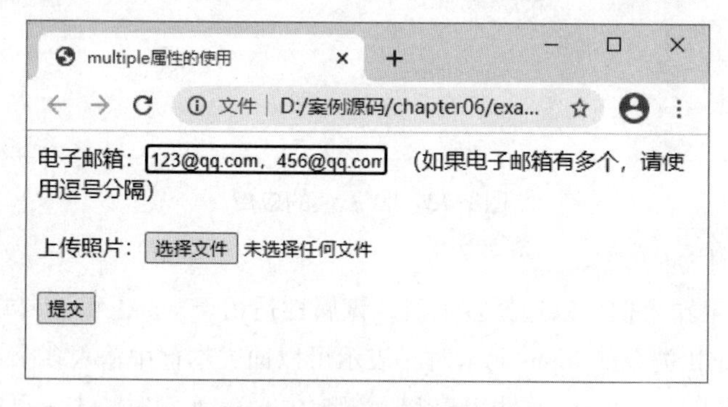

图6-50　multiple属性的使用2

（5）min、max 和 step 属性

HTML5 中的 min、max 和 step 属性用于为包含数字或日期的 input 输入类型规定限值，也就是给这些类型的输入框加一个数值的约束，适用于 date pickers、number 和 range 标签。具体属性说明如下：

- max：规定输入框所允许的最大输入值。

- min：规定输入框所允许的最小输入值。
- step：为输入框规定合法的数字间隔，如果不设置，默认值是 1。

由于前面介绍 input 元素的 number 类型时，已经讲解过 min、max 和 step 属性的使用，这里不再举例说明。

（6）pattern 属性

pattern 属性用于验证 input 类型输入框中，用户输入的内容是否与所定义的正则表达式相匹配（可以简单理解为表单验证）。pattern 属性适用于的类型是 text、search、url、tel、email 和 password 的<input/>标签。常用的正则表达式和说明如表 6-8 所示。

表 6-8 常用的正则表达式和说明

<table>
<tr><th>正则表达式</th><th>说　明</th></tr>
<tr><td>^[0-9]*$</td><td>数字</td></tr>
<tr><td>^\d{n}$</td><td>n 位的数字</td></tr>
<tr><td>^\d{n,}$</td><td>至少 n 位的数字</td></tr>
<tr><td>^\d{m,n}$</td><td>m-n 位的数字</td></tr>
<tr><td>^(0|[1-9][0-9]*)$</td><td>零和非零开头的数字</td></tr>
<tr><td>^([1-9][0-9]*)+(.[0-9]{1,2})?$</td><td>非零开头的最多带两位小数的数字</td></tr>
<tr><td>^(\-|\+)?\d+(\.\d+)?$</td><td>正数、负数、和小数</td></tr>
<tr><td>^\d+$ 或 ^[1-9]\d*|0$</td><td>非负整数</td></tr>
<tr><td>^-[1-9]\d*|0$ 或 ^((-\d+)|(0+))$</td><td>非正整数</td></tr>
<tr><td>^[\u4e00-\u9fa5]{0,}$</td><td>汉字</td></tr>
<tr><td>^[A-Za-z0-9]+$ 或 ^[A-Za-z0-9]{4,40}$</td><td>英文和数字</td></tr>
<tr><td>^[A-Za-z]+$</td><td>由 26 个英文字母组成的字符串</td></tr>
<tr><td>^[A-Za-z0-9]+$</td><td>由数字和 26 个英文字母组成的字符串</td></tr>
<tr><td>^\w+$ 或 ^\w{3,20}$</td><td>由数字、26 个英文字母或者下画线组成的字符串</td></tr>
<tr><td>^[\u4E00-\u9FA5A-Za-z0-9_]+$</td><td>中文、英文、数字包括下画线</td></tr>
<tr><td>^\w+([-+.]\w+)*@\w+([-.]\w+)*\.\w+([-.]\w+)*$</td><td>E-mail 地址</td></tr>
<tr><td>[a-zA-z]+://[^\s]* 或 ^http://([\w-]+\.)+[\w-]+(/[\w-./?%&=]*)?$</td><td>URL 地址</td></tr>
<tr><td>^\d{15}|\d{18}$</td><td>身份证号（15 位、18 位数字）</td></tr>
<tr><td>^([0-9]){7,18}(x|X)?$ 或 ^\d{8,18}|[0-9x]{8,18}|[0-9X]{8,18}?$</td><td>以数字、字母 x 结尾的短身份证号码</td></tr>
<tr><td>^[a-zA-Z][a-zA-Z0-9_]{4,15}$</td><td>账号是否合法（字母开头，允许 5~16 字节，允许字母、数字、下画线）</td></tr>
<tr><td>^[a-zA-Z]\w{5,17}$</td><td>密码（以字母开头，长度在 6~18 之间，只能包含字母、数字和下画线）</td></tr>
</table>

了解了 pattern 属性以及常用的正则表达式后，下面通过一个案例进行演示，如例 6-21 所示。

例 6-21 example21.html

```
1 <!doctype html>
2 <html>
```

```
3 <head>
4 <meta charset="utf-8">
5 <title>pattern属性</title>
6 </head>
7 <body>
8 <form action="#" method="get">
9 账      号 : <input type="text" name="username"
pattern="^[a-zA-Z][a-zA-Z0-9_]{4,15}$" />（以字母开头，允许5-16字节，允许字母数字下
画线）<br/>
10 密    码: <input type="password" name="pwd" pattern=
"^[a-zA-Z]\w{5,17}$" />（以字母开头，长度在6~18之间，只能包含字母、数字和下画线）<br/>
11 身份证号: <input type="text" name="mycard" pattern="^\d{15}|\d{18}$" />
（15位、18位数字）<br/>
12 Email 地 址 : <input type="email" name="myemail" pattern="^\w+([-+.]\
w+)*@\w+([-.]\w+)*\.\w+([-.]\w+)*$"/>
13 <input type="submit" value="提交"/>
14 </form>
15 </body>
16 </html>
```

在例 6-21 中，第 9~12 行代码分别用于插入“账号”“密码”“身份证号”“Email 地址”的输入框，并且通过 pattern 属性来验证输入的内容是否与所定义的正则表达式相匹配。

运行例 6-21，效果如图 6-51 所示。

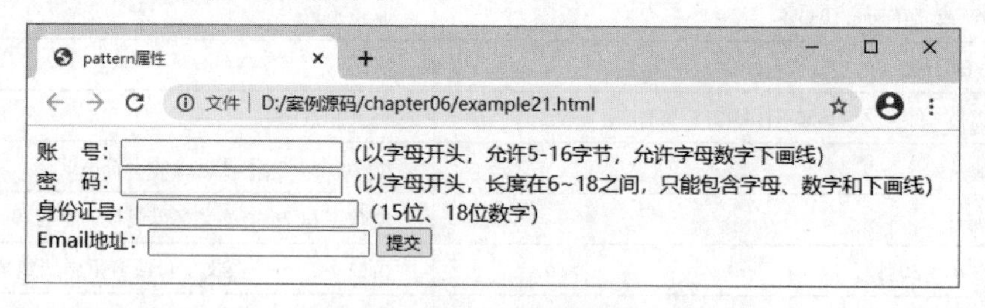

图6-51 pattern属性的应用

当输入的内容与所定义的正则表达式格式不相匹配时，单击“提交”按钮，会弹出验证信息提示内容。

（7）placeholder 属性

placeholder 属性用于为 input 类型的输入框提供相关提示信息，以描述输入框期待用户输入何种内容。在输入框为空时显式提示信息，而当输入框获得焦点时，提示信息消失。

下面通过一个案例来演示 placeholder 属性的使用，如例 6-22 所示。

例 6-22 example22.html

```
1 <!doctype html>
2 <html>
3 <head>
4 <meta charset="utf-8">
```

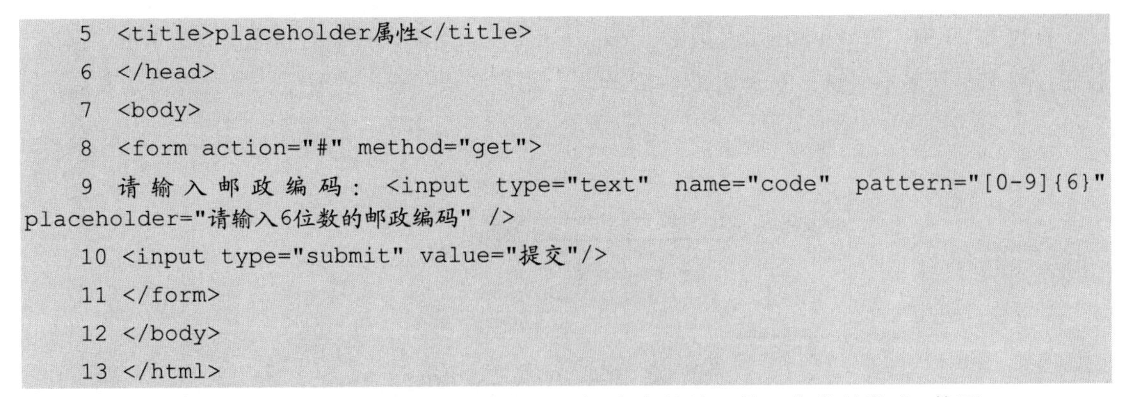

```
    5 <title>placeholder属性</title>
    6 </head>
    7 <body>
    8 <form action="#" method="get">
    9 请输入邮政编码: <input type="text" name="code" pattern="[0-9]{6}"
placeholder="请输入6位数的邮政编码" />
    10 <input type="submit" value="提交"/>
    11 </form>
    12 </body>
    13 </html>
```

在例6-22中,使用pattern属性来验证输入的邮政编码是否是6位数的数字,使用placeholder属性来提示输入框中需要输入的内容。

运行例6-22，效果如图6-52所示。

图6-52　placeholder属性的应用

注意：

placeholder属性适用于type属性值为text、search、url、tel、email以及password的<input/>标签。

（8）required属性

required属性用于判断用户是否在表单输入框中输入内容，当表单内容为空时，则不允许用户提交表单。下面通过一个案例来演示required属性的使用，如例6-23所示。

例6-23　example23.html

```
    1 <!doctype html>
    2 <html>
    3 <head>
    4 <meta charset="utf-8">
    5 <title>required属性</title>
    6 </head>
    7 <body>
    8 <form action="#" method="get">
    9 请输入姓名: <input type="text" name="user_name" required="required"/>
    10 <input type="submit" value="提交"/>
    11 </form>
    12 </body>
    13 </html>
```

在例 6-23 中，为<input/>元素指定了 required 属性。当输入框中内容为空时，单击“提交”按钮，将会出现提示信息，效果如图 6-53 所示。用户必须在输入内容后，才允许提交表单。

图6-53 required属性的应用

6.6 CSS 控制表单样式

在网页设计中，表单既要具有相应的功能，也要具有美观的样式，使用 CSS 可以轻松控制表单控件的样式。本节将通过一个具体的案例来讲解 CSS 对表单样式的控制，其效果如图 6-54 所示。

图6-54 CSS控制表单样式效果图

图 6-54 所示的表单界面内部可以分为左右两部分，其中左边为提示信息，右边为表单控件。可以通过在<p>标签中嵌套<span>标签和<input />标签进行布局。HTML结构代码如例 6-24 所示。

例 6-24 example24.html

```
1 <!doctype html>
2 <html>
3 <head>
4 <meta charset="utf-8">
5 <title>CSS控制表单样式</title>
6 <link href="style.css" type="text/css" rel="stylesheet" />
7 </head>
8 <body>
```

```
    9 <form action="#" method="post">
    10   <p>
    11     <span>账号：</span>
    12      <input type="text" name="username" class="num" pattern="^[a-zA-Z]
[a-zA-Z0-9_]{4,15}$" />
    13   </p>
    14   <p>
    15     <span>密码：</span>
    16      <input type="password" name="pwd" class="pass" pattern="^[a-zA-Z]
\w{5,17}$"/>
    17   </p>
    18   <p>
    19     <input type="button" class="btn01" value="登录"/>
    20   </p>
    21 </form>
    22 </body>
    23 </html>
```

在例 6-24 中，使用表单<form>嵌套<p>标签进行整体布局，并分别使用<span>标签和<input />标签来定义提示信息及不同类型的表单控件。

运行例 6-24，效果如图 6-55 所示。

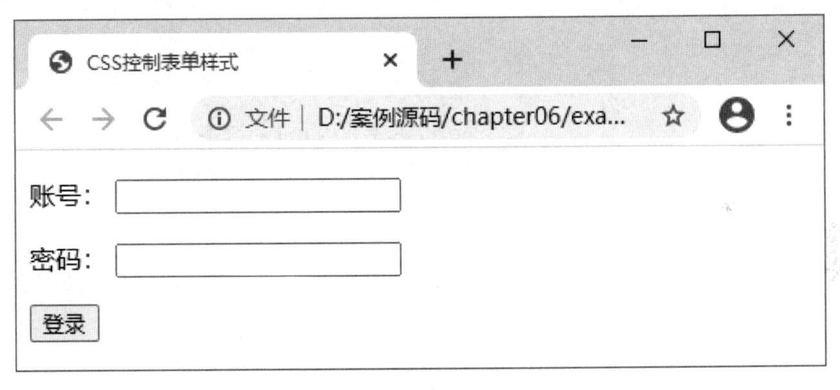

图6-55 搭建表单界面的结构

在图 6-55 中，出现了具有相应功能的表单控件。为了使表单界面更加美观，接下来引入外链式 CSS 样式表对其进行修饰。CSS 样式表中的具体代码如下：

```
    1 @charset "utf-8";
    2 /* CSS Document */
    3 body{font-size:18px; font-family:"微软雅黑"; background:url(timg.jpg)
no-repeat top center; color:#FFF;}
    4 form,p{ padding:0; margin:0; border:0;}   /*重置浏览器的默认样式*/
    5 form{
    6     width:420px;
    7     height:200px;
```

```
8    padding-top:60px;
9    margin:250px auto;                      /*使表单在浏览器中居中*/
10   background:rgba(255,255,255,0.1);       /*为表单添加背景颜色*/
11   border-radius:20px;
12   border:1px solid rgba(255,255,255,0.3);
13 }
14 p{
15   margin-top:15px;
16   text-align:center;
17 }
18 p span{
19   width:60px;
20   display:inline-block;
21   text-align:right;
22   }
23 .num,.pass{             /*对文本框设置共同的宽、高、边框、内边距*/
24   width:165px;
25   height:18px;
26   border:1px solid rgba(255,255,255,0.3);
27    padding:2px 2px 2px 22px;
28   border-radius:5px;
29   color:#FFF;
30   }
31 .num{                   /*定义第一个文本框的背景、文本颜色*/
32   background:url(3.png) no-repeat 5px center rgba(255,255,255,0.1);
33 }
34 .pass{                  /*定义第二个文本框的背景*/
35    background: url(4.png) no-repeat 5px center rgba(255,255,255,0.1);
36 }
37 .btn01{
38   width:190px;
39   height:25px;
40   border-radius:3px;   /*设置圆角边框*/
41   border:2px solid #000;
42   margin-left:65px;
43   background:#57b2c9;
44   color:#FFF;
45   border:none;
46 }
```

保存文件，刷新页面，效果如图 6-56 所示。

CSS控制表单样式
文件 | D:/案例源码/chapter06/example24.html
账号：
密码：
登录

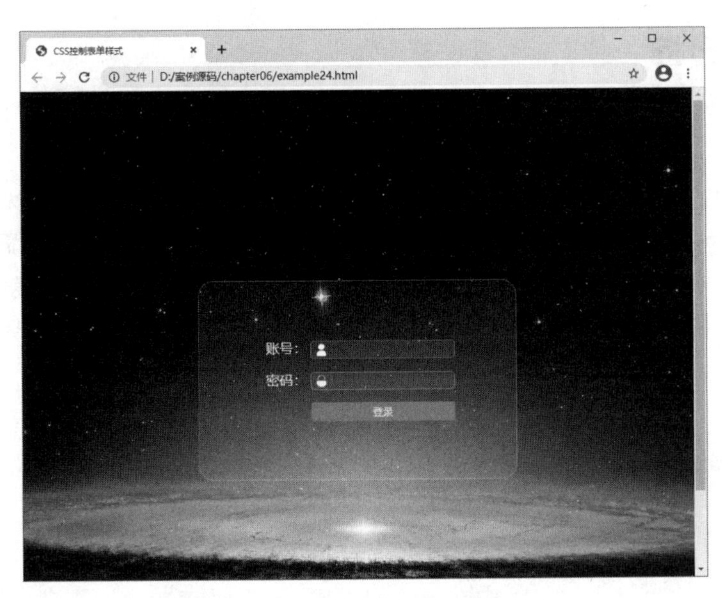

图6-56　CSS控制表单样式效果展示

在例 6-24 中，使用 CSS 轻松实现了对表单控件的字体、边框、背景和内边距的控制。

6.7　阶段案例——制作表单注册页面

本章前几个小节重点讲解了表格相关标记、表单相关标记以及 CSS 控制表格与表单的样式。为了使初学者更好地运用表格与表单组织页面，本节将通过案例的形式分步骤制作网页中常见的注册界面，其效果如图 6-57 所示。

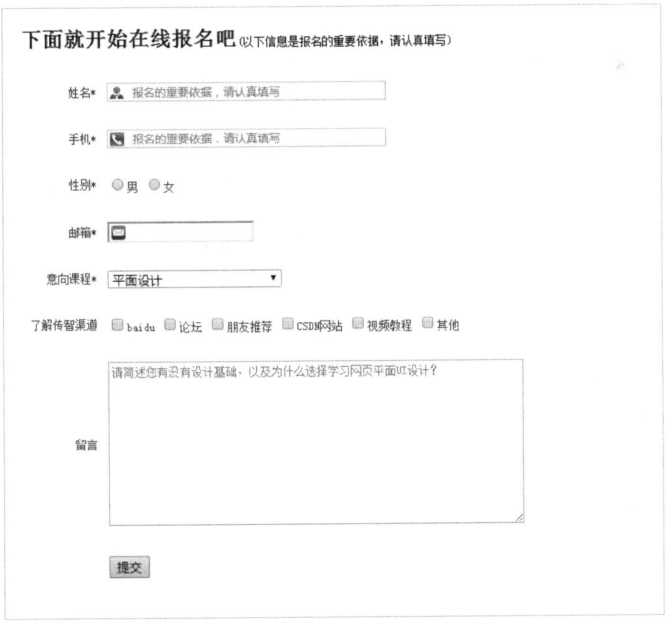

下面就开始在线报名吧（以下信息是报名的重要依据，请认真填写）
姓名*
报名的重要依据，请认真填写
手机*
报名的重要依据，请认真填写
性别*
男
女
邮箱*
意向课程*
平面设计
了解传智渠道
baidu
论坛
朋友推荐
CSDN网站
视频教程
其他
请简述您有没有设计基础，以及为什么选择学习网页平面UI设计？
留言
提交

图6-57　注册页面效果

6.7.1 效果分析

为了提高网页制作的效率，应当对页面的效果图结构和样式进行分析，下面对效果图 6-57 进行分析。

1. 结构分析

观察效果图 6-57,容易看出整个注册界面整体上可以分为上面的标题和下面的表单两部分。其中表单部分排列整齐，由左右两部分构成，左边为提示信息，右边为具体的表单控件，对于表单部分可以使用表格进行布局。在标题部分和表单部分的外面还需要定义一个大盒子用于对注册界面的整体控制。效果图 6-57 对应的页面结构如图 6-58 所示。

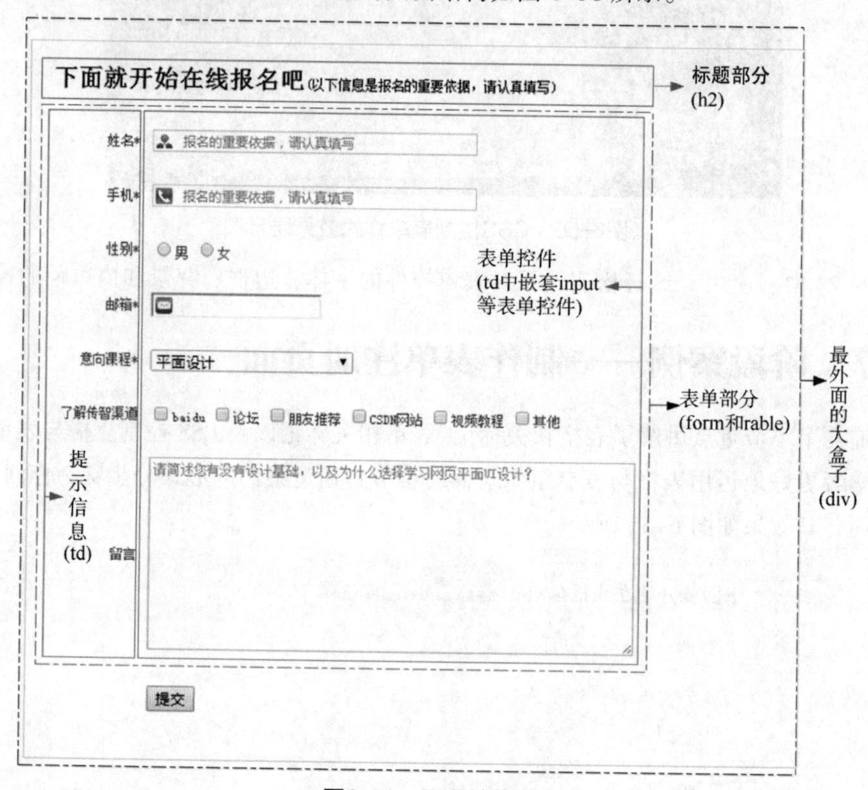

图6-58 页面结构图

2. 样式分析

控制效果图 6-56 的样式主要分为四个部分，具体如下：

① 通过最外层的大盒子实现对页面的整体控制，需要对其设置宽高、内外边距及边框样式。

② 标题的文本样式。

③ 提示信息的文本样式。

④ 表单控件的边框、背景和文本样式。

6.7.2 搭建结构

根据上面的分析，可以使用相应的 HTML 标记来搭建网页结构，如例 6-25 所示。

例 6-25 example25.html

```
1 <!doctype html>
2 <html>
3 <head>
4 <meta charset="utf-8">
5 <title>在线报名</title>
6 </head>
7 <body>
8 <div id="box">
9    <h2 class="header">下面就开始在线报名吧<span>(以下信息是报名的重要依据，请认
真填写)</span></h2>
10   <form action="#" method="post">
11       <table class="content">
12           <tr>
13               <td class="left">姓名<span class="red">*</span></td>
14                   <td><input type="text" value="报名的重要依据，请认真填写"
class="txt01" /></td>
15              </tr>
16              <tr>
17               <td class="left">手机<span class="red">*</span></td>
18                   <td><input type="text" value="报名的重要依据，请认真填写"
class="txt02" /></td>
19              </tr>
20              <tr>
21               <td class="left">性别<span class="red">*</span></td>
22                  <td>
23                   <label for="boy"><input type="radio" name="sex" id="boy"
/>男</label>
24                              <label for="girl"><input type="radio" name="sex"
id="girl" />女</label>
25                  </td>
26              </tr>
27              <tr>
28               <td class="left">邮箱<span class="red">*</span></td>
29                  <td><input type="text" class="txt03" /></td>
30              </tr>
31               <tr>
32                <td class="left">意向课程<span class="red">*</span></td>
33                  <td>
34                    <select class="course">
35                        <option>网页设计</option>
36                        <option selected="selected">平面设计</option>
```

```
37                          <option>UI设计</option>
38                      </select>
39                  </td>
40              </tr>
41              <tr>
42                <td class="left">了解传智渠道</td>
43                  <td>
44                    <label for="baidu"><input type="checkbox" id="baidu" />
baidu </label>
45                      <label for="it"><input type="checkbox" id="it" />论坛
</label>
46                      <label for="friend"><input type="checkbox" id="friend"
/>朋友推荐</label>
47                          <label for="csdn"><input type="checkbox" id="csdn"
/>CSDN网站</label>
48                      <label for="video"><input type="checkbox" id="video" />
视频教程</label>
49                      <label for="other"><input type="checkbox" id="other" />
其他</label>
50                  </td>
51              </tr>
52              <tr>
53                <td class="left">留言</td>
54                  <td><textarea cols="50" rows="5" class="message">请简述您有
没有设计基础，以及为什么选择学习网页平面UI设计？</textarea></td>
55              </tr>
56              <tr>
57                <td> </td>
58                  <td><input type="submit" value="提交"/></td>
59              </tr>
60          </table>
61      </form>
62 </div>
63 </body>
64 </html>
```

在例 6-25 所示的 HTML 结构代码中，最外层 id 为 box 的<div>用于对注册界面的整体控制，其中第 9 行的<h2>标记用于定义标题部分，在<h2></h2>中嵌套了一对<span></span>，用于控制标题中的小号字体。在标题部分之后，创建了一个 8 行 2 列的表格，用于对表单部分进行布局，需要注意的是，第一列的前几个单元格中嵌套了 class 为 red 的<span>，用于控制提示信息中的“*”。

运行例 6-25，效果如图 6-59 所示。

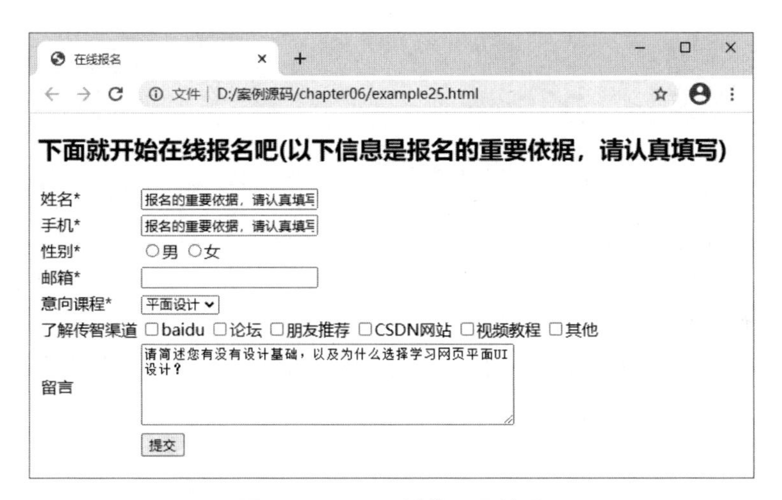

图6-59　HTML结构页面效果

6.7.3　定义样式

搭建完页面的结构后，接下来使用 CSS 对页面的样式进行修饰。为了使初学者更好地掌握 CSS 控制表格及表单样式的方法，本小节采用从整体到局部的方式实现效果图 6-57 所示的效果。

1. 定义基础样式

首先定义页面的统一样式。CSS 代码如下：

```
/*全局控制*/
body{font-size:12px; font-family:"宋体"; color:#515151;}
/*重置浏览器的默认样式*/
body,h2,form,table{padding:0; margin:0;}
```

2. 整体控制注册界面

制作页面结构时，我们定义了一个 id 为“box”的<div>用于对注册界面进行整体控制，其宽度和高度固定，且有 1px 的边框和一定的内边距，此外为了使页面在浏览器中居中，可以对其应用外边距属性 margin，CSS 代码如下：

```
#box{                          /*控制最外层的大盒子*/
   width:660px;
   height:600px;
   border:1px solid #CCC;
   padding:20px;
   margin:50px auto 0;
}
```

3. 制作标题部分

对于效果图 6-57 中的标题部分，需要单独控制其字号和文本颜色，为了使标题和下面的表单内容之间有一定的距离，可以对标题设置内边距，对于标题中的小号字体，可以单独控制，CSS 代码如下：

```
.header{                    /*控制标题*/
  font-size:22px;
```

```
  color:#0b0b0b;
  padding-bottom:30px;
}
.header span{              /*控制标题中的小号字体*/
  font-size:12px;
  font-weight:normal;
}
```

4. 整体控制表单部分

观察效果图 6-57 中的表单部分，可以发现，每行内容之间都有一定的距离，因此可以给单元格<td>应用内边距属性 padding，CSS 代码如下：

```
td{padding-bottom:26px;}
```

注意：

某些情况下为元素设置外边距 margin 和内边距 padding 可以达到同样的控制效果，但是单元格标记<td>无外边距属性，所以这时如果对<td>应用 margin-bottom:26px;，将不起作用。

5. 控制表单中的提示信息

观察表单左侧的提示信息，可以发现，它们均居右对齐，和右边的表单控件之间有一定的间距，且其中的“*”颜色特殊，需要单独控制，CSS 代码如下：

```
td.left{
  width:78px;
  text-align:right;        /*使提示信息居右对齐*/
  padding-right:8px;       /*拉开提示信息和表单控件间的距离*/
}
.red{color:#F00;}          /*控制提示信息中星号的颜色*/
```

6. 控制三个单行文本输入框

对于姓名、电话和邮箱三个单行文本输入框，需要定义它们的宽度、高度、边框、字号大小、文本颜色、背景图像和内边距样式，CSS 代码如下：

```
.txt01,.txt02{             /*定义前两个单行文本输入框相同的样式*/
  width:264px;
  height:12px;
  border:1px solid #CCC;
  padding:3px 3px 3px 26px;
  font-size:12px;
  color:#949494;
}
.txt01{                    /*定义第一个单行文本输入框的背景图像*/
  background:url(img/name.png) no-repeat 2px center;
}
.txt02{                    /*定义第二个单行文本输入框的背景图像*/
  background:url(img/phone.png) no-repeat 2px center;
}
```

```
.txt03{                    /*定义第三个单行文本输入框的样式*/
  width:122px;
  height:12px;
  padding:3px 3px 3px 26px;
  font-size:12px;
  background:url(img/email.png) no-repeat 2px center;
}
```

7. 控制下拉菜单和多行文本输入框

对于“意向课程”部分的下拉菜单，只需设置宽度即可。而“留言”部分的多行文本输入框，需要设置其宽度、高度、字号大小、文本颜色和内边距样式。CSS 代码如下：

```
.course{ width:184px;}  /*定义下拉菜单的宽度*/
.message{                  /*定义多行文本输入框的样式*/
  width:432px;
  height:164px;
  font-size:12px;
  color:#949494;
  padding:3px;
}
```

至此，我们就完成了注册界面的 CSS 样式部分。将该样式应用于网页后，效果如图 6-60 所示。值得一提的是，在制作表单时，我们可以使用 HTML5 提供的新属性进行简单的表单验证，如表单内容不能为空、输入有效的 URL 地址等，但在实际工作中，一些复杂的表单验证通常使用 JavaScript 来实现。

图6-60　添加CSS样式后的页面效果

小结

本章介绍了 HTML5 中两个重要的元素——表格与表单，主要包括表格相关标记、表单相关标记，以及如何使用 CSS 控制表格与表单的样式。在本章的最后，通过表格进行布局，然后使用 CSS 对表格和表单进行修饰，制作出了一个常见的注册界面。

通过本章的学习，读者应该能够掌握创建表格与表单的基本语法，了解表格布局，熟悉常用的表单控件，熟练地运用表格与表单组织页面元素。

第7章 网页布局

- 掌握浮动的设置技巧，能够为页面中的元素添加浮动和清除浮动。
- 掌握定位的设置技巧，能够根据页面需求，设置不同的定位模式。
- 熟悉 overflow 属性的用法，能够运用 overflow 属性设置溢出内容的显示方式。
- 熟悉网页布局类型，能够说出网页不同布局类型的差异。

在网页设计中，如果按照从上到下的默认方式进行排版，网页版面看起来会显得单调、混乱。这时就可以对页面进行布局，将各部分模块有序排列，使网页的排版变得丰富、美观。本章将详细讲解网页布局的相关知识。

7.1　网页布局概述

读者在阅读报纸时会发现，虽然报纸中的内容很多，但是经过合理的排版，版面依然清晰、易读，例如图 7-1 所示的报纸排版。同样，在制作网页时，也需要对网页进行“排版”。网页的“排版”主要是通过布局来实现的。在网页设计中，布局是指对网页中的模块进行合理的排布，使页面排列清晰、美观易读。

网页设计中布局主要依靠 DIV+CSS 技术来实现。说到 DIV 大家肯定非常熟悉，但是在本章它不仅指前面我们讲到过的<div>标签，还包括所有能够承载内容的容器标签（如<p>标签、<li>标签等）。在 DIV+CSS 布局技术中，DIV 负责内容区域的分配，CSS 负责样式效果的呈现，因此网页中的布局也常被称为 DIV+CSS 布局。

需要注意的是，为了提高网页制作的效率，布局时通常需要遵循一定的布局流程，具体如下：

（1）确定页面的版心宽度

版心指的是页面的有效使用面积，是主要元素以及内容所在的区域，一般在浏览器窗口中水平居中显示。在设计网页时，页面尺寸宽度一般为 1200~1920px。但是为了适配不同分辨率的显示器，一般设计版心宽度为 1000~1200px。例如，屏幕分辨率为 1024×768px 的浏览器，在浏览器内有效可视区域宽度为 1000px，所以最好设置版心宽度为 1000px。设计师在设计网站时尽量适配主流的屏幕分辨率。常见的宽度值为 960px、980px、1000px、1200px 等。图 7-2 所示为某甜点网站页面的版心和页面宽度。

APPRECIATION A2

升值原动力

升值爆发力

明星品牌楼盘

升值向心力

升值凝聚力

APPRECIATION A3

五星级物管

大城初现，升值无限

八大要素支撑圣爵菲斯房价

图7-1 报纸排版

图7-2 某甜点网站页面的版心和页面宽度

（2）分析页面中的模块

在运用 CSS 布局之前，我们首先要对页面有一个整体的规划，包括页面中有哪些模块，以及各模块之间关系（关系分为并列关系和包含关系）。例如，图 7-3 所示为某婚纱摄影网站的页面布局，该页面主要由头部（header）、导航（nav）、焦点图（banner）、内容（content）、页面底部（footer）五部分组成。

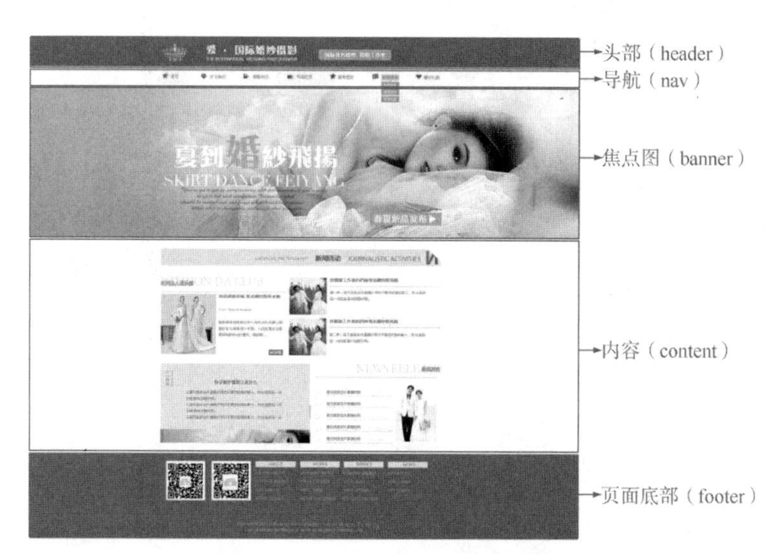

图7-3　某婚纱摄影网站的页面布局

（3）控制网页的各个模块

当分析完页面模块后，就可以运用盒子模型的原理，通过 DIV+CSS 布局来控制网页的各个模块。初学者在制作网页时，一定要养成分析页面布局的习惯，这样可以提高网页制作的效率。

7.2　网页布局常用属性

我们在使用 DIV+CSS 进行网页布局时，会使用一些属性对标签进行控制，属性有浮动属性（float 属性）和定位属性（position 属性）。接下来，本节将对这两种常见的布局常用属性做具体介绍。

7.2.1　标签的浮动属性

初学者在设计一个页面时，默认的排版方式是将页面中的标签从上到下一一罗列。例如，图 7-4 展示的就是网页采用默认排版方式的效果。

通过这样的布局制作出来的页面布局参差不齐。然而大家在浏览网页时，会发现页面中的标签通常会按照左、中、右的结构进行布局，如图 7-5 所示。

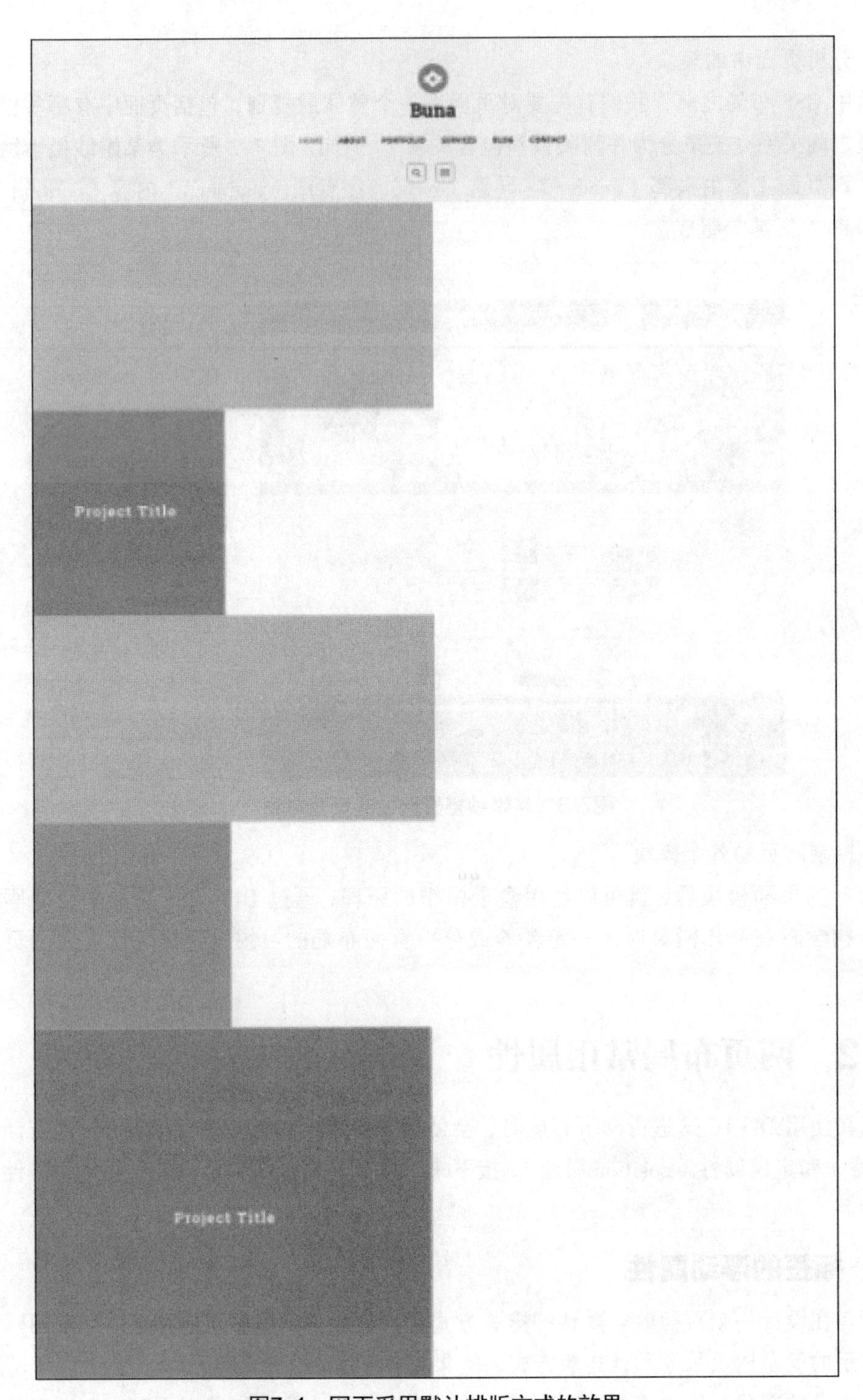

图7-4 网页采用默认排版方式的效果

通过这样的布局，页面会变得整齐有序。我们想要实现图 7-5 所示的效果，就需要为标签设置浮动属性。下面将对浮动属性的相关知识进行详细讲解。

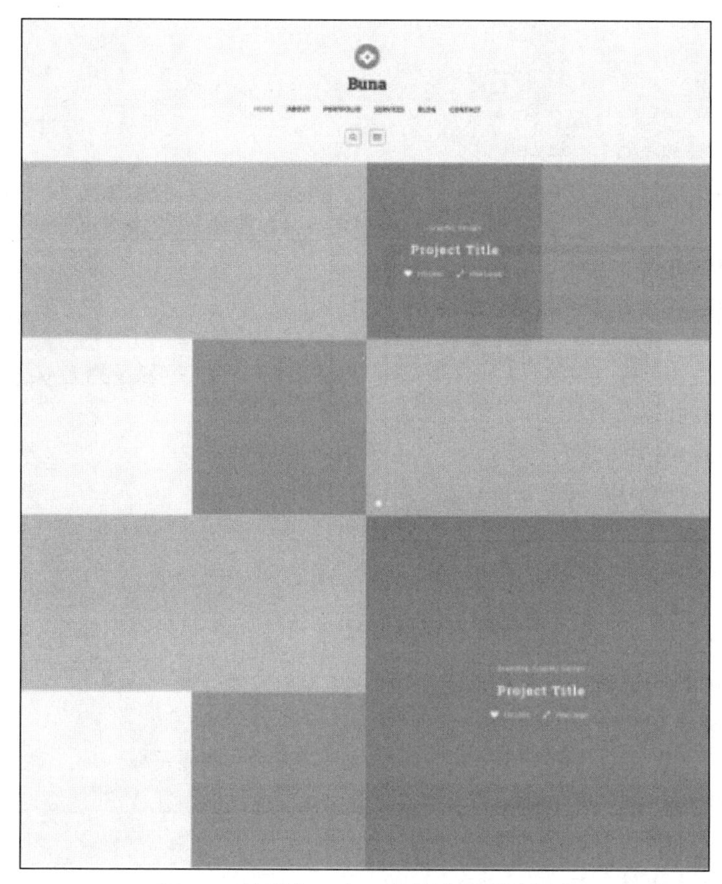

图7-5　按照左、中、右的结构进行布局

1. 认识浮动

浮动是指设置了浮动属性的标签会脱离标准文档流（标准文档流指的是元素会自动从左向右、从上到下进行流式排列）的控制，移动到其父标签中指定位置的过程。作为 CSS 的重要属性，浮动被频繁地应用在网页制作中。在 CSS 中，通过 float 属性来定义浮动，定义浮动的基本语法格式如下：

```
选择器{float:属性值;}
```

在上面的语法中，float 常用的属性值有三个，具体如表 7-1 所示。

表 7-1　float 的常用属性值

属　性　值	描　　述
left	标签向左浮动
right	标签向右浮动
none	标签不浮动（默认值）

了解了 float 属性的属性值及含义后，接下来通过一个案例来学习 float 属性的用法，如例 7-1 所示。

例 7-1　example01.html

```
1 <!doctype html>
```

```
2 <html>
3 <head>
4 <meta charset="utf-8">
5 <title>标签的浮动</title>
6 <style type="text/css">
7 .father{                              /*定义父标签的样式*/
8   background:#eee;
9   border:1px dashed #999;
10 }
11 .box01,.box02,.box03{        /*定义box01、box02、box03三个盒子的样式*/
12   height:50px;
13   line-height:50px;
14   border:1px dashed #999;
15   margin:15px;
16   padding:0px 10px;
17 }
18 .box01{background:#FF9;}
19 .box02{background:#FC6;}
20 .box03{background:#F90;}
21 p{                                    /*定义段落文本的样式*/
22   background:#ccf;
23   border:1px dashed #999;
24   margin:15px;
25   padding:0px 10px;
26 }
27 </style>
28 </head>
29 <body>
30 <div class="father">
31   <div class="box01">box01</div>
32   <div class="box02">box02</div>
33   <div class="box03">box03</div>
34   <p>这里是浮动块外围的文字，这里是浮动块外围的文字，这里是浮动块外围的文字，这里是浮动块外围的文字，这里是浮动块外围的文字，这里是浮动块外围的文字，这里是浮动块外围的文字，这里是浮动块外围的文字，这里是浮动块外围的文字，这里是浮动块外围的文字，这里是浮动块外围的文字，这里是浮动块外围的文字，这里是浮动块外围的文字。</p>
35 </div>
36 </body>
37 </html>
```

在例 7-1 中，第 31~33 行代码定义了三个盒子 box01、box02、box03，第 34 行代码设置了一段文本。页面中所有的标签均不应用 float 属性，让这些标签按照默认方式进行排序。

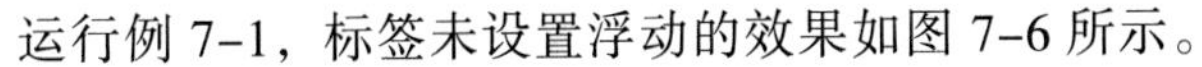
运行例 7-1，标签未设置浮动的效果如图 7-6 所示。

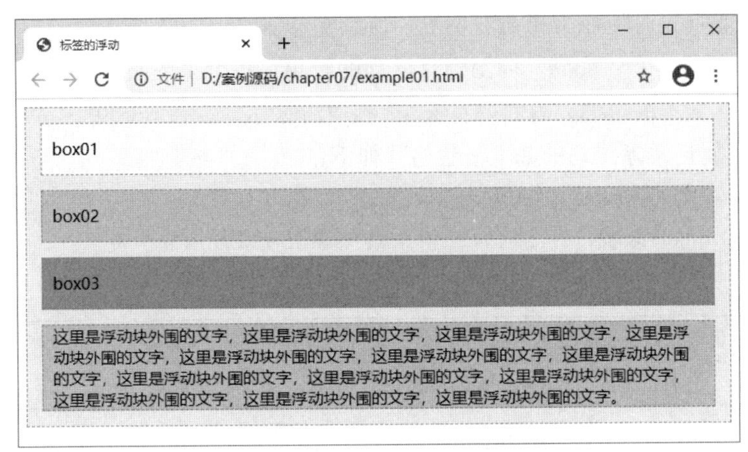

图7-6　标签未设置浮动的效果

在图 7-6 中，box01、box02、box03 以及段落文本从上到下一一罗列。可见如果我们不对标签设置浮动，则该标签及其内部的子标签将按照标准文档流的样式显示。

接下来，在例 7-1 的基础上演示标签添加左浮动的效果。为 box01、box02、box03 三个盒子设置左浮动，具体 CSS 代码如下：

```
.box01,.box02,.box03{          /*定义box01、box02、box03左浮动*/
  float:left;
}
```

保存 HTML 文件，刷新页面，设置左浮动后的页面效果如图 7-7 所示。

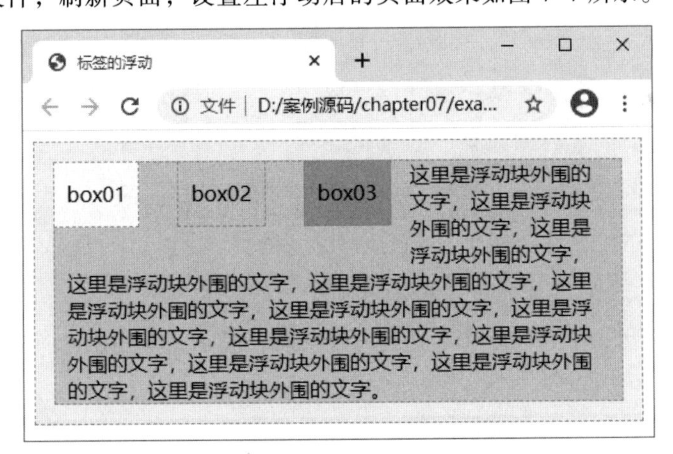

图7-7　设置左浮动后的页面效果

从图 7-7 可以看出，box01、box02、box03 三个盒子脱离标准文档流，排列在同一行。同时周围的段落文本围绕在三个盒子，出现图文混排的网页效果。

值得一提的是，float 还有另一个属性值“right”，该属性值在网页布局时也会经常用到，它与“left”属性值的用法相同但浮动方向相反。应用了“float:right;”样式的标签将向右侧浮动。

2. 清除浮动

由于浮动标签不再占用原文档流的位置，所以它会对页面中其他标签的排版产生影响。例如，图 7-7 中的段落文本，受到其周围标签浮动的影响，产生了图文混排的效果。这时，如果要避免浮动对段落文本的影响，就需要在<p>标签中清除浮动。在 CSS 中，常用 clear 属性清除浮动。运用 clear 属性清除浮动的基本语法格式如下：

```
选择器{clear:属性值;}
```

上述语法中，clear 属性的常用值有三个，具体如表 7-2 所示。

表 7-2　clear 的常用属性值

属　性　值	描　　述
left	不允许左侧有浮动标签（清除左侧浮动的影响）
right	不允许右侧有浮动标签（清除右侧浮动的影响）
both	同时清除左右两侧浮动的影响

了解了 clear 属性的三个属性值及其含义后，接下来通过对例 7-1 中的<p>标签应用 clear 属性，来清除周围浮动标签对段落文本的影响。在<p>标签的 CSS 样式中添加如下代码：

```
clear:left;            /*清除左浮动*/
```

上面的 CSS 代码用于清除左侧浮动对段落文本的影响。添加“clear:left;”样式后，保存 HTML 文件，刷新页面，效果如图 7-8 所示。

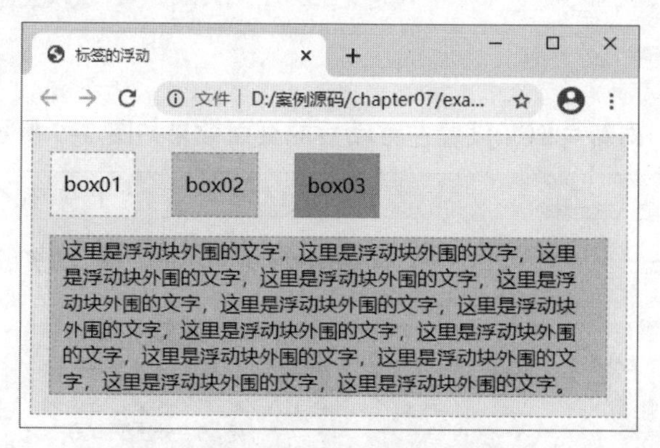

图7-8　清除左浮动影响后的布局效果

从图 7-8 可以看出，清除段落文本左侧的浮动后，段落文本会独占一行，排列在浮动标签 box01、box02、box03 的下面。

需要注意的是，clear 属性只能清除标签左右两侧浮动的影响。然而在制作网页时，经常会受到一些特殊的浮动影响，例如，对子标签设置浮动时，如果不对其父标签定义高度，则子标签的浮动会对父标签产生影响，那么究竟会产生什么影响呢？我们来看一个例子，具体如例 7-2 所示。

例 7-2　example02.html

```
1 <!doctype html>
2 <html>
```

```
3 <head>
4 <meta charset="utf-8">
5 <title>清除浮动</title>
6 <style type="text/css">
7 .father{                                /*没有给父标签定义高度*/
8    background:#ccc;
9    border:1px dashed #999;
10 }
11 .box01,.box02,.box03{
12    height:50px;
13    line-height:50px;
14    background:#f9c;
15    border:1px dashed #999;
16    margin:15px;
17    padding:0px 10px;
18    float:left;                       /*定义box01、box02、box03三个盒子左浮动*/
19 }
20 </style>
21 </head>
22 <body>
23 <div class="father">
24    <div class="box01">box01</div>
25    <div class="box02">box02</div>
26    <div class="box03">box03</div>
27 </div>
28 </body>
29 </html>
```

在例 7-2 中，第 18 行代码为 box01、box02、box03 三个子标签定义左浮动，第 7~10 行代码用于为父标签添加样式，但是并未给父标签设置高度。

运行例 7-2，子标签浮动对父标签的影响效果如图 7-9 所示。

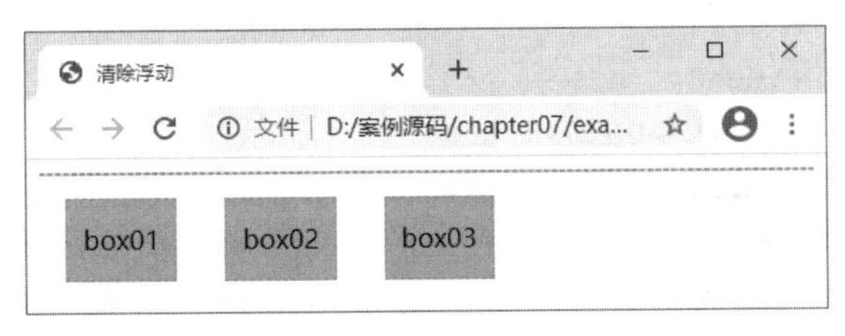

图7-9　子标签浮动对父标签的影响效果

在图 7-9 中，受到子标签浮动的影响，没有设置高度的父标签变成了一条直线，即父标签不能自适应子标签的高度。由于子标签和父标签为嵌套关系，不存在左右位置，所以使用 clear 属性并不能清除子标签浮动对父标签的影响。那么对于这种情况该如何清除浮动呢？为了使初学者在以后的工作中，能够轻松地清除一些特殊的浮动影响，本书总结了常用的三种清除浮动的方法，具体介绍如下：

（1）使用空标签清除浮动

在浮动标签之后添加空标签，并对该标签应用“clear:both”样式，可清除标签浮动所产生的影响，这个空标签可以是<div>、<p>、<hr />等任何标签。接下来，在例 7-2 的基础上，演示使用空标签清除浮动的方法，如例 7-3 所示。

例 7-3　example03.html

```
1 <!doctype html>
2 <html>
3 <head>
4 <meta charset="utf-8">
5 <title>空标签清除浮动</title>
6 <style type="text/css">
7 .father{                               /*不为父标签定义高度*/
8    background:#ccc;
9    border:1px dashed #999;
10 }
11 .box01,.box02,.box03{
12   height:50px;
13   line-height:50px;
14   background:#f9c;
15   border:1px dashed #999;
16   margin:15px;
17   padding:0px 10px;
18   float:left;                 /*为box01、box02、box03三个盒子设置左浮动*/
19 }
20 .box04{ clear:both;}            /*对空标签应用clear:both;*/
21 </style>
22 </head>
23 <body>
24 <div class="father">
25   <div class="box01">box01</div>
26   <div class="box02">box02</div>
27   <div class="box03">box03</div>
28   <div class="box04"></div>        <!--在浮动标签后添加空标签-->
29 </div>
30 </body>
31 </html>
```

例 7-3 中，第 28 行代码在浮动标签 box01、box02、box03 之后添加类名为“box04”的空<div>标签，然后对 box04 应用“clear:both;”样式清除浮动对父盒子的影响。

运行例 7-3，效果如图 7-10 所示。

图7-10 空标签清除浮动

在图 7-10 中，父标签又被子标签撑开，也就是说子标签浮动对父标签的影响已经不存在。需要注意的是，上述方法虽然可以清除浮动，但是增加了毫无意义的结构标签，因此在实际工作中不建议使用。

（2）使用“overflow:hidden;”清除浮动

对标签应用“overflow:hidden;”样式，也可以清除浮动对该标签的影响，这种方式还弥补了空标签清除浮动的不足。接下来，演示使用“overflow:hidden;”清除浮动，如例 7-4 所示。

例 7-4 example04.html

```
1 <!doctype html>
2 <html>
3 <head>
4 <meta charset="utf-8">
5 <title>overflow属性清除浮动</title>
6 <style type="text/css">
7 .father{                                    /*没有给父标签定义高度*/
8   background:#ccc;
9   border:1px dashed #999;
10   overflow:hidden;                    /*对父标签应用overflow:hidden;*/
11 }
12 .box01,.box02,.box03{
13   height:50px;
14   line-height:50px;
15   background:#f9c;
16   border:1px dashed #999;
17   margin:15px;
18   padding:0px 10px;
19   float:left;                        /*定义box01、box02、box03三个盒子左浮动*/
20 }
21 </style>
22 </head>
23 <body>
24 <div class="father">
```

```
25   <div class="box01">box01</div>
26   <div class="box02">box02</div>
27   <div class="box03">box03</div>
28 </div>
29 </body>
30 </html>
```

在例 7-4 中，第 10 行代码对父标签应用“overflow:hidden;”样式，来清除子标签浮动对父标签的影响。

运行例 7-4，效果如图 7-11 所示。

图7-11　overflow属性清除浮动

在图 7-11 中，父标签被子标签撑开了，也就是说子标签浮动对父标签的影响已经不存在。需要注意的是，在使用“overflow:hidden;”样式清除浮动时，一定要将该样式写在被影响的标签中。除了“hidden”，overflow 属性还有其他属性值，我们将会在后面的小节中详细讲解。

（3）使用 after 伪对象清除浮动

使用 after 伪对象也可以清除浮动，但是该方法只适用于 IE8 及以上版本浏览器和其他非 IE 浏览器。使用 after 伪对象清除浮动时有以下注意事项。

- 必须为需要清除浮动的标签伪对象设置“height:0;”样式，否则该标签会比其实际高度高出若干像素。
- 必须在伪对象中设置 content 属性，属性值可以为空，如“content: "";”。

接下来，通过一个案例演示使用 after 伪对象清除浮动，如例 7-5 所示。

例 7-5　example05.html

```
1 <!doctype html>
2 <html>
3 <head>
4 <meta charset="utf-8">
5 <title>使用after伪对象清除浮动</title>
6 <style type="text/css">
7 .father{                                    /*没有给父标签定义高度*/
8   background:#ccc;
9   border:1px dashed #999;
10 }
11 .father:after{                             /*对父标签应用after伪对象样式*/
```

```
12   display:block;
13   clear:both;
14   content:"";
15   visibility:hidden;
16   height:0;
17 }
18 .box01,.box02,.box03{
19   height:50px;
20   line-height:50px;
21   background:#f9c;
22   border:1px dashed #999;
23   margin:15px;
24   padding:0px 10px;
25   float:left;                    /*定义box01、box02、box03三个盒子左浮动*/
26 }
27 </style>
28 </head>
29 <body>
30 <div class="father">
31   <div class="box01">box01</div>
32   <div class="box02">box02</div>
33   <div class="box03">box03</div>
34 </div>
35 </body>
36 </html>
```

在例 7-5 中，第 11~17 行代码用于为需要清除浮动的父标签应用 after 伪对象样式。

运行例 7-5，效果如图 7-12 所示。

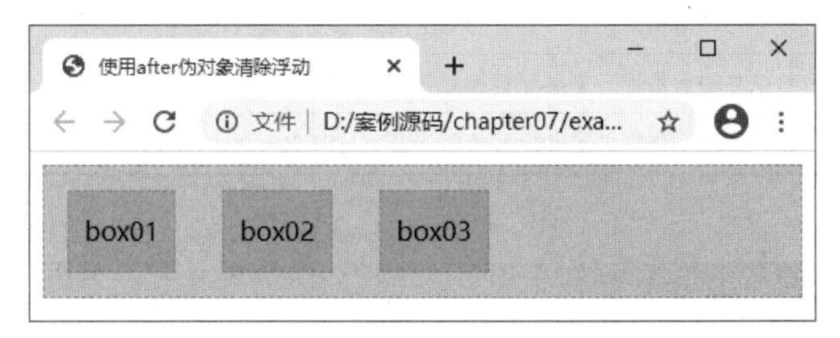

图7-12　使用after伪对象清除浮动

在图 7-12 中，父标签又被子标签撑开了，也就是说子标签浮动对父标签的影响已经不存在。

7.2.2　标签的定位属性

浮动布局虽然灵活，但是却无法对标签的位置进行精确控制。在 CSS 中，通过定位属性（position）可以实现网页标签的精确定位。下面将对标签的定位属性以及常用的几种定位方式进行详细的讲解。

1. 认识定位属性

制作网页时，如果希望标签内容出现在某个特定的位置，就需要使用定位属性对标签进行精确定位。标签的定位属性主要包括定位模式和边偏移两部分，对它们的具体介绍如下：

（1）定位模式

在 CSS 中，position 属性用于定义标签的定位模式，使用 position 属性定位标签的基本语法格式如下：

```
选择器{position:属性值;}
```

在上面的语法中，position 属性的常用值有四个，分别表示不同的定位模式，具体如表 7-3 所示。

表 7-3　position 属性的常用值

值	描　述
static	自动定位（默认定位方式）
relative	相对定位，相对于其原文档流的位置进行定位
absolute	绝对定位，相对于其上一个已经定位的父标签进行定位
fixed	固定定位，相对于浏览器窗口进行定位

（2）边偏移

定位模式（position）仅仅用于定义标签以哪种方式定位，并不能确定标签的具体位置。在 CSS 中，通过边偏移属性 top、bottom、left 或 right，可以精确定义定位标签的位置。边偏移属性取值为数值或百分比，对它们的具体解释如表 7-4 所示。

表 7-4　边偏移属性

边偏移属性	描　述
top	顶端偏移量，定义标签相对于其父标签上边线的距离
bottom	底部偏移量，定义标签相对于其父标签下边线的距离
left	左侧偏移量，定义标签相对于其父标签左边线的距离
right	右侧偏移量，定义标签相对于其父标签右边线的距离

2. 定位类型

标签的定位类型主要包括静态定位、相对定位、绝对定位和固定定位，对它们具体介绍如下：

（1）静态定位

静态定位是标签的默认定位方式，当 position 属性的取值为 static 时，可以将标签定位于静态位置。所谓静态位置就是各个标签在 HTML 文档流中默认的位置。

任何标签在默认状态下都会以静态定位来确定自己的位置，所以当没有定义 position 属性时，并不是说明该标签没有自己的位置，它会遵循默认值显示为静态位置。在静态定位状态下，我们无法通过边偏移属性（top、bottom、left 或 right）来改变标签的位置。

（2）相对定位

相对定位是将标签相对于它在标准文档流中的位置进行定位，当 position 属性的取值为 relative 时，可以将标签相对定位。对标签设置相对定位后，我们可以通过边偏移属性改变标签的位置，但是它在文档流中的位置仍然保留。

为了使初学者更好地理解相对定位，接下来通过一个案例来演示对标签设置相对定位的方法和效果，如例 7-6 所示。

例 7-6　example06.html

```
1 <!doctype html>
2 <html>
3 <head>
4 <meta charset="utf-8">
5 <title>标签的定位</title>
6 <style type="text/css">
7 body{ margin:0px; padding:0px; font-size:18px; font-weight:bold;}
8 .father{
9    margin:10px auto;
10   width:300px;
11   height:300px;
12   padding:10px;
13   background:#ccc;
14   border:1px solid #000;
15 }
16 .child01,.child02,.child03{
17   width:100px;
18   height:50px;
19   line-height:50px;
20   background:#ff0;
21   border:1px solid #000;
22   margin:10px 0px;
23   text-align:center;
24 }
25 .child02{
26   position:relative;          /*相对定位*/
27   left:150px;                 /*距左边线150px*/
28   top:100px;                  /*距顶部边线100px*/
29 }
30 </style>
31 </head>
32 <body>
33 <div class="father">
```

```
34   <div class="child01">child-01</div>
35   <div class="child02">child-02</div>
36   <div class="child03">child-03</div>
37 </div>
38 </body>
39 </html>
```

在例 7-6 中，第 25~29 行代码用于对 child02 设置相对定位模式，并通过边偏移属性 left 和 top 改变 child02 的位置。

运行例 7-6，效果如图 7-13 所示。

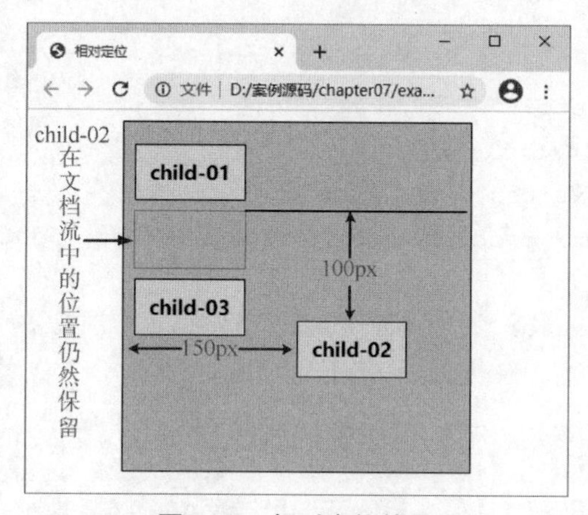

图7-13　相对定位效果

从图 7-13 可以看出，对 child02 设置相对定位后，child02 会相对于其自身的默认位置进行偏移，但是它在文档流中的位置仍然保留。

（3）绝对定位

绝对定位是将标签依据最近的已经定位（绝对、固定或相对定位）的父标签进行定位，若所有父标签都没有定位，设置绝对定位的标签会依据 body 根标签（也可以看作浏览器窗口）进行定位。当 position 属性的取值为 absolute 时，可以将标签的定位模式设置为绝对定位。

为了使初学者更好地理解绝对定位，接下来，在例 7-6 的基础上，将 child02 的定位模式设置为绝对定位，即将第 25~29 行代码更改如下：

```
.child02{
  position:absolute;          /*绝对定位*/
  left:150px;                 /*距左边线150px*/
  top:100px;                  /*距顶部边线100px*/
}
```

保存 HTML 文件，刷新页面，绝对定位效果如图 7-14 所示。

在图 7-14 中，设置为绝对定位的 child02，会依据浏览器窗口进行定位。为 child02 设置绝对定位后，child03 占据了 child02 的位置，也就是说 child02 脱离了标准文档流的控制，同时不再占据标准文档流中的空间。

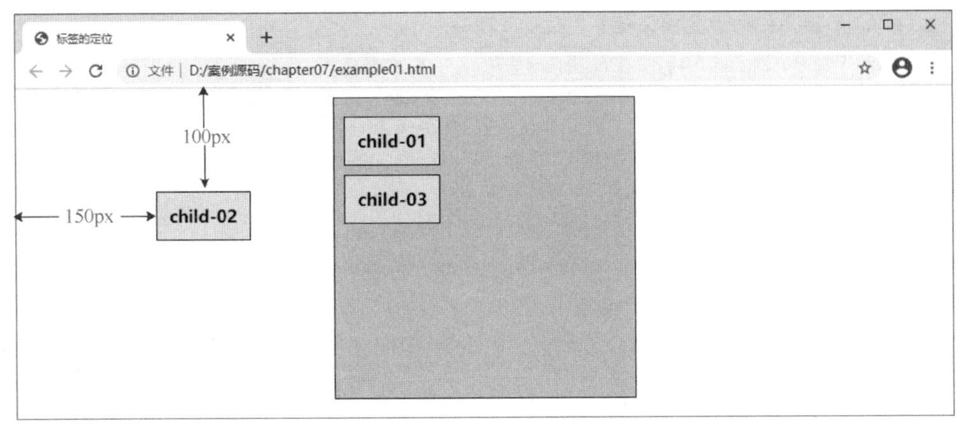

图7-14　绝对定位效果

在上面的案例中，对 child02 设置了绝对定位，当浏览器窗口放大或缩小时，child02 相对于其父标签的位置都将发生变化。图 7-15 所示为缩小浏览器窗口时的页面效果，很明显 child02 相对于其父标签的位置发生了变化。

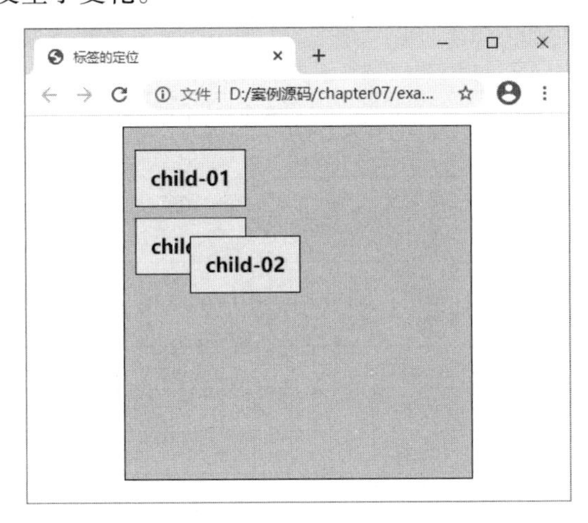

图7-15　缩小浏览器窗口的效果

然而在网页设计中，一般需要子标签相对于其父标签的位置保持不变，也就是让子标签依据其父标签的位置进行绝对定位，此时如果父标签不需要定位，该怎么办呢？

对于上述情况，可直接将父标签设置为相对定位，但不对其设置偏移量，然后再对子标签应用绝对定位，并通过偏移属性对其进行精确定位。这样父标签既不会失去其空间，同时还能保证子标签依据父标签准确定位。

接下来通过一个案例来演示子标签依据其父标签准确定位，如例 7-7 所示。

例 7-7　example07.html

```
1 <!doctype html>
2 <html>
3 <head>
4 <meta charset="utf-8">
```

```
5 <title>子标签相对于直接父标签定位</title>
6 <style type="text/css">
7 body{ margin:0px; padding:0px; font-size:18px; font-weight:bold;}
8 .father{
9    margin:10px auto;
10   width:300px;
11   height:300px;
12   padding:10px;
13   background:#ccc;
14   border:1px solid #000;
15   position:relative;          /*相对定位，但不设置偏移量*/
16 }
17 .child01,.child02,.child03{
18   width:100px;
19   height:50px;
20   line-height:50px;
21   background:#ff0;
22   border:1px solid #000;
23   border-radius:50px;
24   margin:10px 0px;
25   text-align:center;
26 }
27 .child02{
28   position:absolute;          /*绝对定位*/
29   left:150px;                 /*距左边线150px*/
30   top:100px;                  /*距顶部边线100px*/
31 }
32 </style>
33 </head>
34 <body>
35 <div class="father">
36   <div class="child01">child-01</div>
37   <div class="child02">child-02</div>
38   <div class="child03">child-03</div>
39 </div>
40 </body>
41 </html>
```

在例 7-7 中，第 15 行代码用于对父标签设置相对定位，但不对其设置偏移量。第 27~31 行代码用于对子标签 child02 设置绝对定位，并通过偏移属性对其进行精确定位。

运行例 7-7，子标签依据其父标签定位的效果如图 7-16 所示。

在图 7-16 中，子标签相对于父标签进行偏移。无论如何缩放浏览器的窗口，子标签相对于其父标签的位置都将保持不变。

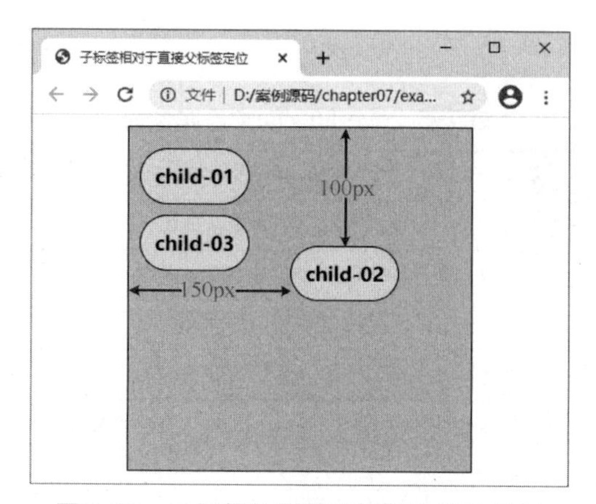

图7-16　子标签依据其父标签定位的效果

注意：

① 如果仅对标签设置绝对定位，不设置边偏移，则标签的位置不变，但该标签不再占用标准文档流中的空间，会与上移的后续标签重叠。

② 定义多个边偏移属性时，如果 left 和 right 参数值冲突，以 left 参数值为准；如果 top 和 bottom 参数值冲突，以 top 参数值为准。

（4）固定定位

固定定位是绝对定位的一种特殊形式，它以浏览器窗口作为参照物来定义网页标签。当 position 属性的取值为 fixed 时，即可将标签的定位模式设置为固定定位。

当对标签设置固定定位后，该标签将脱离标准文档流的控制，始终依据浏览器窗口来定义自己的显示位置。不管浏览器滚动条如何滚动，也不管浏览器窗口的大小如何变化，该标签都会始终显示在浏览器窗口的固定位置。

7.3　网页布局其他属性

除了浮动和定位外，在布局时，我们还会用到其他的布局属性，虽然它们没有浮动和定位两种属性应用的频繁，但是在制作一些特殊需求的页面时会用到。本节将重点介绍两个属性，分别是 overflow 属性和 z-index 属性。

7.3.1　overflow 属性

当盒子内的标签超出盒子自身的大小时，内容就会溢出，如图 7-17 所示。

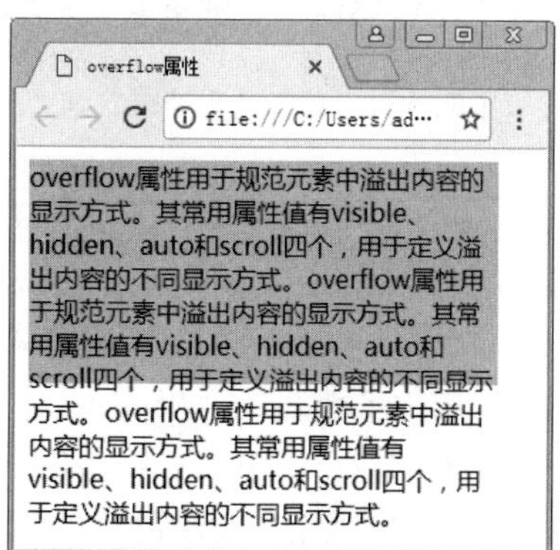

图7-17　内容溢出

这时如果想要处理溢出内容的显示样式，就需要使用 CSS 的 overflow 属性。overflow 属性用于规定溢出内容的显示状态，其基本语法格式如下：

```
选择器{overflow:属性值;}
```

在上面的语法中，overflow 属性的常用值有四个，具体如表 7–5 所示。

表 7–5　overflow 的常用属性值

属　性　值	描　　述
visible	内容不会被修剪，会呈现在标签框之外（默认值）
hidden	溢出内容会被修剪，并且被修剪的内容是不可见的
auto	在需要时产生滚动条，即自适应所要显示的内容
scroll	溢出内容会被修剪，且浏览器会始终显示滚动条

了解了 overflow 属性的几个常用属性值及其含义后，接下来通过一个案例来演示它们的具体的用法和效果，如例 7–8 所示。

例 7-8　example08.html

```
1 <!doctype html>
2 <html>
3 <head>
4 <meta charset="utf-8">
5 <title>overflow属性</title>
6 <style type="text/css">
7 div{
8    width:260px;
9    height:176px;
10   background:url(bg.png) center center  no-repeat;
11   overflow:visible;    /*溢出内容呈现在标签框之外*/
12 }
13 </style>
14 </head>
15 <body>
16 <div>
17 晨曦浮动着诗意，流水倾泻着悠然。大自然本就是我的乐土。我曾经迷路，被纷扰的世俗淋湿而模糊了双眼。归去来兮！我回归恬淡，每一日便都是晴天。晨曦，从阳光中飘洒而来，唤醒了冬夜的静美和沉睡的花草林木，鸟儿出巢，双双对对唱起欢乐的恋歌，脆声入耳漾心，滑过树梢回荡在闽江两岸。婆娑的垂柳，在晨风中轻舞，恰似你隐约在烟岚中，轻甩长发向我微笑莲步走来。栏杆外的梧桐树傲岸繁茂，紫燕穿梭其间，是不是因为有了凤凰栖息之地呢？
18 </div>
19 </body>
20 </html>
```

在例 7–8 中，第 11 行代码通过“overflow:visible;”样式，使溢出的内容不会被修剪，呈现在 div 盒子之外。

运行例 7–8，“overflow:visible;”效果如图 7–18 所示。

在图 7–18 中，溢出的内容不会被修剪，呈现在带有背景的 div 盒子之外。

如果希望溢出的内容被修剪且不可见，可将 overflow 的属性值修改为 hidden。接下来，在例 7-8 的基础上进行演示，将第 11 行代码更改如下：

```
    overflow:hidden;            /*溢出内容被修剪，且不可见*/
```

保存 HTML 文件，刷新页面，“overflow:hidden;”效果如图 7-19 所示。

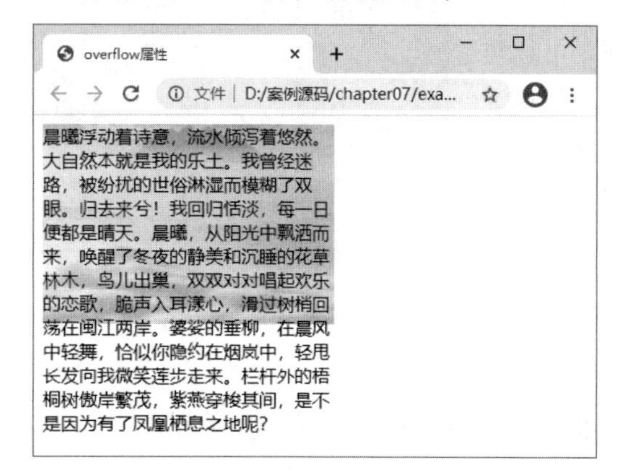

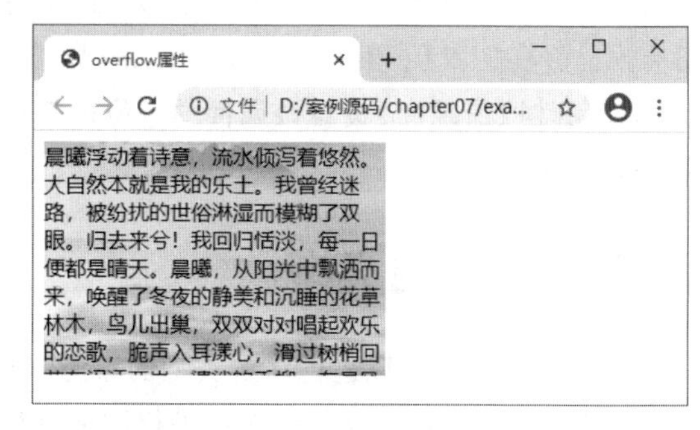

图7-18　“overflow:visible;”效果　　　　图7-19　“overflow:hidden;”效果

在图 7-19 中，溢出内容会被修剪，并且被修剪的内容是不可见的。

如果希望标签框能够自适应内容的多少，并且在内容溢出时产生滚动条，未溢出时不产生滚动条，可以将 overflow 的属性值设置为 auto。接下来，继续在例 7-8 的基础上进行演示，将第 11 行代码更改如下：

```
    overflow:auto;          /*根据需要产生滚动条*/
```

保存 HTML 文件，刷新页面，“overflow:visible;”效果如图 7-20 所示。

在图 7-20 中，标签框的右侧产生了滚动条，拖动滚动条即可查看溢出的内容。如果将文本内容减少到盒子可全部呈现时，滚动条就会自动消失。

值得一提的是，当定义 overflow 的属性值为 scroll 时，标签框中也会产生滚动条。接下来，继续在例 7-8 的基础上进行演示，将第 11 行代码更改如下：

```
    overflow:scroll;      /*始终显示滚动条*/
```

保存 HTML 文件，刷新页面，“overflow:scroll;”效果如图 7-21 所示。

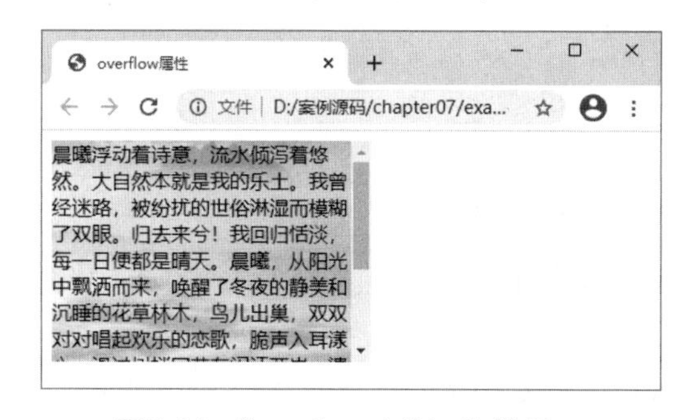

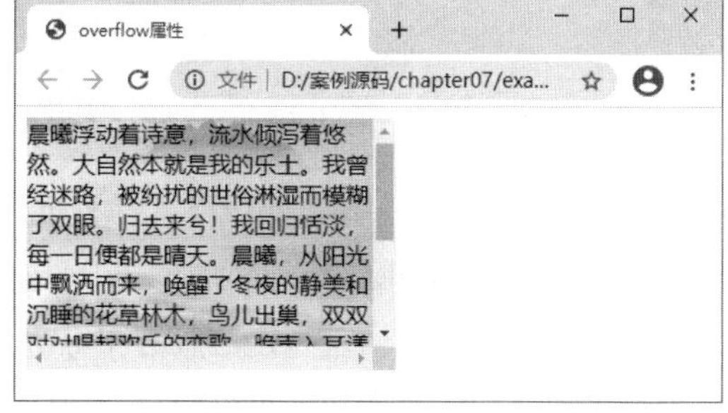

图7-20　“overflow:visible;”效果　　　　图7-21　“overflow:scroll;”效果

在图 7-21 中，标签框中出现了水平和竖直方向的滚动条。与“overflow: auto;”不同，当定义“overflow: scroll;”时，不论标签是否溢出，标签框中的水平和竖直方向的滚动条都始终存在。

7.3.2 Z-index 标签层叠

当对多个标签同时设置定位时，定位标签之间有可能会发生重叠，如图 7-22 所示。

在 CSS 中，要想调整重叠定位标签的堆叠顺序，可以对定位标签应用 z-index 层叠等级属性。z-index 属性取值可为正整数、负整数和 0，默认状态下 z-index 属性值是 0，并且 z-index 属性取值越大，设置该属性的定位标签在层叠标签中越居上。

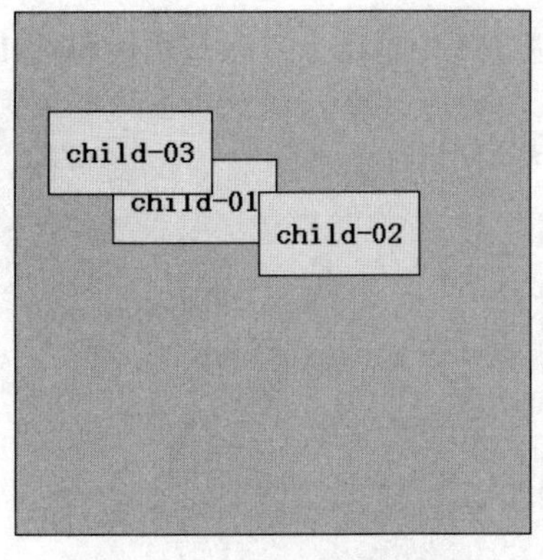

图7-22 定位标签发生重叠

7.4 布局类型

使用 DIV+CSS 可以进行多种类型的布局，常见的布局类型有单列布局、双列布局、三列布局三种类型，本节将对这三种布局进行详细讲解。

7.4.1 单列布局

单列布局是网页布局的基础，所有复杂的布局都是在此基础上演变而来的。图 7-23 展示的就是一个“单列布局”页面的结构示意图。

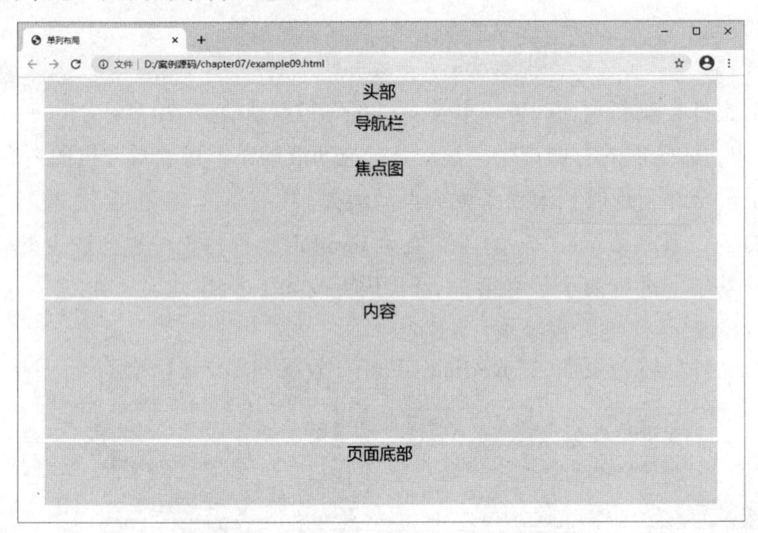

图7-23 “单列布局”页面的结构示意图

从图 7-23 可以看出，单列布局页面从上到下分别为头部、导航、焦点图、内容和页面底部，每个模块单独占据一行，且宽度与版心相等。

分析完效果图，接下来就可以使用相应的 HTML 标签来搭建页面结构，如例 7-9 所示。

例 7-9 example09.html

```
1 <!doctype html>
2 <html>
3 <head>
```

```
4 <meta charset="utf-8">
5 <title>单列布局</title>
6 </head>
7 <body>
8 <div id="top">头部</div>
9 <div id="nav">导航栏</div>
10 <div id="banner">焦点图</div>
11 <div id="content">内容</div>
12 <div id="footer">页面底部</div>
13 </body>
14 </html>
```

在例 7-9 中，第 8~12 行代码定义了五对<div></div>标签，分别用于控制页面的头部（top）、导航（nav）、焦点图（banner）、内容（content）和页面底部（footer）。

搭建完页面结构，接下来书写相应的 CSS 样式，具体代码如下：

```
1 body{margin:0; padding:0;font-size:24px;text-align:center;}
2 div{
3    width:980px;           /*设置所有模块的宽度为980px、居中显示*/
4    margin:5px auto;
5    background:#D2EBFF;
6 }
7 #top{height:40px;}        /*分别设置各个模块的高度*/
8 #nav{height:60px;}
9 #banner{height:200px;}
10 #content{height:200px;}
11 #footer{height:90px;}
```

在上面的 CSS 代码中，第 4 行代码对 div 定义了“margin:5px auto;”样式，该样式表示盒子在浏览器中水平居中位置，且上下外边距均为 5px。通过“margin:5px auto;”样式既可以使盒子水平居中，又可以使各个盒子在垂直方向上有一定的间距。值得一提的是，通常给标签定义 id 或者类名时，都会遵循一些常用的命名规范。

7.4.2 两列布局

单列布局虽然统一、有序，但常常会让人觉得呆板。所以在实际网页制作过程中，通常使用另一种布局方式——两列布局。两列布局和单列布局类似，只是网页内容被分为了左右两部分，通过这样的分割，打破了统一布局的呆板，让页面看起来更加活跃。图 7-24 所示就是一个“两列布局”页面的结构示意图。

在图 7-24 中，内容模块被分为了左右两部分，实现这一效果的关键是在内容模块所在的大盒子中嵌套两个小盒子，然后对两个小盒子分别设置浮动。

分析完效果图，接下来使用相应的 HTML 标签搭建页面结构，如例 7-10 所示。

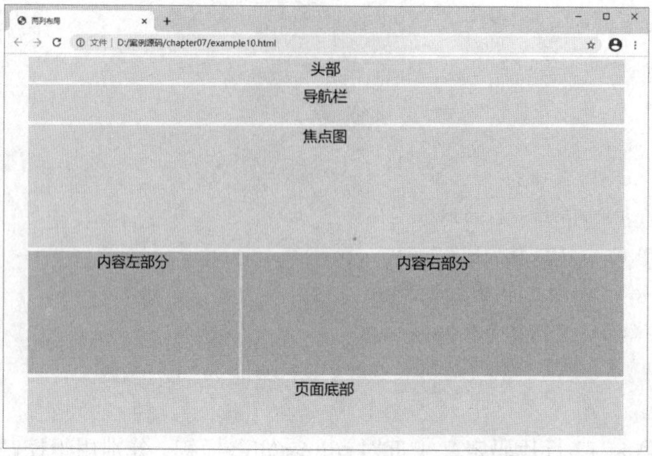

图7-24 “两列布局”页面的结构示意图

例 7-10 example10.html

```
1 <!doctype html>
2 <html>
3 <head>
4 <meta charset="utf-8">
5 <title>两列布局</title>
6 </head>
7 <body>
8 <div id="top">头部</div>
9 <div id="nav">导航栏</div>
10 <div id="banner">焦点图</div>
11 <div id="content">
12   <div class="content_left">内容左部分</div>
13   <div class="content_right">内容右部分</div>
14 </div>
15 <div id="footer">页面底部</div>
16 </body>
17 </html>
```

例 7-9 与例 7-10 的大部分代码相同，不同之处在于，例 7-10 中主体内容所在的盒子中嵌套了类名为“content_left”和“content_right”的两个小盒子，如第 11~14 行代码所示。

搭建完页面结构，接下来书写相应的 CSS 样式。由于网页的内容模块被分为了左右两部分，所以，只需在例 7-10 样式的基础上，单独控制 class 为 content_left 和 content_right 的两个小盒子的样式即可，具体代码如下：

```
1 body{margin:0; padding:0;font-size:24px;text-align:center;}
2 div{
3    width:980px;              /*设置所有模块的宽度为980px、居中显示*/
4    margin:5px auto;
5    background:#D2EBFF;
```

```
6 }
7 #top{height:40px;}          /*分别设置各个模块的高度*/
8 #nav{height:60px;}
9 #banner{height:200px;}
10 #content{height:200px;}
11 .content_left{              /*左侧内容左浮动*/
12    width:350px;
13    height:200px;
14    background-color:#CCC;
15    float:left;
16    margin:0;
17 }
18 .content_right{          /*右侧内容右浮动*/
19   width:625px;
20   height:200px;
21   background-color:#CCC;
22   float:right;
23   margin:0;
24 }
25 #footer{height:90px;}
```

在上面的代码中，第 15 行代码和第 22 行代码分别为内容中左侧的盒子和右侧的盒子设置了浮动。

7.4.3　三列布局

对于一些大型网站，特别是电子商务类网站，由于内容分类较多，通常需要采用“三列布局”的页面布局方式。其实，这种布局方式是两列布局的演变，只是将主体内容分成了左、中、右三部分。图 7-25 所示就是一个“三列布局”页面的结构示意图。

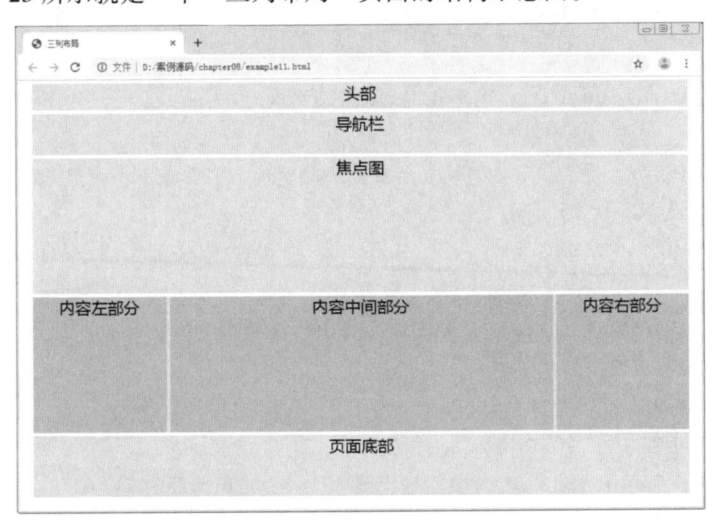

图7-25　“三列布局”页面的结构示意图

在图 7-25 中，内容模块被分为了左、中、右三部分，实现这一效果的关键是在内容模块所在的大盒子中嵌套三个小盒子，然后对三个小盒子分别设置浮动。

接下来使用相应的 HTML 标签搭建页面结构，如例 7-11 所示。

例 7-11 example11.html

```
1 <!doctype html>
2 <html>
3 <head>
4 <meta charset="utf-8">
5 <title>三列布局</title>
6 </head>
7 <body>
8 <div id="top">头部</div>
9 <div id="nav">导航栏</div>
10 <div id="banner">焦点图</div>
11 <div id="content">
12     <div class="content_left">内容左部分</div>
13     <div class="content_middle">内容中间部分</div>
14     <div class="content_right">内容右部分</div>
15 </div>
16 <div id="footer">页面底部</div>
17 </body>
18 </html>
```

和例 7-10 对比，本案例的不同之处在于主体内容所在的盒子中增加了类名为“content_middle”的小盒子（第 13 行代码所示）。

搭建完页面结构，接下来书写相应的 CSS 样式。由于内容模块被分为了左、中、右三部分，所以，只需在例 7-10 样式的基础上，单独控制类名为“content_middle”的小盒子的样式即可，具体代码如下：

```
1 body{margin:0; padding:0;font-size:24px;text-align:center;}
2 div{
3    width:980px;           /*设置所有模块的宽度为980px、居中显示*/
4    margin:5px auto;
5    background:#D2EBFF;
6 }
7 #top{height:40px;}        /*分别设置各个模块的高度*/
8 #nav{height:60px;}
9 #banner{height:200px;}
10 #content{height:200px;}
11 .content_left{                              /*左侧部分左浮动*/
12   width:200px;
13   height:200px;
```

```
14   background-color:#CCC;
15     float:left;
16   margin:0;
17 }
18 .content_middle{                              /*中间部分左浮动*/
19   width:570px;
20   height:200px;
21   background-color:#CCC;
22   float:left;
23   margin:0 0 0 5px;
24 }
25 .content_right{                               /*右侧部分右浮动*/
26   width:200px;
27   background-color:#CCC;
28   float:right;
29   height:200px;
30   margin:0;
31 }
32 #footer{height:90px;}
```

本案例的核心在于如何分配左、中、右三个盒子的位置。在案例中将类名为“content_left”和“content_middle”的盒子设置为左浮动，类名为“content_right”的盒子设置右浮动，通过margin属性设置盒子之间的间隙。

值得一提的是，无论布局类型是单列布局、两列布局还是多列布局，为了网站的美观，网页中的一些模块，例如头部、导航、焦点图或页面底部的版权等经常需要通栏显示。将模块设置为通栏后，无论页面放大或缩小，该模块都将横铺于浏览器窗口中。图7-26所示就是一个应用“通栏布局”页面的结构示意图。

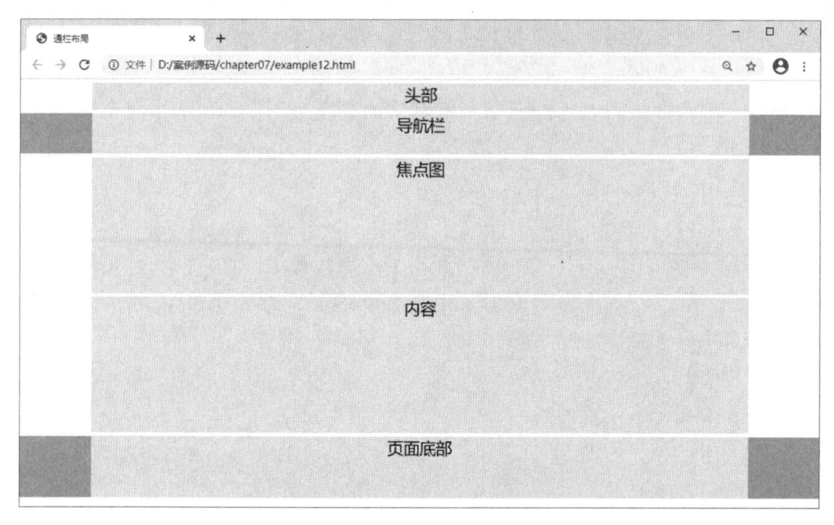

图7-26　通栏布局示意图

在图 7-26 中，导航栏和页面底部均为通栏模块，它们将始终横铺于浏览器窗口中。通栏布局的关键是在相应模块的外面添加一层 div，并且将外层 div 的宽度设置为 100%。

接下来，通过一个案例来演示通栏布局的设置技巧，如例 7-12 所示。

例 7-12 example12.html

```
1 <!doctype html>
2 <html>
3 <head>
4 <meta charset="utf-8">
5 <title>通栏布局</title>
6 </head>
7 <body>
8 <div id="top">头部</div>
9 <div id="topbar">
10    <div class="nav">导航栏</div>
11 </div>
12 <div id="banner">焦点图</div>
13 <div id="content">内容</div>
14 <div id="footer">
15    <div class="inner">页面底部</div>
16 </div>
17 </body>
18 </html>
```

在例 7-12 中，第 9~11 行代码定义了类名为“topbar”的一对<div></div>，用于将导航模块设置为通栏。第 14~16 行代码定义了一对类名为“footer”的<div></div>，用于将页面底部设置为通栏。

搭建完页面结构，接下来书写相应的 CSS 样式，具体代码如下：

```
1 body{margin:0; padding:0;font-size:24px;text-align:center;}
2 div{
3    width:980px;          /*设置所有模块的宽度为980px、居中显示*/
4    margin:5px auto;
5    background:#D2EBFF;
6 }
7 #top{height:40px;}       /*分别设置各个模块的高度*/
8 #topbar{                 /*通栏显示宽度为100%，此盒子为nav导航栏盒子的父盒子*/
9    width:100%;
10   height:60px;
11   background-color:#3CF;
12 }
13 .nav{height:60px;}
14 #banner{height:200px;}
```

```
15 #content{height:200px;}
16 .inner{height:90px;}
17 #footer{                /*通栏显示宽度为100%，此盒子为inner盒子的父盒子*/
18   width:100%;
19   height:90px;
20   background-color:#3CF;
21 }
```

在上面的CSS代码中，第8~12行代码和第17~21行代码分别用于将“topbar”和“footer”两个父盒子的宽度设置为100%。

需要注意的是，前面所讲的几种布局是网页中的基本布局。在实际工作中，通常需要综合运用这几种基本布局，实现多行多列的布局样式。

注意：

初学者在制作网页时，一定要养成实时测试页面的好习惯，避免完成页面的制作后，出现难以调试的bug或兼容性问题。

7.4.4　全新的HTML5结构元素

在使用DIV+CSS布局时，我们需要通过为div命名的方式，来区分网页中不同的模块。在HTML5中布局方式有了新的变化，HTML5中增加了新的结构标签，如header标签、nav标签、article标签等，具体介绍如下：

1. header标签

HTML5中的header标签是一种具有引导和导航作用的结构标签，该标签可以包含所有通常放在页面头部的内容。header标签通常用来放置整个页面或页面内的一个内容区块的标题，也可以包含网站Logo图片、搜索表单或者其他相关内容。其基本语法格式如下：

```
<header>
  <h1>网页主题</h1>
    ...
</header>
```

在上面的语法格式中，<header></header>的使用方法和<div class="header"></div>类似。下面通过一个案例对header标签的用法进行演示，如例7-13所示。

例7-13　example13.html

```
1 <!doctype html>
2 <html lang="en">
3 <head>
4 <meta charset="UTF-8">
5 <title>header标签的使用</title>
6 </head>
7 <body>
8 <header>
9    <h1>秋天的味道</h1>
```

```
10    <h3>你想不想知道秋天的味道？它是甜、是苦、是涩...</h3>
11 </header>
12 </body>
13 </html>
```

运行例 7-13，效果如图 7-27 所示。

图7-27　header标签的使用

注意：

在 HTML 网页中，并不限制 header 标签的个数，一个网页中可以使用多个 header 标签，也可以为每一个内容块添加 header 标签。

2. nav 标签

nav 标签用于定义导航链接，是 HTML5 新增的标签。该标签可以将具有导航性质的链接归纳在一个区域中，使页面元素的语义更加明确。nav 标签的使用方法和普通标签类似，例如下面这段示例代码：

```
<nav>
    <ul>
        <li><a href="#">首页</li>
        <li><a href="#">公司概况</li>
        <li><a href="#">产品展示</li>
        <li><a href="#">联系我们</li>
    </ul>
</nav>
```

在上面这段代码中，通过在 nav 标签内部嵌套无序列表 ul 来搭建导航结构。通常一个 HTML 页面中可以包含多个 nav 标签，作为页面整体或不同部分的导航。具体来说，nav 标签可以用于以下几种场合。

- 传统导航条：目前主流网站上都有不同层级的导航条，其作用是跳转到网站的其他页面。
- 侧边栏导航：目前主流博客网站及电商网站都有侧边栏导航，目的是从当前文章或当前商品页面跳转到其他文章或其他商品页面。
- 页内导航：它的作用是在本页面几个主要的组成部分之间进行跳转。
- 翻页操作：翻页操作切换的是网页的内容部分，可以通过点击“上一页”或“下一页”切换，也可以通过点击实际的页数跳转到某一页。

除了以上几点以外，nav 标签也可以用于其他导航链接组中。需要注意的是，并不是所有的链接组都要被放进 nav 标签，只需要将主要的和基本的链接放进 nav 标签即可。

3. footer 标签

footer 标签用于定义一个页面或者区域的底部，它可以包含所有放在页面底部的内容。在 HTML5 出现之前，一般使用<div class="footer"></div>标签来定义页面底部，而现在通过 HTML5 的 footer 标签可以轻松实现。与 header 标签相同，一个页面中可以包含多个 footer 标签。

4. article 标签

article 标签代表文档、页面或者应用程序中与上下文不相关的独立部分，该元素经常被用于定义一篇日志、一条新闻或用户评论等。一个 article 标签通常有它自己的标题（可以放在 header 标签中）和脚注（可以放在 footer 标签中）。例如下面的示例代码。

```
<article>
    <header>
      <h1>秋天的味道</h1>
      <p>你想不想知道秋天的味道？它是甜、是苦、是涩...</p>
   </header>
    <footer>
      <p>著作权归XXXXXX公司所有...</p>
   </footer>
</article>
```

需要注意的，在上面的示例代码中还缺少主体内容。主体内容通常会写在 header 和 footer 之间，通过多个 section 标签进行划分。一个页面中可以出现多个 article 标签，并且 article 标签可以嵌套使用。

5. section 标签

section 标签表示一段专题性的内容，一般会带有标题，主要应用在文章的章节中。例如，新闻的详情页有一篇文章，该文章有自己的标题和内容，因此可以使用 article 标签标注，如果该新闻内容太长，分好多段落，每段都有自己的小标题，这时候就可以使用 section 标签把段落标注起来。在使用 section 标签时，需要注意以下几点：

- section 不仅仅是一个普通的容器标签。当一个标签只是为了样式化或者方便脚本使用时，应该使用 div 标签。
- 如果 article 标签、aside 标签或 nav 标签更符合使用条件，那么不要使用 section 标签。
- 没有标题的内容模块不要使用 section 标签定义。

下面通过一个案例对 section 标签的用法进行演示，如例 7-14 所示。

例 7-14　example14.html

```
1    <!doctype html>
2    <html lang="en">
3    <head>
4    <meta charset="UTF-8">
5    <title>section标签的使用</title>
```

```
6    </head>
7    <body>
8    <article>
9    <header>
10    <h2>小张的个人介绍</h2>
11    </header>
12    <p>小张是一个好学生，是一个男生……</p>
13    <section>
14    <h2>评论</h2>
15    <article>
16    <h3>评论者：A</h3>
17    <p>小张真的很高</p>
18    </article>
19    <article>
20    <h3>评论者：B</h3>
21    <p>小张是一个好学生</p>
22    </article>
23    </section>
24    </article>
25    </body>
26    </html>
```

在例 7-14 中，header 标签用来定义文章的标题，section 标签用来存放对小张的评论内容，article 标签用来划分 section 标签所定义的内容，将其分为两部分。

运行例 7-14，效果如图 7-28 所示。

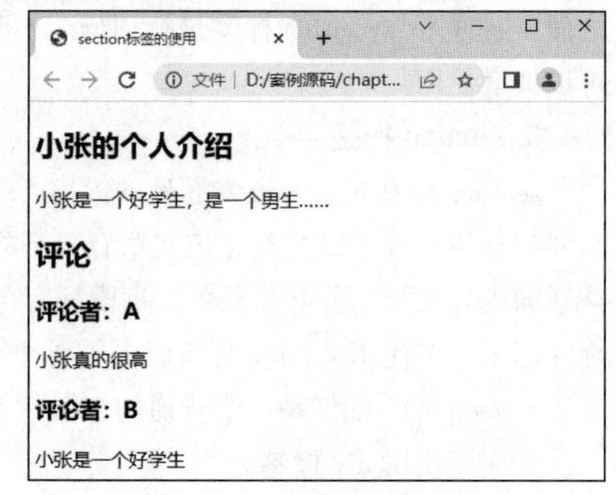

图7-28 section标签效果展示

值得一提的是，在 HTML5 中，article 标签可以看作一种特殊的 section 标签，它比 section 标签更具有独立性，即 section 标签强调分段或分块，而 article 标签强调独立性。如果一块内容相对来说比较独立、完整时，应该使用 article 标签；如果想要将一块内容分成多段时，应该使用 section 标签。

6. aside 标签

aside 标签用来定义当前页面或者文章的附属信息部分，它可以包含与当前页面或主要内容相关的引用、侧边栏、广告、导航条等有别于主要内容的部分。aside 标签的用法主要分为两种：

- 被包含在 article 标签内作为主要内容的附属信息。
- 在 article 标签之外使用，作为页面或网站的附属信息部分。最常用的使用形式是侧边栏。

7.4.5 网页模块命名规范

网页模块的命名，看似无足轻重，但如果没有统一的命名规范进行必要约束，随意命名就会使整个网站的后续工作很难进行。因此网页模块命名规范非常重要，需要引起初学者的足够重视。通常网页模块的命名需要遵循以下几个原则：

- 避免使用中文字符命名（例如 id="导航栏"）。
- 不能以数字开头命名（例如 id="1nav"）。
- 不能占用关键字（例如 id="h3"）。
- 用最少的字母达到最容易理解的意义。

在网页中，常用的命名方式有"驼峰式命名"和"帕斯卡命名"两种，对它们的具体解释如下：

- 驼峰式命名：除了第一个单词外其余单词首写字母都要大写（例如 partOne）。
- 帕斯卡命名：每一个单词之间用"_"连接（例如 content_one）。

了解了命名原则和命名方式后，接下来为大家列举网页模块常用的一些命名，具体如表 7-6 所示。

表 7-6　网页模块常用命名

相关模块	命名	相关模块	命名
头	header	内容	content/container
导航	nav	尾	footer
侧栏	sidebar	栏目	column
左边、右边、中间	left　right　center	登录条	loginbar
标志	logo	广告	banner
页面主体	main	热点	hot
新闻	news	下载	download
子导航	subnav	菜单	menu
子菜单	submenu	搜索	search
友情链接	frIEndlink	版权	copyright
滚动	scroll	标签页	tab
文章列表	list	提示信息	msg
小技巧	tips	栏目标题	title
加入	joinus	指南	guild
服务	service	注册	regsiter
状态	status	投票	vote
合作伙伴	partner		

CSS 文件	命名	CSS 文件	命名
主要样式	master	基本样式	base
模块样式	module	版面样式	layout
主题	themes	专栏	columns
文字	font	表单	forms
打印	print		

7.5 阶段案例——制作通栏 banner

本章前几个小节重点讲解了布局的概念、属性以及布局的类型。为了使初学者更好地运用浮动与定位组织页面，本小节将通过案例的形式分步骤制作一款通栏 banner，效果如图 7-29 所示。

图7-29 通栏banner

7.5.1 分析效果图

为了提高网页制作的效率，应当对页面的效果图结构和样式进行分析，下面对效果图 7-29 进行分析。

1. 结构分析

我们将 banner 做成一个通栏 banner，整个 banner 可以分为左右两部分，其中左边为广告图、右边为课程介绍。广告图部分由一张背景图片、广告词、切换图标构成，课程介绍部分由标题、常用软件图标及课程介绍概述构成。效果图 7-29 对应的结构如图 7-30 所示。

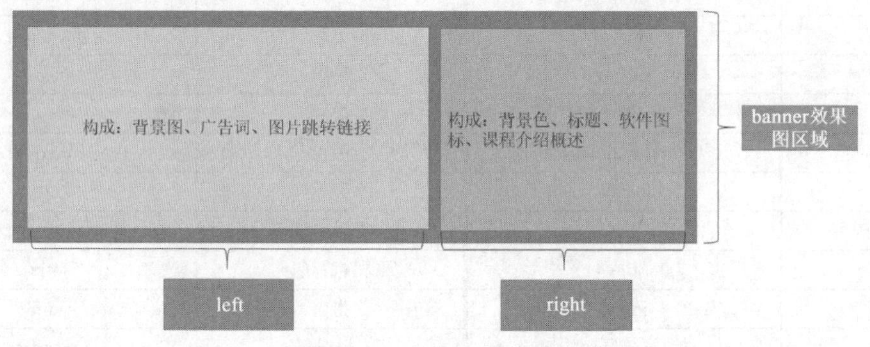

图7-30 banner结构图

2. 样式分析

可以按照下面的顺序控制图 7-29 所示效果图的样式。

① 通过最外层的大盒子实现对 banner 模块的整体控制，需要对其设置 100%宽度和背景颜色，用于通栏显示。

② 通过第二层的大盒子设置页面的版心，需要对其设置宽、高及边距样式。

③ 通过对 banner 左右的两个盒子设置浮动，实现 banner 左右布局的效果。

④ 控制左边的大盒子及内部广告词、切换图标样式。

⑤ 控制右边的大盒子及内部标题、段落文本和软件图标样式。

7.5.2 制作页面结构

根据上面的分析，使用相应的 HTML 标签搭建网页结构，如例 7-15 所示。

例 7-15 example15.html

```
1 <!doctype html>
2 <html>
3 <head>
4 <meta charset="utf-8">
5 <title>通栏Banner</title>
6 <link rel="stylesheet" href="style15.css" type="text/css" />
7 </head>
8 <body>
9 <div class="bg_banner">
10     <div class="banner">
11     <!--left begin-->
12         <div class="left">
13             <div class="content_left">
14                 <p class="school_en">YOUDIANSHEJI</p>
15                 <p class="school_ch">有点设计</p>
16                 <p class="advertise">以就业为导向<br />打造理论与实践相结合的实
战型人才</p>
17                 <ul class="style_a">
18                     <li class="current"><a href="#"></a></li>
19                     <li><a href="#"></a></li>
20                     <li><a href="#"></a></li>
21                     <li><a href="#"></a></li>
22                 </ul>
23             </div>
24         </div>
25     <!--left end-->
26     <!--right begin-->
27         <div class="right">
28             <div class="content_right">
29                 <h4>课程介绍<br />INTRODUCTION</h4>
30                 <ul class="style_icon">
31                     <li><a href="#"><img src="icon1.gif"></a></li>
32                     <li><a href="#"><img src="icon2.gif"></a></li>
33                     <li><a href="#"><img src="icon3.gif"></a></li>
34                     <li><a href="#"><img src="icon4.gif"></a></li>
35                 </ul>
36                 <p class="cl">掌握平面设计,网页设计,UI设计,FLASH设计四门主流技
术，让你有点设计</p>
```

```
37            </div>
38        </div>
39    <!--right end-->
40    </div>
41 </div>
42 </body>
43 </html>
```

在例 7-15 中，类名为“bg_banner”的 div 用于设置通栏样式。类名为“banner”的 div 用于设置版心宽度，并整体控制内容部分。分别定义 class 为 left 和 right 的两个 div，来搭建 banner 左右模块的结构。同时，通过<p>标签控制左边大盒子中的广告词及右边大盒子中的段落文本，并定义<h4>标签控制右侧盒子中的标题。此外，分别采用无序列表 ul 来搭建左侧切换图标和右侧四个软件图标的列表结构。

运行例 7-15，HTML 结构页面效果如图 7-31 所示。

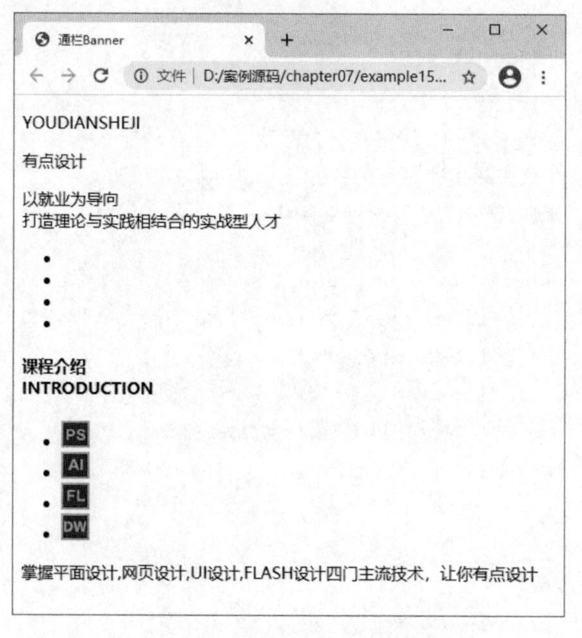

图7-31 HTML结构页面效果

7.5.3 定义 CSS 样式

搭建完页面的结构后，接下来使用 CSS 样式对页面的结构进行修饰。为了使初学者更好地运用浮动与定位组织页面，本小节采用从整体到局部的方式实现效果图 7-29 所示的效果。

1. 定义基础样式

首先定义页面的统一样式，具体 CSS 代码如下：

```
/*全局控制*/
body{font-family:"微软雅黑"; font-size:12px; color:#FFF;}
@font-face{
  font-family:dn;       /*服务器字体名称*/
```

```
  src:url(dqc.ttf);    /*服务器字体名称*/
}
/*重置浏览器的默认样式*/
body,p,ul,li,h4,img{margin:0; padding:0; border:0; list-style:none;}
```

2. 控制整体大盒子

制作页面结构时，我们定义了两个大盒子。第一个大盒子 class 为“bg_banner”，用来定义通栏样式。第二个盒子 class 为“banner”，来实现对 banner 模块的整体控制。通过 CSS 样式设置其宽度和高度固定，以防止溢出内容呈现在元素框之外。为了使页面在浏览器中居中，可以对其应用外边距属性 margin，具体 CSS 代码如下：

```
.banner{
  width:1000px;
  height:285px;
  margin:13px auto 15px auto;
  overflow:hidden;                     /*防止溢出内容呈现在元素框之外*/
}
```

3. 控制左边大盒子

由于 banner 整体上由左右两部分构成，可以通过浮动实现左右两个盒子在一行排列显示的效果。接下来控制左边的盒子，确定其宽高及定位样式，并添加相应的背景图片。另外，需要单独控制文字的加粗效果。具体 CSS 代码如下：

```
.left{
  width:755px;
  height:285px;
  font-weight:bold;
  background:url(pic.gif);
  position:relative;                  /*设置父元素相对定位*/
  float:left;
}
```

4. 控制左边大盒子里的整体内容样式

对于左边盒子的内容，可以采用绝对定位方式来控制元素的显示位置。此外，需要设置整体内容为右对齐。具体 CSS 代码如下：

```
.content_left{
  position:absolute;                  /*设置子元素绝对定位 */
  top:75px;
  right:45px;
  text-align:right;                   /*设置文本内容右对齐*/
}
```

5. 分别控制左边大盒子里各内容样式

对于广告词、切换图标等各部分内容，主要定义它们的字体、字号、边距、文本颜色、背景图像及浮动样式。具体 CSS 代码如下：

```
.school_en{
  font-size:14px;                    /*设置英文字号*/
}
.school_ch{
  font-size:36px;
  font-family:dn;                    /*设置传智播客字体样式*/
  border-right:5px solid #F90;
  padding-right:10px;
}
.advertise{
  margin-top:20px;
  font-size:16px;
}
ul.style_a{
  margin-top:25px;
  margin-left:120px;
  list-style:none;
  overflow:hidden;                   /*防止溢出内容呈现在元素框之外*/
}
ul.style_a li{
  float:left;                        /*设置浮动属性*/
  margin-left:10px;
}
ul.style_a li a{                     /*设置banner广告图切换图标样式*/
  background:#FFF;
  width:46px;
  height:3px;
  text-align:center;
  line-height:22px;
  display:block;                     /* 把行内元素转为块元素*/
  font-size:18px;
  opacity:0.3;
}
ul.style_a li.current a{opacity:0.8;}         /*设置第一个切换图标样式*/
```

6. 控制右边大盒子及整体内容样式

首先，对右边大盒子“right”定义右浮动属性，对其内容部分“content_right”同样可以运用绝对定位方式定位到相应的位置，同时对父元素“right”设置相对定位，具体CSS代码如下：

```
.right{
  width:245px;
  height:285px;
```

```
  background:rgba(255,255,255,0.2);
  float:right;
  position:relative;              /*设置父元素相对定位*/
}
.content_right{
  position:absolute;              /*设置子元素绝对定位*/
  top:50px;
  left:30px;
}
```

7. 分别控制右边大盒子里各内容样式

接下来需要定义右边大盒子各部分内容的样式。值得注意的是，由于需要定义<li>的浮动属性，下面的元素会受其影响，所以需要对类名为“cl”的文本内容设置清除浮动属性，具体CSS代码如下：

```
ul.style_icon{
  margin-top:10px;
}
ul.style_icon li{
  float:left;                    /*设置浮动属性*/
  margin-right:12px;
}
.cl{                             /*设置清除浮动属性*/
  margin-top:55px;
  margin-right:30px;
  line-height:24px;
}
```

至此，我们完成了效果图7-29所示通栏banner的CSS样式部分。

小结

本章首先带领读者认识布局，然后讲解了布局的属性以及布局的类型，最后通过DIV+CSS布局，制作出了一个网页中常见的通栏banner。

通过本章的学习，初学者应该能够熟练地运用浮动和定位进行网页布局，掌握清除浮动的几种常用方法，完成网页基本的布局设计。

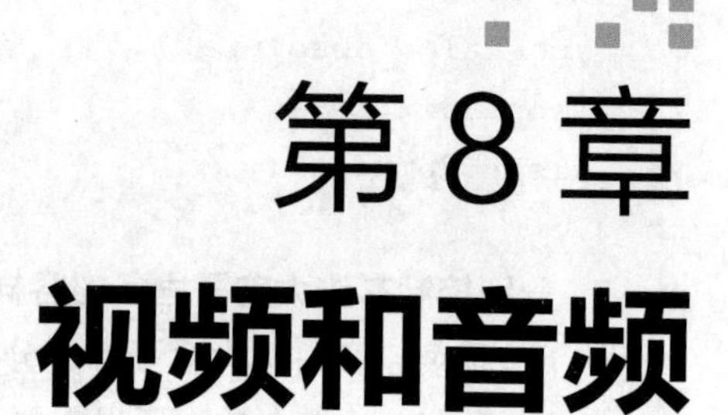

第8章 视频和音频

- 了解 HTML5 支持的视频和音频格式，能够说出这些视频、音频格式的特点。
- 掌握视频嵌入方法，能够在 HTML5 页面中添加视频文件。
- 掌握音频嵌入方法，能够在 HTML5 页面中添加音频文件。
- 了解调整视频宽度和高度的方法，能够在网页中控制视频窗口大小。

在网络传输速度越来越快的今天，视频和音频技术已经被越来越广泛地应用在网页设计中，比起静态的图片和文字，视频和音频可以为用户提供更加直观、丰富的信息。本章将对网页中视频和音频的相关知识进行详细讲解。

8.1 视频音频嵌入技术概述

在全新的视频、音频标签出现之前，W3C 并没有视频和音频嵌入到页面的标准方式，视频和音频内容在大多数情况下都是通过第三方插件或浏览器的应用程序嵌入到页面中。例如，可以运用 Adobe 的 FlashPlayer 插件将视频和音频嵌入到网页中。图 8-1 所示为网页中 FlashPlayer 插件的标志。

图8-1 FlashPlayer插件的标志

通过插件或浏览器的应用程序嵌入视频和音频，这种方式不仅需要借助第三方插件，而且实现的代码复杂冗长。图 8-2 所示为运用插件方式嵌入视频的脚本代码的截图。

```
<!DOCTYPE html PUBLIC "-//W3C//DTD XHTML 1.0 Transitional//EN"
"http://www.w3.org/TR/xhtml1/DTD/xhtml1-transitional.dtd">
<html xmlns="http://www.w3.org/1999/xhtml">
<head>
<meta http-equiv="Content-Type" content="text/html; charset=utf-8" />
<title>插入视频文件</title>
<script src="Scripts/swfobject_modified.js" type="text/javascript"></script>
</head>
<body>
<object classid="clsid:D27CDB6E-AE6D-11cf-96B8-444553540000" width="600" height=
"256" id="FLVPlayer">
  <param name="movie" value="FLVPlayer_Progressive.swf" />
  <param name="quality" value="high" />
  <param name="wmode" value="opaque" />
  <param name="scale" value="noscale" />
  <param name="salign" value="lt" />
  <param name="FlashVars" value=
"&amp;MM_ComponentVersion=1&amp;skinName=Clear_Skin_1&amp;streamName=video/pian&amp;
autoPlay=true&amp;autoRewind=false" />
  <param name="swfversion" value="8,0,0,0" />
  <!-- 此 param 标签提示使用 Flash Player 6.0 r65 和更高版本的用户下载最新版本的
Flash Player。如果您不想让用户看到该提示，请将其删除。 -->
  <param name="expressinstall" value="Scripts/expressInstall.swf" />
  <!-- 下一个对象标签用于非 IE 浏览器。所以使用 IECC 将其从 IE 隐藏。 -->
  <!--[if !IE]>-->
```

图8-2 嵌入视频的脚本代码

从图 8-2 中可以看出，该代码不仅包含 HTML 代码，还包含 JavaScript 代码，整体代码复杂冗长，不利于初学者学习和掌握。那么该如何化繁为简呢？可以运用 HTML5 中新增的<video>标签和<audio>标签来嵌入视频或音频。例如，图 8-3 所示就是使用<video>标签嵌入视频的代码，在这段代码中仅需要一行代码就可以实现视频的嵌入，让网页的代码结构变得清晰简单。

```
<!doctype html>
<html>
<head>
<meta charset="utf-8">
<title>在HTML5中嵌入视频</title>
</head>
<body>
<video src="video/pian.mp4" controls="controls">浏览器不支持video标签</video>
</body>
</html>
```

图8-3 <video>标签嵌入视频

在 HTML5 语法中，〈video〉标签用于为页面添加视频，〈audio〉标签用于为页面添加音频。到目前为止，绝大多数的浏览器已经支持 HTML5 中的〈video〉标签和〈audio〉标签。各浏览器的支持情况如表 8-1 所示。

表 8-1 浏览器对<video>标签和<audio>标签的支持情况

浏览器	支持版本
IE	9.0 及以上版本
Firefox（火狐浏览器）	3.5 及以上版本
Opera（欧朋浏览器）	10.5 及以上版本
Chrome（谷歌浏览器）	3.0 及以上版本
Safari（苹果浏览器）	3.2 及以上版本

表 8-1 列举了各主流浏览器对〈video〉标签和〈audio〉标签的支持情况。需要注意的是，在不同的浏览器上运用〈video〉标签和〈audio〉标签时，浏览器显示音视频界面样式也略有不同。图 8-4 和图 8-5 所示为视频在 Firefox 浏览器和 Chrome 浏览器中显示的样式。

图8-4　Firefox浏览器视频样式

图8-5　Chrome浏览器视频样式

对比图 8-4 和图 8-5 我们会发现，在不同的浏览器中，同样的视频文件，其播放控件的显示样式却不同。例如，调整音量的按钮、全屏播放按钮等。控件显示不同样式是因为每个浏览器对内置视频控件样式的定义不同。

8.2　视频文件和音频文件的格式

HTML5 和浏览器对视频和音频文件格式都有严格的要求，仅有少数几种视频和音频格式的文件能够同时满足 HTML5 和浏览器的需求。因此，想要在网页中嵌入视频或音频文件，首先要选择正确的视频和音频文件格式。本节将对 HTML5 支持的视频格式和音频格式做具体介绍。

1. HTML5 支持的视频格式

在 HTML5 中嵌入的视频格式主要包括 ogg、mpeg4、webm 等，具体介绍如下：

- ogg：一种开源的视频封装容器，其视频文件扩展名为“.ogg”，里面可以封装 vobris 音频编码或者 theora 视频编码，同时 ogg 文件也能将音频编码和视频编码进行混合封装。
- mpeg4：目前最流行的视频格式，其视频文件扩展名为“.mp4”。同等条件下，mpeg4 格式的视频质量较好，但它的专利被 MPEG-LA 公司控制，任何支持播放 mpeg4 视频的设备，都必须有一张 MPEG-LA 颁发的许可证。目前 MPEG-LA 规定，只要是互联网上免费播放的视频，均可以无偿获得使用许可证。

- webm：由 Google 发布的一个开放、免费的媒体文件格式，其视频文件扩展名为“.webm”。由于 webm 格式的视频质量和 mpeg4 较为接近，并且没有专利限制等问题，因此被越来越多的人所使用。

2. HTML5 支持的音频格式

在 HTML5 中嵌入的音频格式主要包括 ogg、mp3、wav 等，具体介绍如下：

- ogg：当 ogg 文件只封装音频编码时，它就会变成为一个音频文件。ogg 音频文件扩展名为“.ogg”。ogg 音频格式类似于 mp3 音频格式，不同的是，ogg 格式是完全免费并且没有专利限制的。同等条件下，ogg 格式音频文件的音质、体积大小优于 mp3 音频格式。
- mp3：目前最主流的音频格式，其音频文件扩展名为“.mp3”。同 mpeg4 视频格式一样，mp3 音频格式也存在专利、版权等诸多的限制，但因为各大硬件提供商的支持，使得 mp3 依靠其丰富的资源，良好的兼容性仍旧保持较高的使用率。
- wav：微软公司（Microsoft）开发的一种声音文件格式，其扩展名为“.wav”。作为无损压缩的音频格式，wav 的音质是三种音频格式文件中最好的，但是 wav 的体积也是最大的。wav 音频格式最大的优势是被 Windows 平台及其应用程序广泛支持，是标准的 Windows 文件。

8.3 嵌入视频和音频

通过上一节的学习，相信读者对 HTML5 中视频和音频的相关知识有了初步了解。接下来，本节将进一步讲解视频和音频的嵌入方法，使读者能够熟练运用<video>标签和<audio>标签在网页中嵌入视频和音频文件。

8.3.1 在 HTML5 中嵌入视频

在 HTML5 中，<video>标签用于定义视频文件，它支持三种视频格式，分别为 ogg、webm 和 mpeg4。使用<video>标签嵌入视频的基本语法格式如下：

```
<video src="视频文件路径" controls="controls"></video>
```

在上面的语法格式中，src 属性用于设置视频文件的路径，controls 属性用于控制是否显示播放控件，这两个属性是<video>标签的基本属性。值得一提的是，在<video>和</video>之间还可以插入文字，当浏览器不支持<video>标签时，就会在浏览器中显示该文字。

了解了定义视频的基本语法格式后，下面通过一个案例来演示嵌入视频的方法，如例 8-1 所示。

例 8-1 example01.html

```
1 <!doctype html>
2 <html>
3 <head>
```

```
4  <meta charset="utf-8">
5  <title>在HTML5中嵌入视频</title>
6  </head>
7  <body>
8  <video src="video/pian.mp4" controls="controls">浏览器不支持video标签</video>
9  </body>
10 </html>
```

在例 8-1 中，第 8 行代码使用<video>标签来定义视频文件。

运行例 8-1，效果如图 8-6 所示。

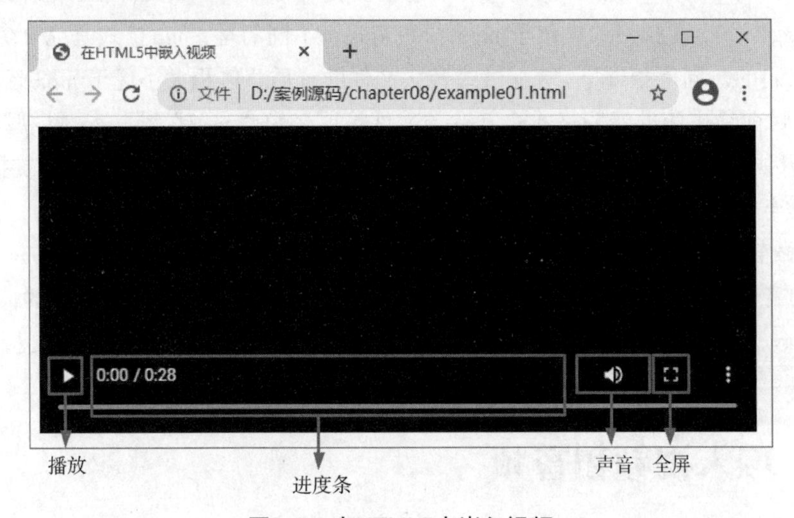

图8-6　在HTML5中嵌入视频

图 8-6 显示的是视频未播放的状态，视频界面底部是浏览器默认添加的视频控件，用于控制视频播放的状态，当单击播放按钮“▶”时，网页就会播放视频，如图 8-7 所示。

图8-7　播放视频

值得一提的是，在<video>标签中还可以添加其他属性，进一步优化视频的播放效果。<video>标签常见属性如表 8-2 所示。

表 8-2　<video>标签常见属性

属　性	值	描　述
autoplay	autoplay	当页面载入完成后自动播放视频
loop	loop	视频结束时重新开始播放
preload	auto/meta/none	如果出现该属性，则视频在页面加载时进行加载，并预备播放。如果使用"autoplay"，则忽略该属性
poster	url	当视频缓冲不足时，该属性值链接一个图像，并将该图像按照一定的比例显示出来

了解了表 8-2 所示的 video 视频属性后，下面在例 8-1 的基础上，对<video>标签应用新属性，进一步优化视频播放效果，修改后的代码如下：

```
<video src="video/pian.mp4" controls="controls" autoplay="autoplay"
loop="loop">浏览器不支持video标签</video>
```

在上面的代码中，为<video>标签增加了“autoplay="autoplay"”和“loop="loop"”两个样式。其中“autoplay="autoplay"”可以让视频自动播放，“loop="loop"”让视频具有循环播放功能。

保存 HTML 文件，刷新页面，添加新属性的视频效果如图 8-8 所示。

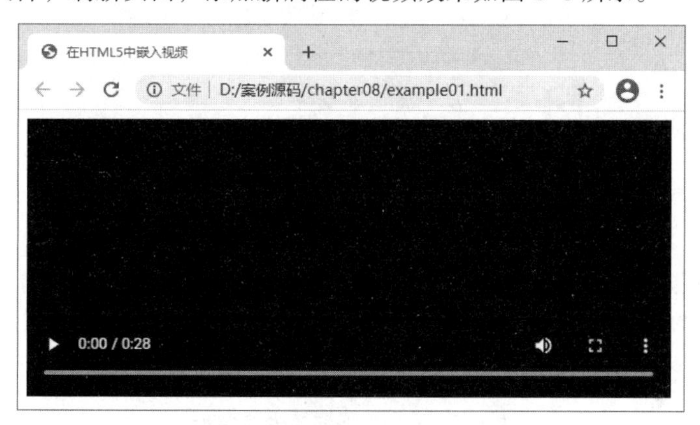

图8-8　添加新属性的视频效果

在图 8-8 中，视频并没有自动播放。这是因为在 2018 年 1 月 Chrome 浏览器取消了对自动播放功能的支持，也就是说“autoplay”属性是无效的。如果我们想要自动播放视频，就需要为<video>标签添加 muted="muted"属性，嵌入的视频就会静音播放。

8.3.2　在 HTML5 中嵌入音频

在 HTML5 中，<audio>标签用于定义音频文件，它支持三种音频格式，分别为 ogg、mp3 和 wav。使用<audio>标签嵌入音频文件的基本语法格式如下：

```
<audio src="音频文件路径" controls="controls"></audio>
```

从上面的基本语法格式可以看出，<audio>标签的语法格式和<video>标签类似，在<audio>标签的语法中 src 属性用于设置音频文件的路径，controls 属性用于为音频提供播放控件。在<audio>和</audio>之间同样可以插入文字，当浏览器不支持<audio>标签时，就会在浏览器中显示该文字。

下面通过一个案例来演示嵌入音频的方法，如例 8-2 所示。

例 8-2 example02.html

```
1 <!doctype html>
2 <html>
3 <head>
4 <meta charset="utf-8">
5 <title>在HTML5中嵌入音频</title>
6 </head>
7 <body>
8 <audio src="music/1.mp3" controls="controls">浏览器不支持<audio>标签
</audio>
9 </body>
10 </html>
```

在例 8-2 中，第 8 行代码的<audio>标签用于定义音频文件。

运行例 8-2，效果如图 8-9 所示。

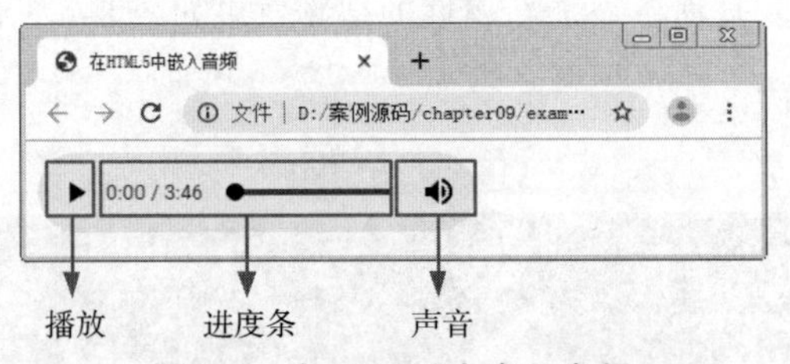

图8-9 在HTML5中嵌入音频

图 8-9 为谷歌浏览器中默认的音频控件样式，当单击播放按钮“▶”时，就可以在页面中播放音频文件。值得一提的是，在<audio>标签中还可以添加其他属性，来进一步优化音频的播放效果。<audio>标签常见属性如表 8-3 所示。

表 8-3 <audio>标签常见属性

属性	值	描述
autoplay	autoplay	当页面载入完成后自动播放音频
loop	loop	音频结束时重新开始播放
preload	auto/meta/none	如果出现该属性，则音频在页面加载时进行加载，并预备播放。如果使用 "autoplay"属性，浏览器会忽略 preload 属性

表 8-3 列举的<audio>标签的属性和<video>标签是相同的，这些相同的属性在嵌入音视频时是通用的。

8.3.3 视频音频文件的兼容性问题

虽然 HTML5 支持 ogg、mpeg4 和 webm 的视频格式以及 ogg、mp3 和 wav 的音频格式，但并不是所有的浏览器都支持这些格式，因此我们在嵌入视频音频文件格式时，就要考虑浏览器的兼容性问题。表 8-4 列举了各浏览器对视频和音频文件格式的兼容情况。

表 8-4 各浏览器对视频和音频文件格式的兼容情况

文件格式		IE 9 以上	Firefox 4.0 以上	Opera 10.6 以上	Chrome 6.0 以上	Safari 3.0 以上
视频格式	ogg	×	支持	支持	支持	×
	mpeg4	支持	支持	支持	支持	支持
	webm	×	支持	支持	支持	×
音频格式	ogg	×	支持	支持	支持	×
	mp3	支持	支持	支持	支持	支持
	wav	×	支持	支持	支持	支持

从表 8-4 我们可以看出，除了 mpeg4 和 mp3 格式外，各浏览器都会有一些不兼容的音频格式。为了保证不同格式的视频、音频能够在各个浏览器中正常播放，我们就需要提供多种格式的视频和音频文件供浏览器选择。

在 HTML5 中，运用<source>标签可以为<video>标签或<audio>标签提供多个备用文件。运用<source>标签添加音频的基本语法格式如下：

```
<audio controls="controls">
  <source src="音频文件地址" type="媒体文件类型/格式">
  <source src="音频文件地址" type="媒体文件类型/格式">
  ...
</audio>
```

在上面的语法格式中，可以指定多个<source>标签为浏览器提供备用的音频文件。<source>标签一般设置两个属性——src 和 type，对它们的具体介绍如下：

- src：用于指定媒体文件的 URL 地址。
- type：指定媒体文件的类型和格式。其中类型可以为“video”或“audio”，格式为视频或音频文件的格式类型。

例如，将 mp3 格式和 wav 格式同时嵌入到页面中，示例代码如下所示。

```
<audio controls="controls">
  <source src="music/1.mp3" type="audio/mp3">
  <source src="music/1.wav" type="audio/wav">
</audio>
```

<source>标签添加视频的方法和添加音频的方法基本相同，只需要把<audio>标签换成<video>标签即可，其语法格式如下：

```
<video controls="controls">
  <source src="视频文件地址" type="媒体文件类型/格式">
  <source src="视频文件地址" type="媒体文件类型/格式">
  ...
</video>
```

例如，将 mp4 格式和 ogg 格式同时嵌入到页面中，可以书写如下示例代码。

```
<video controls="controls">
  <source src="video/1.ogg" type="video/ogg">
```

```
    <source src="video/1.mp4" type="video/mp4">
  </video>
```

8.3.4 调用网络音频视频文件

在为网页嵌入音视频文件时，我们通常会调用本地的音视频文件，例如下面的示例代码。

```
<audio src="music/1.mp3" controls="controls">浏览器不支持<audio>标签</audio>
```

在上面的示例代码中，“music/1.mp3”表示路径为本地 music 文件夹中名称为“1.mp3”的音频文件。调用本地音视频文件虽然方便，但需要使用者提前准备好文件（需要下载文件，上传文件等操作），操作十分烦琐。这时为 src 属性设置一个完整的 URL，直接调用网络中的音、视频文件，就可以化繁为简。例如下面的示例代码。

```
src="http://www.0dutv.com/plug/down/up2.php/3589123.mp3"
```

在上面的示例代码中，“http://www.0dutv.com/plug/down/up2.php/3589123.mp3”就是调用音频文件的 URL。

调用网络视频文件的方法和调用音频文件方法类似，也需要获取相关视频文件的 URL 地址，然后通过相关代码插入视频文件即可，具体示例代码如下：

```
<video src="http://www.w3school.com.cn/i/movie.ogg" controls="controls">
调用网络视频文件</video>
```

在上面的示例代码中"http://www.w3school.com.cn/i/movie.ogg"即为当前可以访问的互联网视频文件的 URL 地址。

运用示例代码，调用网络视频对应效果如图 8-10 所示。

图8-10 调用网络视频对应效果

值得一提的是，调用网络音视频文件的方法虽然简单易用，但是当链入的视频和音频文件所在的网站出现问题时，我们调用的 URL 地址也会失效。

8.4 CSS 控制视频的宽高

在网页中嵌入视频时，经常会为<video>标签添加宽高，给视频预留一定的空间。给视频设置宽高属性后，浏览器在加载页面时就会预先确定视频的尺寸，为视频保留合适大小的空间，保证页面布局的统一。为<video>标签添加宽高的方法十分简单，可以运用 width 和 height 属性直接为<video>标签设置宽高。

下面将通过一个案例来演示如何为 video 设置宽度和高度，如例 8-3 所示。

例 8-3　example03.html

```
1 <!doctype html>
2 <html>
3 <head>
4 <meta charset="utf-8">
5 <title>CSS控制视频的宽高</title>
6 <style type="text/css">
7 *{
8    margin:0;
9    padding:0;
10 }
11 div{
12    width:600px;
13    height:300px;
14    border:1px solid #000;
15 }
16 video{
17    width:200px;
18    height:300px;
19    background:#9CCDCD;
20    float:left;
21 }
22 p{
23    width:200px;
24    height:300px;
25    background:#999;
26    float:left;
27 }
28 </style>
29 </head>
30 <body>
31 <div>
32 <p>占位色块</p>
33 <video src="video/pian.mp4" controls="controls">浏览器不支持<video>标签
</video>
34 <p>占位色块</p>
35 </div>
36 </body>
37 </html>
```

在例 8-3 中，第 11~15 行代码设置大盒子的宽度为 600px，高度为 300px。在大盒子内部嵌套一个<video>标签和两个<p>标签。<video>标签和<p>标签宽度均为 200px，高度均为 300px，并运用浮动属性让它们排列在一排显示。

运行例 8-3，定义视频宽度和高度的效果如图 8-11 所示。

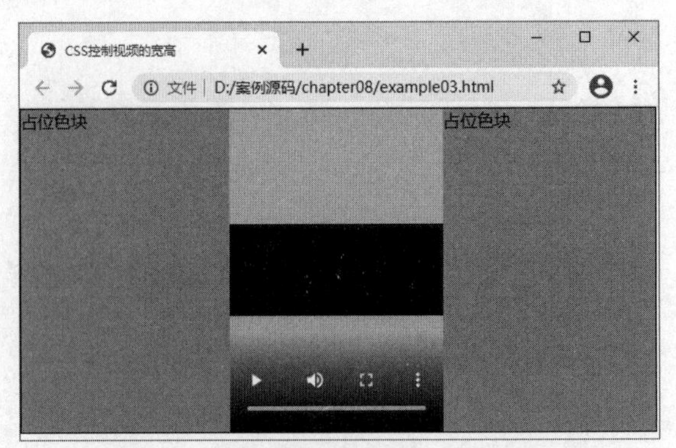

图8-11　定义视频宽度和高度的效果

从图 8-11 中可以看出，视频和段落文本排成一排，页面布局没有变化。这是因为定义了视频的宽度和高度，浏览器在加载时会为视频预留合适的空间。更改例 8-3 中的代码，删除视频的宽度和高度属性，修改后的代码如下：

```
video{
  background:#F90;
  float:left;
}
```

保存 HTML 文件，刷新页面，删除视频的宽度和高度的效果如图 8-12 所示。

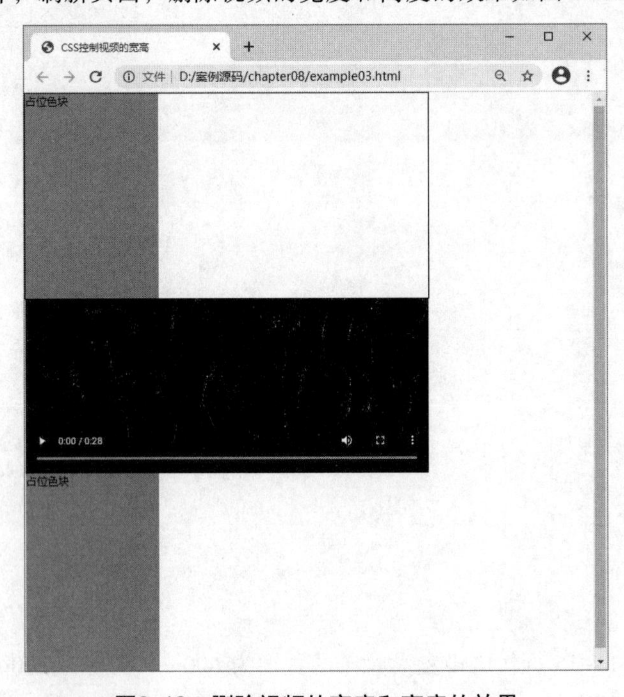

图8-12　删除视频的宽度和高度的效果

从图 8-12 可以看出，视频和其中一个灰色文本模块被挤到了大盒子下面。这是因为未定义视频宽度和高度时，视频会按原始大小显示，此时浏览器因为没有办法控制视频尺寸，只能按照视频默认尺寸加载视频，从而导致页面布局混乱。

注意：

通过 width 属性和 height 属性来缩放视频，这样的视频即使在页面上看起来很小，但它的原始大小依然没变，因此在实际工作中要运用视频处理软件（如“格式工厂”）对视频进行压缩。

8.5　阶段案例——制作音乐播放界面

本章前几节重点讲解了多媒体的格式、浏览器对 HTML5 音视频的支持情况以及在 HTML5 页面中嵌入音视频文件的方法。为了加深读者对网页多媒体标签的理解和运用，本节将通过案例的形式分步骤制作一个音乐播放界面，其效果如图 8-13 所示。

图8-13　音乐播放界面效果图

8.5.1　分析效果图

1. 结构分析

效果图 8-13 的音乐播放界面整体由背景、左边的唱片以及右边的歌词三部分组成。其中背景部分是插入的视频，可以通过<video>标签定义，唱片部分由两个盒子嵌套组成，可以通过两个<div>标签进行定义，而右边的歌词部分可以通过<h2>标签和<p>标签定义。歌词下面的音乐播放控件可以使用<audio>标签定义。效果图 8-13 对应的页面结构如图 8-14 所示。

2. 样式分析

控制效果图 8-13 的样式主要分为以下几个部分。

① 通过最外层的大盒子对页面进行整体控制，需要对其设置宽度、高度、绝对定位等样式。

② 为大盒子添加视频作为页面背景，需要对其设置宽度、高度、绝对定位和外边距，使其始终显示在浏览器居中位置。

③ 为左边控制唱片部分的<div>标签添加样式，需要对其设置宽高、圆角边框、内阴影以及背景图片。

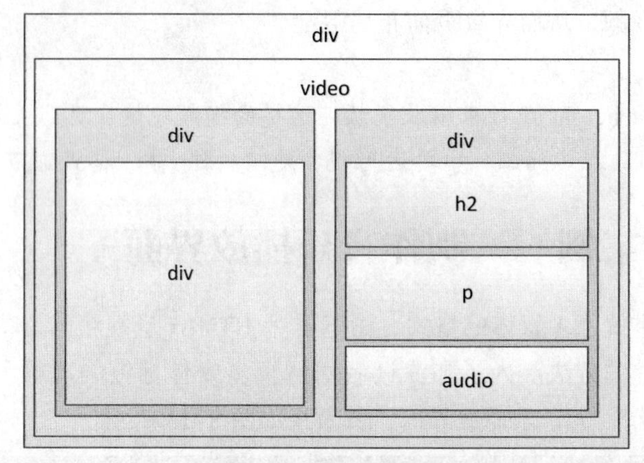

图8-14　页面结构图

④ 为右边歌词部分的<h2>标签和<p>标签添加样式，需要对其设置宽高、背景以及字体样式。其中歌曲标题使用特殊字体，因此需要运用@font-face 规则添加字体样式。

8.5.2　制作页面结构

根据上面的分析，使用相应的 HTML 标签来搭建网页结构，如例 8-4 所示。

例 8-4　example04.html

```
1 <!doctype html>
2 <html>
3 <head>
4 <meta charset="utf-8">
5 <title>音乐播放页面</title>
6 </head>
7 <body>
8 <div id="box-video">
9    <video src="video/mailang.webm"  autoplay="autoplay" loop muted >浏览器不支持video标签</video>
10   <div class="cd">
11       <div class="center"></div>
12   </div>
13   <div class="song">
14       <h2>风中的麦浪</h2>
15       <p>爱过的地方<br/>当微风带着收获的味道<br/>吹向我脸庞<br/>想起你轻柔的话语<br/>曾打湿我眼眶<br/>嗯…啦…嗯…啦…<br/>我们曾在田野里歌唱<br/>在冬季盼望<br/>却没能等到阳光下</p>
16       <audio src="music/mailang.mp3" controls ></audio>
17   </div>
```

```
18 </div>
19 </body>
20 </html>
```

在例 8-4 中，最外层的 div 用于对音乐播放页面进行整体控制，第 10~12 行代码用于控制页面唱片部分的结构，第 13~17 行代码用于控制页面歌词部分的结构。

运行例 8-4，HTML 页面效果如图 8-15 所示。

图8-15 HTML页面效果图

8.5.3 定义 CSS 样式

搭建完页面的结构,接下来为页面添加 CSS 样式。本节采用从整体到局部的方式实现图 8-13 所示的效果。

1. 定义基础样式

在定义 CSS 样式时，首先要清除浏览器默认样式，具体 CSS 代码如下：

```
*{margin:0; padding:0; }
```

2. 整体控制音乐播放界面

通过一个大的 div 对音乐播放界面进行整体控制，需要将其宽度设置为 100%，高度设置为 100%，使其自适应浏览器大小，具体代码如下：

```
#box-video{
  width:100%;
  height:100%;
  position:absolute;
  overflow:hidden;
}
```

在上面控制音乐播放界面的样式代码中，“overflow:hidden;”样式用于隐藏浏览器滚动条，使视频能够固定的浏览器界面中，不被拖动。

3. 设置视频文件样式

运用<video>标签在页面中嵌入视频，具体代码如下：

```
/*插入视频*/
#box-video video{
  position:absolute;
  top:50%;
  left:50%;
  margin-left:-1350px;
  margin-top:-540px;
}
```

在上面控制视频的样式代码中，通过定位和 margin 属性将视频始终定位在浏览器界面中间位置，无论浏览器界面放大或缩小，视频都将在浏览器界面居中显示。

4. 设置唱片部分样式

唱片部分，可以将两个圆看作嵌套在一起的父子盒子，其中父盒子需要对其应用圆角边框样式和阴影样式，子盒子需要对其设置定位使其始终显示在父元素中心位置。具体代码如下：

```
.cd{
  width:422px;
  height:422px;
  position:absolute;
  top:25%;
  left:10%;
  z-index:2;
  border-radius:50%;
  border:10px solid #FFF;
  box-shadow:5px 5px 15px #000;
  background:url(images/cd_img.jpg) no-repeat;
}
.center{
  width:100px;
  height:100px;
  background-color:#000;
  border-radius:50%;
  position:absolute;
  top:50%;
  left:50%;
  margin-left:-50px;
  margin-top:-50px;
  z-index:3;
  border:5px solid #FFF;
  background-image:url(images/yinfu.gif);
```

```
    background-position: center center;
    background-repeat:no-repeat;
  }
```

在上面控制唱片样式的代码中，需要对父盒子应用“z-index:2;”样式，对子盒子应用“z-index:3;”样式，使父盒子显示在 video 元素上层，子盒子显示在父盒子上层。

5. 设置歌词部分样式

歌词部分可以看作一个大的 div 内部嵌套一个<h2>标签和一个<p>标签，其中<p>标签的背景是一张渐变图片，需要让其沿 X 轴平铺，具体代码如下：

```
.song{
  position:absolute;
  top:25%;
  left:50%;
}
@font-face{
  font-family:MD;
  src:url(font/MD.ttf);
}
h2{
  font-family:MD;
  font-size:110px;
  color:#913805;
}
p{
  width:556px;
  height:300px;
  font-family:"微软雅黑";
  padding-left:30px;
  line-height:30px;
  background:url(images/bg.png) repeat-x;
  box-sizing:border-box;
}
```

至此，我们就完成了效果图 8-13 所示音乐播放界面的 CSS 样式部分。

小结

本章首先介绍了网页视频和音频嵌入技术的演变、视频和音频的格式，以及浏览器的支持情况，然后讲解了在 HTML5 页面中嵌套视频文件和音频文件的方法，最后运用所学知识制作了一个音乐播放页面。

通过本章的学习，读者应该能够熟悉常用的多媒体格式，掌握在页面中嵌入音视频文件的方法，并将音频和视频的嵌入方法综合运用到页面的制作中。

第9章
过渡、变形和动画

- 理解过渡属性，能够控制过渡时间、动画快慢等常见过渡效果。
- 掌握变形属性，能够制作 2D 变形、3D 变形效果。
- 掌握动画设置方法，能够熟练制作网页中常见的动画效果。

在传统的网页设计中，当网页中要显示动画或特效时，往往需要使用 JavaScript 脚本或者 Flash 来实现。在 CSS3 中，新增了过渡、变形和动画属性、可以轻松实现旋转、缩放、移动和过渡等动画效果，让动画和特效的实现变得更加简单。本章将对 CSS3 中的过渡、变形和动画进行详细讲解。

9.1 过渡

CSS3 提供了强大的过渡属性，它可以在不使用 Flash 动画或者 JavaScript 脚本的情况下，为元素从一种样式转变为另一种样式时添加效果，例如渐显、渐隐、速度的变化等。在 CSS3 中，过渡属性主要包括 transition-property、transition-duration、transition-timing-function、transition-delay，本节将分别对这些过渡属性进行详细讲解。

9.1.1 transition-property 属性

transition-property 属性设置应用过渡的 CSS 属性。例如，想要设置变宽的过渡动画。其基本语法格式如下：

```
transition-property:none|all|property;
```

在上面的语法格式中，transition-property 属性的取值包括 none、all 和 property（代指 CSS 属性名）三个，具体说明如表 9-1 所示。

表 9-1　transition-property 属性的取值

属　性　值	描　　述
none	没有属性会获得过渡效果
all	所有属性都将获得过渡效果
property	定义应用过渡效果的 CSS 属性名称，多个名称之间以逗号分隔

下面通过一个案例来演示 transition-property 属性的用法，如例 9-1 所示。

例 9-1　example01.html

```
1 <!doctype html>
2 <html>
3 <head>
4 <meta charset="utf-8">
5 <title>transition-property属性</title>
6 <style type="text/css">
7 div{
8    width:400px;
9    height:100px;
10   background-color:red;
11   font-weight:bold;
12   color:#FFF;
13 }
14 div:hover{
15   background-color:blue;
16   transition-property:background-color;    /*指定动画过渡的CSS属性*/
17 }
18 </style>
19 </head>
20 <body>
21 <div>使用transition-property属性改变元素背景色</div>
22 </body>
23 </html>
```

在例 9-1 中，第 15、16 行代码通过 transition-property 属性指定产生过渡效果的 CSS 属性为 background-color，并设置了鼠标移上时盒子背景颜色变为蓝色。

运行例 9-1，默认红色背景效果如图 9-1 所示。

图9-1　默认红色背景色效果

当光标悬浮到图 9-1 所示网页中的 div 区域时，背景颜色立刻由红色变为蓝色，而不会产生过渡，如图 9-2 所示。这是因为在设置“过渡”效果时，必须使用 transition-duration 属性设置过渡时间，否则不会产生过渡效果。

图9-2 背景颜色立刻由红色变为蓝色

多学一招：浏览器私有前缀

浏览器私有前缀是区分不同内核浏览器的标示。由于 W3C 组织每提出一个新属性，都需要经过一个耗时且复杂的标准制定流程。在标准还未确定时，部分浏览器已经根据最初草案实现了新属性的功能，为了与之后确定的标准进行兼容，各浏览器使用了自己的私有前缀与标准进行区分，当标准确立后，各大浏览器再逐步支持不带前缀的 CSS3 新属性。表 9-2 列举了主流浏览器的私有前缀。

表 9-2 主流浏览器的私有前缀

属 性 值	描 述
-webkit-	谷歌浏览器/Safari 浏览器
-moz-	火狐浏览器
-ms-	IE 浏览器
-o-	欧朋浏览器

现在很多新版本的浏览器可以很好地兼容 CSS3 的新属性，很多私有前缀可以不写。如果我们为了兼容老版本的浏览器，仍可以使用私有前缀。例如，例 9-1 中的 transition-property 属性，要兼容老版本的浏览器可以书写下面的示例代码。

```
-webkit-transition-property:background-color;  /*Safari和Chrome浏览器兼容代码*/
-moz-transition-property:background-color;     /*Firefox浏览器兼容代码*/
-o-transition-property:background-color;       /*Opera浏览器兼容代码*/
-ms-transition-property:background-color;      /*Opera浏览器兼容代码*/
```

9.1.2 transition-duration 属性

transition-duration 属性用于定义过渡效果持续的时间，其基本语法格式如下：

```
transition-duration:time;
```

在上面的语法格式中，transition-duration 属性默认值为 0，其取值为时间，常用单位是秒（s）或者毫秒（ms）。例如，用下面的示例代码替换例 9-1 的第 14~17 行 div:hover 样式代码。

```
    div:hover{
      background-color:blue;
      /*指定动画过渡的CSS属性*/
      transition-property:background-color;
      /*指定动画过渡的CSS属性*/
      transition-duration:5s;
    }
```

在上述示例代码中，使用 transition-duration 属性来定义完成过渡效果需要花费 5 秒的时间。运行案例代码，当光标悬浮到网页中的 div 区域时，盒子的颜色会慢慢变成蓝色。

9.1.3 transition-timing-function 属性

transition-timing-function 属性规定过渡效果的速度曲线，其基本语法格式如下：

```
    transition-timing-function:linear|ease|ease-in|ease-out|ease-in-out|cubic-bezier(n,n,n,n);
```

从上述语法可以看出，transition-timing-function 属性的取值有很多，其中默认值为"ease"。transition-timing-function 属性常见属性值及说明如表 9-3 所示。

表 9-3　transition-timing-function 属性常见属性值及说明

属　性　值	描　　述
linear	指定以相同速度开始至结束的过渡效果，等同于 cubic-bezier(0,0,1,1)
ease	指定以慢速开始，然后加快，最后慢慢结束的过渡效果，等同于 cubic-bezier(0.25,0.1,0.25,1)
ease-in	指定以慢速开始，然后逐渐加快的过渡效果，等同于 cubic-bezier(0.42,0,1,1)
ease-out	指定以慢速结束的过渡效果，等同于 cubic-bezier(0,0,0.58,1)
ease-in-out	指定以慢速开始和结束的过渡效果，等同于 cubic-bezier(0.42,0,0.58,1)
cubic-bezier(n,n,n,n)	定义用于加速或者减速的贝塞尔曲线的形状，它们的值在 0 ~ 1 之间

在表 9-3 中，最后一个属性值“cubic-bezier(n,n,n,n)”中文译为“贝塞尔曲线”，使用贝塞尔曲线可以精确控制速度的变化。但 CSS3 中不要求掌握贝塞尔曲线的核心内容，使用前面几个属性值可以满足大部分动画的要求。

下面通过一个案例来演示 transition-timing-function 属性的用法，如例 9-2 所示。

例 9-2　example02.html

```
1 <!doctype html>
2 <html>
3 <head>
4 <meta charset="utf-8">
5 <title>transition-timing-function属性</title>
6 <style type="text/css">
7 div{
8    width:424px;
9    height:406px;
10   margin:0 auto;
```

```
11   background:url(HTML5.png) center center no-repeat;
12   border:5px solid #333;
13   border-radius:0px;
14 }
15 div:hover{
16   border-radius:50%;
17   transition-property:border-radius;     /*指定动画过渡的CSS属性*/
18   transition-duration:2s;                /*指定动画过渡的时间*/
19   transition-timing-function:ease-in-out;  /*指定动画过以慢速开始和结束的过
渡效果*/
20 }
21 </style>
22 </head>
23 <body>
24 <div></div>
25 </body>
26 </html>
```

在例 9-2 中，通过 transition-property 属性指定产生过渡效果的 CSS 属性为“border-radius”，并指定过渡动画由方形变为圆形。然后使用 transition-duration 属性定义过渡效果需要花费 2 秒的时间，同时使用 transition-timing-function 属性规定过渡效果以慢速开始和结束。

运行例 9-2，当光标悬浮到网页中的 div 区域时，过渡的动作将会被触发，方形将慢速开始变化，然后逐渐加速，随后慢速变为圆形，效果如图 9-3 所示。

图9-3 方形逐渐过渡变为圆形效果

9.1.4 transition-delay 属性

transition-delay 属性规定过渡效果的开始时间，其基本语法格式如下：

```
transition-delay:time;
```

在上面的语法格式中，transition-delay 属性默认值为 0，常用单位是秒（s）或者毫秒（ms）。transition-delay 的属性值可以为正整数、负整数和 0。当设置为负数时，过渡动作会从该时间点开始，之前的动作被截断；设置为正数时，过渡动作会延迟触发。

下面在例 9-2 的基础上演示 transition-delay 属性的用法，在第 19 行代码后增加如下样式：

```
transition-delay:2s;    /*指定动画延迟触发*/
```

上述代码使用 transition-delay 属性指定过渡的动作会延迟 2 秒触发。

保存例 9-2，刷新页面，当光标悬浮到网页中的 div 区域时，经过 2 秒后过渡的动作会被触发，方形低速开始变化，然后逐渐加速，随后再次减速变为圆形。

9.1.5 transition 属性

transition 属性是一个复合属性，用于在一个属性中设置 transition-property、transition-duration、transition-timing-function、transition-delay 四个过渡属性，其基本语法格式如下：

```
transition: property duration timing-function delay;
```

在使用 transition 属性设置多个过渡效果时，它的各个参数必须按照顺序进行定义，不能颠倒。例如，例 9-2 中设置的四个过渡属性，可以直接通过如下代码实现：

```
transition:border-radius 5s ease-in-out 2s;
```

注意：

无论是单个属性还是简写属性，使用时都可以实现多个过渡效果。如果使用 transition 简写属性设置多种过渡效果，需要为每个过渡属性集中指定所有的值，并且使用逗号进行分隔。

9.2 变形

在 CSS3 中，通过变形可以对元素进行平移、缩放、倾斜和旋转等操作。同时变形可以和过渡属性结合，实现一些绚丽网页动画效果。变形通过 transform 属性实现，主要包括 2D 变形和 3D 变形两种，本节将对这两种变形属性进行详细讲解。

9.2.1 认识 transform

在 CSS3 中，transform 属性可以实现网页中元素的变形效果。CSS3 变形效果是一系列效果的集合，例如平移、缩放、倾斜和旋转。使用 transform 属性实现的变形效果，无须加载额外文件，可以极大提高网页开发者的工作效率和页面的执行速度。transform 属性的基本语法如下：

```
transform: none|transform-functions;
```

在上面的语法格式中，transform 属性的默认值为 none，适用于所有元素，表示元素不进行变形。transform-function 用于设置变形，可以是一个或多个变形样式，主要包括 translate()、scale()、skew()和 rotate()等，具体说明如下：

- translate()：移动元素对象，即基于 X 坐标和 Y 坐标重新定位元素。
- scale()：缩放元素对象，可以使任意元素对象尺寸发生变化，取值包括正数、负数和小数。
- skew()：倾斜元素对象，取值为一个度数值。
- rotate()：旋转元素对象，取值为一个度数值。

9.2.2 2D 变形

在 CSS3 中，2D 变形主要包括四种变形效果，分别是平移、缩放、倾斜和旋转。我们在使用 2D 变形对元素进行平移、缩放、倾斜以及旋转时，还可以使用 transform 属性改变元素的中心点。下面将对 2D 变形的相关内容进行讲解。

1. 平移

平移是指元素位置的变化，包括水平移动和垂直移动。在 CSS3 中，使用 translate()可以实现元素的平移效果，基本语法格式如下：

```
transform:translate(x-value,y-value);
```

在上述语法中，参数 x-value 和 y-value 分别用于定义水平（X 轴）和垂直（Y 轴）坐标。参数值常用单位为像素和百分比。当参数值为负数时，表示反方向移动元素（默认向右和向上移动，反向即向左和向上移动）。如果省略了第二个参数，则取默认值 0，即在该坐标轴不移动。

在使用 translate()方法移动元素时，坐标点默认为元素中心点，然后根据指定的 X 坐标和 Y 坐标进行移动。Translate()方法平移示意图如图 9-4 所示。

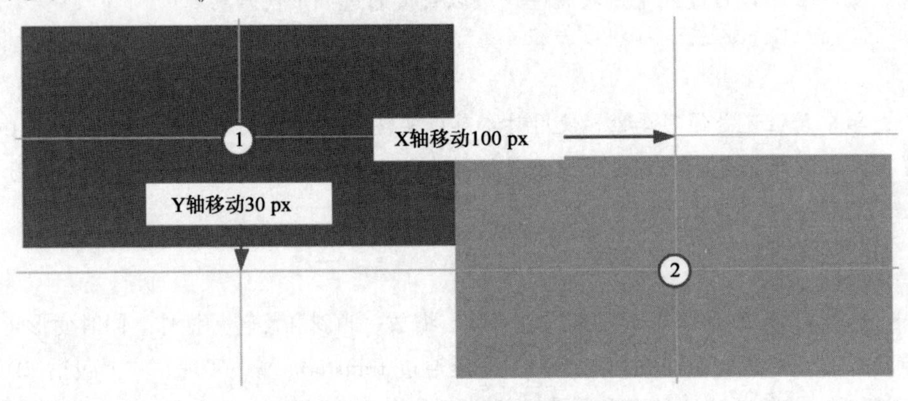

图9-4　Translate()方法平移示意图

在图 9-4 中，①表示平移前的元素，②表示平移后的元素。下面通过一个案例来演示 translate()方法的使用，如例 9-3 所示。

例 9-3　example03.html

```
1 <!doctype html>
2 <html>
3 <head>
4 <meta charset="utf-8">
5 <title>translate()方法</title>
6 <style type="text/css">
7 div{
8    width:100px;
9    height:50px;
10   background-color:#0CC;
11 }
12 #div2{transform:translate(100px,30px);}
13 </style>
14 </head>
15 <body>
```

```
16 <div>盒子1未平移</div>
17 <div id="div2">盒子2平移</div>
18 </body>
19 </html>
```

在例 9-3 中，使用<div>标签定义两个样式完全相同的盒子。然后，通过 translate()方法将第二个盒子沿 X 坐标向右移动 100px，沿 Y 坐标向下移动 30px。

运行例 9-3，translate()方法实现平移的效果如图 9-5 所示。

图9-5　translate()方法实现平移的效果

注意：

translate()中参数值的单位不可以省略，否则平移命令将不起作用。

2. 缩放

在 CSS3 中，使用 scale()可以实现元素缩放效果，基本语法格式如下：

```
transform:scale(x-value,y-value);
```

在上述语法中，参数 x-value 和 y-value 分别用于定义水平（X 轴）和垂直（Y 轴）的缩放倍数。参数值可以为正数、负数和小数，不需要加单位。其中正数用于放大元素，负数用于翻转缩放元素，小于 1 的小数用于缩小元素。如果第二个参数省略，则第二个参数默认等于第一个参数值。scale()方法缩放示意图如图 9-6 所示。

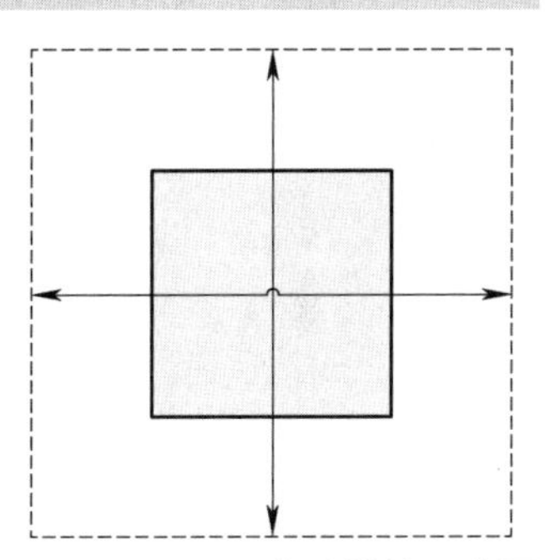

图9-6　scale()方法缩放示意图

在图 9-6 中，实线表示放大前的元素，虚线表示放大后的元素。下面通过一个案例来演示 scale()方法的使用，如例 9-4 所示。

例 9-4　example04.html

```
1 <!doctype html>
2 <html>
3 <head>
4 <meta charset="utf-8">
5 <title>scale()方法</title>
6 <style type="text/css">
7 div{
8     width:100px;
```

```
9     height:50px;
10    background-color:#FF0;
11    border:1px solid black;
12  }
13  #div2{
14    margin:100px;
15    transform:scale(2,3);
16  }
17  </style>
18  </head>
19  <body>
20  <div>我是原来的元素</div>
21  <div id="div2">我是放大后的元素</div>
22  </body>
23  </html>
```

在例 9-4 中，使用<div>标签定义两个样式相同的盒子。并且通过 scale()方法将第二个<div>的宽度放大两倍，高度放大三倍。

运行例 9-4，scale()方法实现缩放的效果如图 9-7 所示。

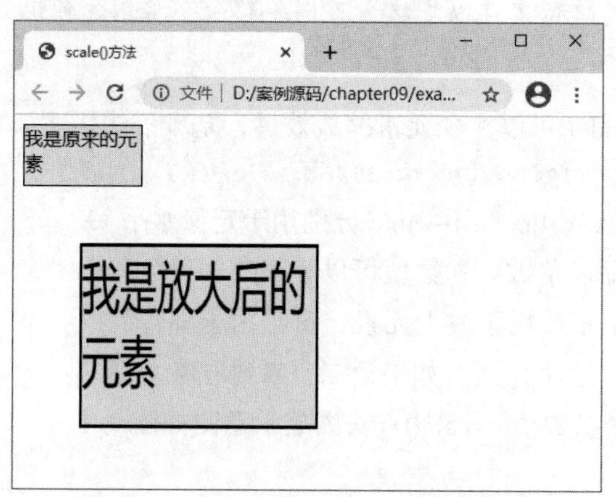

图9-7 scale()方法实现缩放效果

3. 倾斜

在 CSS3 中，使用 skew()可以实现元素倾斜效果，基本语法格式如下：

```
transform:skew(x-value,y-value);
```

在上述语法中，参数 x-value 和 y-value 分别用于定义水平（X 轴）和垂直（Y 轴）的倾斜角度。参数值为角度数值，单位为 deg，取值可以为正值或者负值表示不同的倾斜方向。如果省略了第二个参数，则取默认值 0。skew()倾斜示意图如图 9-8 所示。

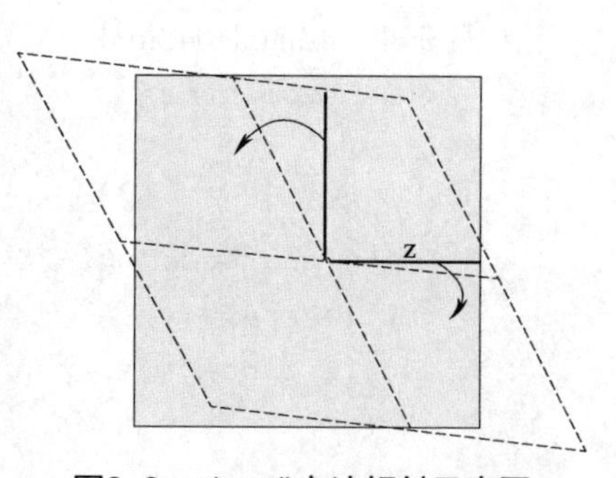

图9-8 skew()方法倾斜示意图

在图 9-8 中，实线表示倾斜前的元素，虚线表示倾斜后的元素。下面通过一个案例来演示 skew()方法的使用，如例 9-5 所示。

例 9-5　example05.html

```
1 <!doctype html>
2 <html>
3 <head>
4 <meta charset="utf-8">
5 <title>skew()方法</title>
6 <style type="text/css">
7 div{
8    width:100px;
9    height:50px;
10   margin:0 auto;
11   background-color:#F90;
12   border:1px solid black;
13 }
14 #div2{transform:skew(30deg,10deg);}
15 </style>
16 </head>
17 <body>
18 <div>我是原来的元素</div>
19 <div id="div2">我是倾斜后的元素</div>
20 </body>
21 </html>
```

在例 9-5 中，使用<div>标签定义了两个样式相同的盒子，并且通过 skew()方法将第二个<div>元素沿 X 轴倾斜 30°，沿 Y 轴倾斜 10°。

运行例 9-5，skew()方法实现倾斜的效果如图 9-9 所示。

图9-9　skew()方法实现倾斜的效果

4. 旋转

在 CSS3 中，使用 rotate()可以旋转指定的元素对象，基本语法格式如下：

```
transform:rotate(angle);
```

在上述语法中，参数 angle 表示要旋转的角度值，单位为 deg。如果角度为正数值，则按照顺时针进行旋转，否则按照逆时针旋转，rotate()方法旋转示意图如图 9–10 所示。

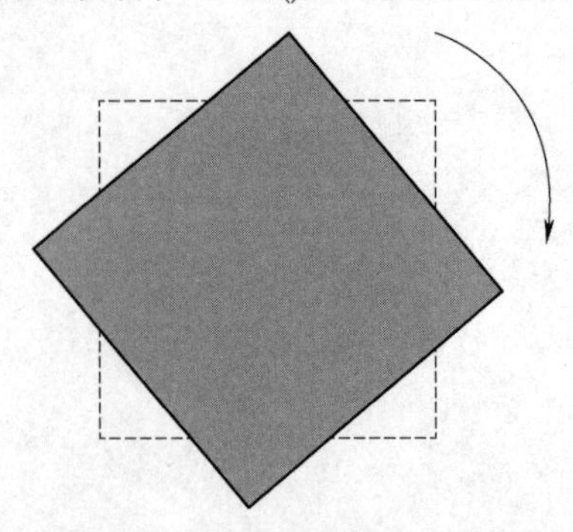

图9–10　rotate()方法旋转示意图

在图 9–10 中，实线表示旋转前的元素，虚线表示旋转后的元素。例如，对某个 div 元素设置顺时针方向旋转 30°，具体示例代码如下：

```
div{ transform:rotate(30deg);}
```

注意：

如果一个元素需要设置多种变形效果，可以使用空格把多个变形属性值隔开。

5. 改变换的中心点

通过 transform 属性可以实现元素的平移、缩放、倾斜以及旋转效果，这些变形操作都是以元素的中心点为参照。默认情况下，元素的中心点在 X 轴和 Y 轴的 50%位置。如果需要改变这个中心点，可以使用 transform–origin 属性，其基本语法格式如下：

```
transform-origin: x-axis y-axis z-axis;
```

在上述语法中，transform–origin 属性包含三个参数，其默认值分别为 50% 50% 0%（取值为 0 时，百分号可以省略）。transform–origin 参数说明如表 9–4 所示。

表 9–4　transform-origin 参数说明

参　　数	描　　述
x-axis	定义视图被置于 X 轴的何处。属性值可以是百分比、em、px 等具体的值，也可以是 top、right、bottom、left 和 center 等关键词
y-axis	定义视图被置于 Y 轴的何处。属性值可以是百分比、em、px 等具体的值，也可以是 top、right、bottom、left 和 center 等关键词
z-axis	定义视图被置于 Z 轴的何处。需要注意的是，该值不能是一个百分比值，否则将会视为无效值，一般为像素单位

在表 9–4 中，参数 x–axis 和 y–axis 表示水平和垂直位置的坐标位置，用于 2D 变形；参数 z–axis 表示空间纵深坐标位置，用于 3D 变形。

下面通过一个案例来演示 transform–origin 属性的使用，如例 9–6 所示。

例 9–6　example06.html

```
1 <!doctype html>
2 <html>
```

```
3 <head>
4 <meta charset="utf-8">
5 <title>transform-origin属性</title>
6 <style>
7 #div1{
8    position:relative;
9    width: 200px;
10   height: 200px;
11   margin: 100px auto;
12   padding:10px;
13   border: 1px solid black;
14 }
15 #box02{
16   padding:20px;
17   position:absolute;
18   border:1px solid black;
19   background-color: red;
20   transform:rotate(45deg);                    /*旋转45° */
21   transform-origin:20% 40%;                   /*更改原点坐标的位置*/
22 }
23 #box03{
24   padding:20px;
25   position:absolute;
26   border:1px solid black;
27   background-color:#FF0;
28   transform:rotate(45deg);                    /*旋转45° */
29 }
30 </style>
31 </head>
32 <body>
33 <div id="div1">
34     <div id="box02">更改基点位置</div>
35     <div id="box03">未更改基点位置</div>
36 </div>
37 </body>
38 </html>
```

在例 9-6 中，通过 transform 的 rotate()方法将 box02、box03 盒子分别旋转 45°，然后通过 transform-origin 属性来更改 box02 盒子原点坐标的位置。

运行例 9-6，效果如图 9-11 所示。

通过图 9-11 可以看出，box02、box03 盒子的位置产生了错位。两个盒子的初始位置相同，并且旋转角度相同，发生错位的原因是 transform-origin 属性改变了 box02 盒子的坐标点。

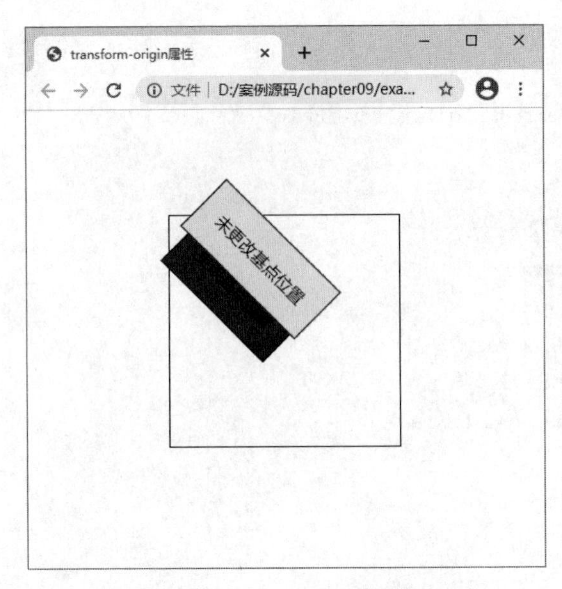

图9-11　transform-origin属性的使用

9.2.3　3D 变形

2D 变形是元素在 X 轴和 Y 轴的变化，而 3D 变形是元素围绕 X 轴、Y 轴、Z 轴的变化。相比于平面化 2D 变形，3D 变形更注重于空间位置的变化。下面将对网页中 3D 变形的内容做具体介绍。

1. rotateX()

在 CSS3 中，rotateX()可以让指定元素围绕 X 轴旋转，基本语法格式如下：

```
transform:rotateX(a);
```

在上述语法格式中，参数 a 用于定义旋转的角度值，单位为 deg，取值可以是正数也可以是负数。如果值为正，元素将围绕 X 轴顺时针旋转；如果值为负，元素围绕 X 轴逆时针旋转。

下面，通过一个过渡和变形结合的案例来演示 rotateX()方法的使用，如例 9-7 所示。

例 9-7　example07.html

```
1 <!doctype html>
2 <html>
3 <head>
4 <meta charset="utf-8">
5 <title>rotateX()方法</title>
6 <style type="text/css">
7 div{
8    width:250px;
9    height:50px;
10   background-color:#FF0;
11   border:1px solid black;
12 }
13 div:hover{
```

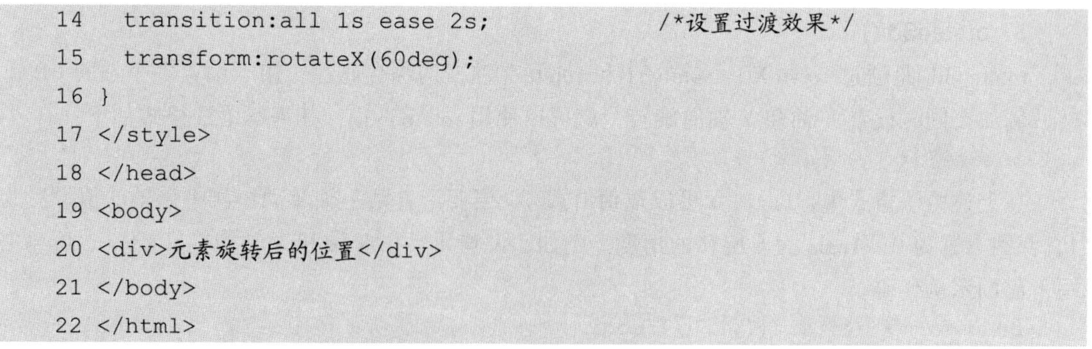

```
14   transition:all 1s ease 2s;                /*设置过渡效果*/
15   transform:rotateX(60deg);
16 }
17 </style>
18 </head>
19 <body>
20 <div>元素旋转后的位置</div>
21 </body>
22 </html>
```

在例 9-7 中，第 15 行代码用于设置 div 元素 X 轴旋转 60 度。

运行例 9-7，div 元素围绕 X 轴顺时针旋转效果如图 9-12 所示。

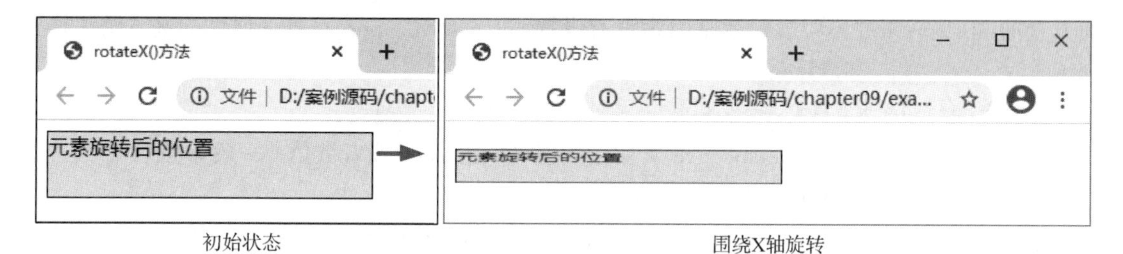

初始状态　　围绕X轴旋转

图9-12　div元素围绕X轴顺时针旋转效果

2. rotateY()

在 CSS3 中，rotateY()可以让指定元素围绕 Y 轴旋转，基本语法格式如下：

```
transform:rotateY(a);
```

在上述语法中，参数 a 与 rotateX(a)中的 a 含义相同，用于定义旋转的角度。如果值为正，元素围绕 Y 轴顺时针旋转；如果值为负，元素围绕 Y 轴逆时针旋转。

接下来，在例 9-7 的基础上演示元素围绕 Y 轴旋转的效果。将例 9-7 中的第 15 行代码更改为：

```
transform:rotateY(60deg);
```

此时，刷新浏览器页面，元素将围绕 Y 轴顺时针旋转 60°，效果如图 9-13 所示。

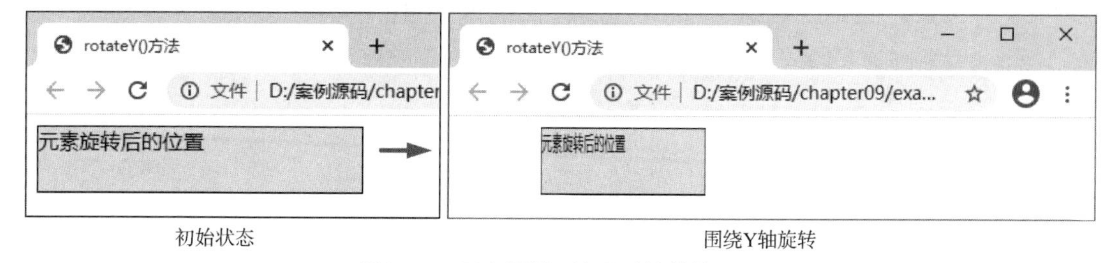

初始状态　　围绕Y轴旋转

图9-13　元素围绕Y轴顺时针旋转60°

注意：

rotateZ()方法和 rotateX()方法、rotateY()方法功能一样，区别在于 rotateZ()方法用于指定一个元素围绕 Z 轴旋转。如果仅从视觉角度上看，rotateZ()方法让元素顺时针或逆时针旋转，与 2D 中的 rotate()方法效果等同，但 rotateZ()方法不是在 2D 平面上的旋转。

3. rotated3d ()

rotated3d()是通过 rotateX()、rotateY()和 rotateZ()演变的综合属性，用于设置多个轴的 3D 旋转，例如要同时设置 X 轴和 Y 轴的旋转，就可以使用 rotated3d()，其基本语法格式如下：

```
rotate3d(x,y,z,angle);
```

在上述语法格式中，x、y、z 可以取值 0 或 1，当要沿着某一轴转动，就将该轴的值设置为 1，否则设置为 0；Angle 为要旋转的角度。例如，设置元素在 X 轴和 Y 轴均旋转 45°，可以书写下面的示例代码。

```
transform:rotate3d(1,1,0,45deg);
```

4. perspective 属性

perspective 属性可以简单地理解为视距，主要用于呈现良好的 3D 透视效果。例如，我们前面设置的 3D 旋转果并不明显，就是因为没有设置 perspective。perspective 属性的基本语法格式如下：

```
perspective:参数值;
```

在上面的语法格式中，perspective 属性参数值可以为 none 或者数值（一般为像素），其透视效果由参数值决定，参数值越小，透视效果越突出。

下面通过一个透视旋转的案例演示 perspective 属性的使用方法，如例 9-8 所示。

例 9-8　example08.html

```
1 <!doctype html>
2 <html>
3 <head>
4 <meta charset="utf-8">
5 <title>perspective属性</title>
6 <style type="text/css">
7 div{
8    width:250px;
9    height:50px;
10   border:1px solid #666;
11   perspective:250px;                    /*设置透视效果*/
12   margin:0 auto;
13   }
14 .div1{
15   width:250px;
16   height:50px;
17   background-color:#0CC;
18 }
19 .div1:hover{
20   transition:all 1s ease 2s;
21   transform:rotateX(60deg);
22 }
```

```
23 </style>
24 </head>
25 <body>
26 <div>
27   <div class="div1">元素透视</div>
28 </div>
29 </body>
30 </html>
```

在例 9-8 中第 26~28 行代码定义一个大的 div 内部嵌套一个 div 子盒子。第 11 行代码为设置大 div 元素 perspective 属性。

运行例 9-8，效果如图 9-14 所示，当鼠标悬浮在盒子上时，小 div 元素绕 X 轴旋转，并出现透视效果，如图 9-15 所示。

图9-14　默认样式

图9-15　鼠标悬浮样式

值得一提的是，在 CSS3 中还包含很多转换的属性，通过这些属性可以设置不同的转换效果。表 9-5 列举了一些常见的转换属性。

表 9-5　常见的转换属性

属性名称	描　述	属 性 值
transform-style	用于保存元素的 3D 空间	flat：子元素将不保留其 3D 位置（默认属性）
		preserve-3d 子元素将保留其 3D 位置
backface-visibility	定义元素在不面对屏幕时是否可见	visible：背面是可见的
		hidden：背面是不可见的

除了前面提到的旋转，3D 变形还包括移动和缩放，运用这些方法可以实现不同的转换效果。3D 变形的转换方法如表 9-6 所示。

表 9-6　3D 变形的转换方法

方 法 名 称	描　述
translate3d(x,y,z)	定义 3D 位移
translateX(x)	定义 3D 位移，仅使用用于 X 轴的值
translateY(y)	定义 3D 位移，仅使用用于 Y 轴的值
translateZ(z)	定义 3D 位移，仅使用用于 Z 轴的值
scale3d(x,y,z)	定义 3D 缩放
scaleX(x)	定义 3D 缩放，通过给定一个 X 轴的值
scaleY(y)	定义 3D 缩放，通过给定一个 Y 轴的值
scaleZ(z)	定义 3D 缩放，通过给定一个 Z 轴的值

下面通过一个综合案例演示 3D 变形属性和方法的使用，如例 9-9 所示。

例 9-9 example09.html

```
1 <!doctype html>
2 <html>
3 <head>
4 <meta charset="utf-8">
5 <title>translate3D()方法</title>
6 <style type="text/css">
7 div{
8   width:200px;
9   height:200px;
10   border:2px solid #000;
11   position:relative;
12   transition:all 1s ease 0s;        /*设置过渡效果*/
13   transform-style:preserve-3d;     /*保存嵌套元素的3D空间*/
14 }
15 img{
16   position:absolute;
17   top:0;
18   left:0;
19   transform:translateZ(100px);
20 }
21 .no2{
22   transform:rotateX(90deg) translateZ(100px);
23 }
24 div:hover{
25   transform:rotateX(-90deg);       /*设置旋转角度*/
26 }
27 div:visited{
28   transform:rotateX(-90deg);       /*设置旋转角度*/
29   transition:all 1s ease 0s;       /*设置过渡效果*/
30   transform-style:preserve-3d;     /*规定被嵌套元素如何在3D空间中显示*/
31 }
32 </style>
33 </head>
34 <body>
35 <div>
36   <img class="no1" src="1.png" alt="1">
37   <img class="no2" src="2.png" alt="2">
38 </div>
39 </body>
```

```
40 </html>
```

在例 9-9 中，第 13 行代码通过 transform-style 属性保留元素的 3D 空间位置，同时在整个案例中分别针对<div>标签和<img>标签设置不同的旋转轴和旋转角度。

运行例 9-9，光标移上和移出时的动画效果如图 9-16 所示。

图9-16　光标移上和移出时的动画效果

9.3　动画

在 CSS3 中，过渡和变形只能设置元素的变换过程，并不能对过程中的某一环节进行精确控制，例如过渡和变形实现的动态效果不能够重复播放。为了实现更加丰富的动画效果，CSS3 提供了 animation 属性，使用 animation 属性可以定义复杂的动画效果。本节将详细讲解使用 animation 属性设置动画的技巧。

9.3.1　@keyframes

@keyframes 规则用于创建动画，animation 属性只有配合@keyframes 规则才能实现动画效果，因此在学习 animation 属性之前，我们首先要学习@keyframes 规则。@keyframes 规则的语法格式如下：

```
@keyframes animationname {
  keyframes-selector{css-styles;}
}
```

在上面的语法格式中，@keyframes 属性包含的参数具体含义如下：

- animationname：表示当前动画的名称，它将作为引用时的唯一标识，因此不能为空。
- keyframes-selector：关键帧选择器，即指定当前关键帧要应用到整个动画过程中的位置，值可以是一个百分比、from 或者 to。其中，from 和 0%效果相同，表示动画的开始；to 和 100%效果相同，表示动画的结束。

- css-styles：定义执行到当前关键帧时对应的动画状态，由 CSS 样式属性进行定义，多个属性之间用分号分隔，不能为空。

例如，使用@keyframes 属性可以定义一个淡入动画，示例代码如下：

```
@keyframes appear
{
  0%{opacity:0;}        /*动画开始时的状态，完全透明*/
  100%{opacity:1;}      /*动画结束时的状态，完全不透明*/
}
```

上述代码创建了一个名为 appear 的动画，该动画在开始时 opacity 为 0（透明），动画结束时 opacity 为 1（不透明）。该动画效果还可以使用等效代码来实现，具体如下：

```
@keyframes appear
{
  from{opacity:0;}        /*动画开始时的状态，完全透明*/
  to{opacity:1;}          /*动画结束时的状态，完全不透明*/
}
```

另外，如果需要创建一个淡入淡出的动画效果，可以通过如下代码实现，具体如下：

```
@keyframes appear
{
  from,to{opacity:0;}        /*动画开始和结束时的状态，完全透明*/
  20%,80%{opacity:1;}        /*动画的中间状态，完全不透明*/
}
```

在上述代码中，为了实现淡入淡出的效果，需要定义动画开始和结束时元素不可见，然后渐渐淡出，在动画的 20%处变得可见，然后动画效果持续到 80%处，再慢慢淡出。

注意：

Internet Explorer 9 以及更早的版本，不支持@keyframe 规则或 animation 属性。

9.3.2 animation-name 属性

animation-name 属性用于定义要应用的动画名称，该动画名称会被@keyframes 规则引用，其基本语法格式如下：

```
animation-name:keyframename | none;
```

在上述语法中，animation-name 属性初始值为 none，适用于所有块元素和行内元素。keyframename 参数用于规定需要绑定到@keyframes 规则的名称，如果值为 none，则表示不应用任何动画。

9.3.3 animation-duration 属性

animation-duration 属性用于定义整个动画效果完成所需要的时间，其基本语法格式如下：

```
animation-duration: time;
```

在上述语法中，animation-duration 属性初始值为 0。time 参数是以秒（s）或者毫秒（ms）为单位的时间。当设置为 0 时，表示没有任何动画效果。当取值为负数时，会被视为 0。

下面通过一个小人奔跑的案例来演示 animation-name 及 animation-duration 属性的用法，如例 9-10 所示。

例 9-10　example10.html

```
1 <!doctype html>
2 <html>
3 <head>
4 <meta charset="utf-8">
5 <title>animation-duration 属性</title>
6 <style type="text/css">
7 img{
8    width:200px;
9    animation-name:mymove;              /*定义动画名称*/
10   animation-duration:10s;          /*定义动画时间*/
11 }
12 @keyframes mymove{
13   from {transform:translate(0) rotateY(180deg);}
14   50% {transform:translate(1000px) rotateY(180deg);}
15   51% {transform:translate(1000px) rotateY(0deg);}
16   to {transform:translate(0) rotateY(0deg);}
17 }
18 </style>
19 </head>
20 <body>
21   <img src="people.gif" >
22 </body>
23 </html>
```

在例 9-10 中，第 9 行代码使用 animation-name 属性定义要应用的动画名称，第 10 行代码使用 animation-duration 属性定义整个动画效果完成所需要的时间。第 13~16 行代码使用 form、to 和百分比指定当前关键帧要应用的动画效果。

运行例 9-10，小人会从从左到右进行一次折返跑，动画效果如图 9-17 所示。

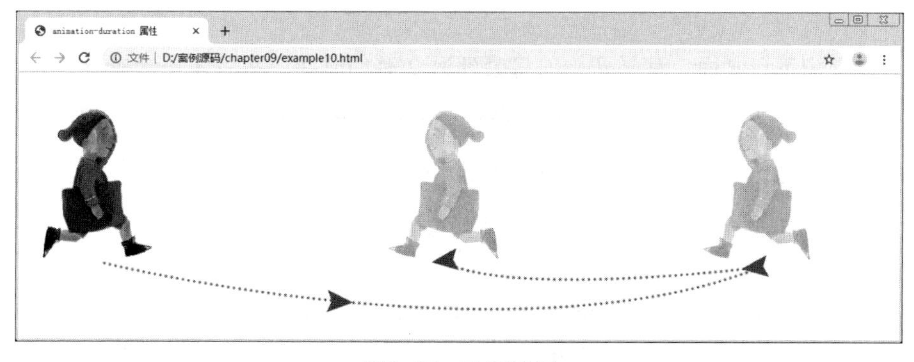

图9-17　动画效果

值得一提的是，我们还可以通过定位属性设置元素位置的移动，使效果和变形中的平移效果一致。

9.3.4 animation-timing-function 属性

animation-timing-function 用来规定动画的速度曲线，可以定义使用哪种方式来执行动画速率。animation-timing-function 属性的语法格式如下：

```
animation-timing-function:value;
```

在上述语法中，animation-timing-function 的默认属性值为 ease。另外，animation-timing-function 还包括 linear、ease-in、ease-out、ease-in-out、cubic-bezier(n,n,n,n)等常用属性值。animation-timing-function 的常用属性值和说明如表 9-7 所示。

表 9-7 animation-timing-function 的常用属性值和说明

属性值	说明
linear	动画从头到尾的速度是相同的
ease	默认属性值。动画以低速开始，然后加快，在结束前变慢
ease-in	动画以低速开始
ease-out	动画以低速结束
ease-in-out	动画以低速开始和结束
cubic-bezier(n,n,n,n)	在 cubic-bezier 函数中自己的值。可能的值是从 0 到 1 的数值

例如，想要让元素匀速匀速运动，可以为元素添加以下示例代码：

```
animation-timing-function:linear; /*定义匀速运动*/
```

9.3.5 animation-delay 属性

animation-delay 属性用于定义执行动画效果延迟的时间，也就是规定动画什么时候开始，其基本语法格式如下：

```
animation-delay:time;
```

在上述语法中，参数 time 用于定义动画开始前等待的时间，其单位是秒或者毫秒，默认属性值为 0。animation-delay 属性适用于所有的块元素和行内元素。

例如，想要让添加动画的元素在 2 秒后播放动画效果，可以在该元素中添加如下代码：

```
animation-delay:2s;
```

此时，刷新浏览器页面，动画开始前将会延迟 2 秒的时间，然后才开始执行动画。值得一提的是，animation-delay 属性也可以设置负值，当设置为负值后，动画会跳过该时间播放。

9.3.6 animation-iteration-count 属性

animation-iteration-count 属性用于定义动画的播放次数，其基本语法如下：

```
animation-iteration-count: number | infinite;
```

在上述语法格式中，animation-iteration-count 属性初始值为 1。如果属性值为 number，则用于定义播放动画的次数；如果是 infinite，则指定动画循环播放。例如下面的示例代码：

```
animation-iteration-count:3;
```

在上面的代码中，使用 animation-iteration-count 属性定义动画效果需要播放三次，动画效果将连续播放三次后停止。

9.3.7 animation-direction 属性

animation-direction 属性定义当前动画播放的方向，即动画播放完成后是否逆向交替循环。其基本语法如下：

```
animation-direction: normal | alternate;
```

在上述语法格式中，animation-direction 属性包括 normal 和 alternate 两个属性值。其中，normal 为默认属性值，动画会正常播放，alternate 属性值会使动画会在奇数次数（1、3、5 等等）正常播放，而在偶数次数（2、4、6 等）逆向播放。因此，要想使 animation-direction 属性生效，首先要定义 animation-iteration-count 属性（播放次数），只有动画播放次数大于等于两次时，animation-direction 属性才会生效。

下面通过一个小球滚动案例来演示 animation-direction 属性的用法，如例 9-11 所示。

例 9-11　example11.html

```
1 <!doctype html>
2 <html>
3 <head>
4 <meta charset="utf-8">
5 <title>animation-duration 属性</title>
6 <style type="text/css">
7 div{
8    width:200px;
9    height:150px;
10   border-radius:50%;
11   background:#F60;
12   animation-name:mymove;            /*定义动画名称*/
13   animation-duration:8s;            /*定义动画时间*/
14   animation-iteration-count:2;      /*定义动画播放次数*/
15   animation-direction:alternate;    /*动画逆向播放*/
16   }
17 @keyframes mymove{
18   from{transform:translate(0) rotateZ(0deg);}
19   to{transform:translate(1000px) rotateZ(1080deg);}
20 </style>
21 </head>
22 <body>
23 <div></div>
24 </body>
25 </html>
```

在例 9-11 中，第 14、15 行代码设置了动画的播放次数和逆向播放，此时 div 第二次的动画效果就会逆向播放。

运行例 9-11，逆向动画效果如图 9-18 所示。

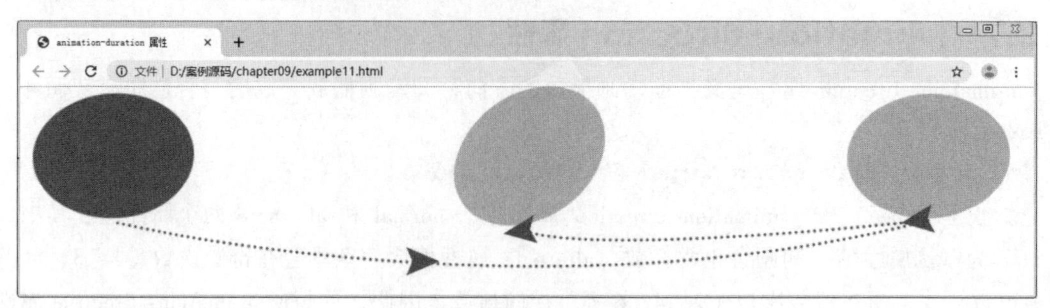

图9-18 逆向动画效果

9.3.8 animation 属性

animation 属性是一个简写属性，用于在一个属性中设置 animation-name、animation-duration、animation-timing-function、animation-delay、animation-iteration-count 和 animation-direction 六个动画属性。其基本语法格式如下：

```
    animation: animation-name animation-duration animation-timing-function
animation-delay animation-iteration-count animation-direction;
```

在上述语法中，使用 animation 属性时必须指定 animation-name 和 animation-duration 属性，否则动画效果将不会播放。下面的示例代码是一个简写后的动画效果代码。

```
animation: mymove 5s linear 2s 3 alternate;
```

上述代码也可以拆解为：

```
animation-name:mymove;                     /*定义动画名称*/
animation-duration:5s;                     /*定义动画时间*/
animation-timing-function:linear;          /*定义动画速率*/
animation-delay:2s;                        /*定义动画延迟时间*/
animation-iteration-count:3;               /*定义动画播放次数*/
animation-direction:alternate;             /*定义动画逆向播放*/
```

9.4 阶段案例——制作表情图片

本章前几节重点讲解了 CSS3 中的高级应用，包括过渡、变形及动画等。为了使读者更好地理解这些应用，并能够熟练运用相关属性实现元素的过渡、平移、缩放、倾斜、旋转及动画等特效，本节将通过案例的形式分步骤地制作表情图片，最终效果如图 9-19 所示。

图9-19 制作表情图片

其中表情图片的眼睛有动画效果，眼珠会从左到右滚动，当眼珠滚动到中间时，会变成心形图案，具体动画过程如图 9-20 所示。

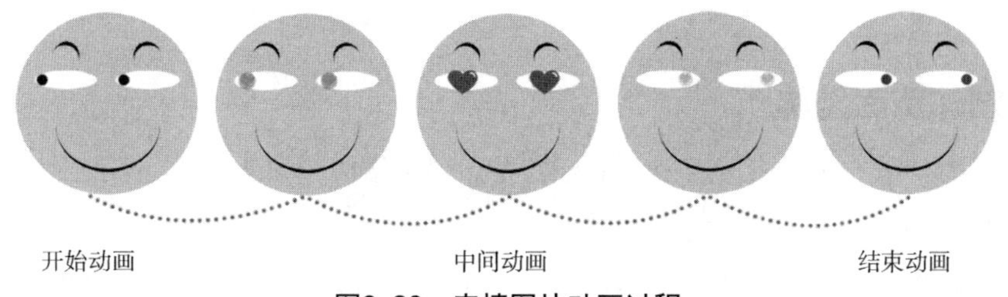

图9-20　表情图片动画过程

9.4.1　分析效果图

在分析效果图时，我们将从代码结构、静态样式和动画效果三方面进行分析。

1. 代码结构分析

观察图 9-19 可知整个页面分为两部分。一部分是作为背景的脸部，可以用一个大的 div 标签设置。另一部分是脸上的五官，分别为眉毛、眼睛和嘴，五官部分可以使用 p 标签设置。其中眼睛内部的眼球，可以在 p 标签中嵌套 span 标签来实现。效果图 9-19 对应的页面结构如图 9-21 所示。

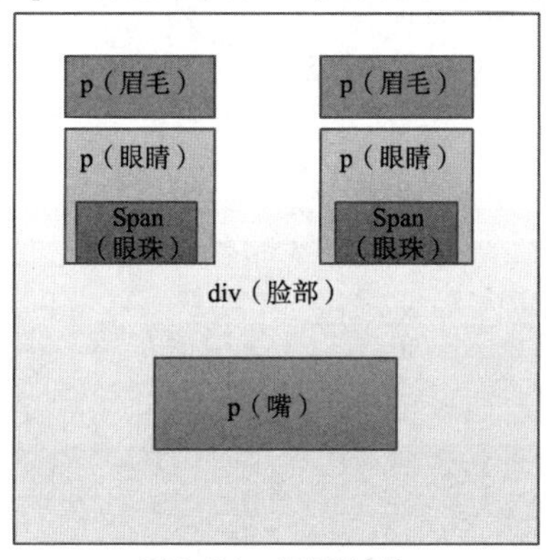

图9-21　页面结构

2. 静态样式分析

可以按照以下顺序控制效果图 9-19 所示的样式。

① 为控制脸部的大 div 添加样式，需要设置圆角、宽高、背景色等。

② 为控制眉毛的 p 标签添加样式，需要设置宽高、圆角和顶部边框，然后通过旋转和平移制作出眉毛的形状。

③ 为控制眼睛的 p 标签添加样式，需要设置宽高和圆角，然后通过平移确定眼睛位置。

④ 为控制嘴部的 p 标签添加样式，需要设置宽高、圆角和顶部边框，然后通过平移确定嘴部位置。

3. 动画效果分析

通过图 9-20 的动画演示效果可知，黑色眼球会有从左到右的动画效果，其中在位于中间部位时，黑色眼球会变为透明，被心形眼球所替代。具体实现步骤如下：

① 为控制眼球的 span 标签添加 animation 属性，制动动画名称、时间等属性值。

② 通过@keyframes 规则设置动画的具体样式，可以通过 from、to 或者百分比来指定不同位置眼球的变化情况。

9.4.2 制作页面结构

根据上面的分析，使用相应的 HTML 标签搭建网页结构，如例 9-12 所示。

例 9-12 example12.html

```
1 <!doctype html>
2 <html>
3 <head>
4 <meta charset="utf-8">
5 <title>表情图片</title>
6 </head>
7 <body>
8 <div class="lian">
9    <p class="meimao1 meimao"></p>
10   <p class="meimao2 meimao"></p>
11   <p class="yanjing1 yanjing">
12    <span></span>
13   </p>
14   <p class="yanjing2 yanjing">
15    <span></span>
16   </p>
17   <p class="zui"></p>
18 </div>
19 </body>
20 </html>
```

在例 9-12 中，通过标签的嵌套来搭建表情图片的结构。由于未设置 CSS 样式，此时页面中没有任何效果。

9.4.3 定义 CSS 样式

搭建完页面的结构,接下来为页面添加 CSS 样式。本节采用从整体到局部的方式实现图 9-20 所示的效果。

1. 定义公共样式

定义页面的全局样式，具体 CSS 代码如下：

```
/*重置浏览器的默认样式*/
body, ul, li, p, h1, h2, h3,img {margin:0; padding:0; border:0; list-style:none;}
```

2. 拼合静态样式

制作动画之前，我们首先需要通过 CSS 代码拼合好表情图片的静态样式，具体代码如下：

```
.lian {
  width:200px;
```

```
  height:200px;
  border-radius:50%;
  background:#fcd671;
  margin:100px auto;
  position:relative;
}
.meimao{
  width:30px;
  height:30px;
  border-radius:50%;
  border-top:4px solid #000;
}
.meimao1{
  position:absolute;
  left:20%;
  top:14%;
  transform:rotate(20deg);
}
.meimao2{
  position:absolute;
  left:65%;
  top:14%;
  transform:rotate(-20deg);
}
.yanjing{
  width:70px;
  height:20px;
  background:#FFF;
  border-radius:50%;
}
.yanjing1{
  position:absolute;
  left:10%;
  top:30%;
}
.yanjing2{
  position:absolute;
  left:55%;
  top:30%;
}
span{
```

```
  display:block;
  width:12px;
  height:12px;
  background:#000;
  border-radius:50%;
  transform:translate(3px,4px);
}
.zui{
  width:114px;
  height:100px;
  border-radius:50%;
  border-bottom:3px solid #000;
  position:absolute;
  left:22%;
  top:28%;
}
```

保存文件，运行例 9-12，效果如图 9-22 所示。

图9-22　静态页面效果

3. 添加动画效果

添加动画效果主要包括两个步骤：第一步是需要创建动画，第二步是引用动画。

（1）创建动画

@ keyframes 规则用于创建动画，在本案例中，我们分别在 0%、10%、30%、31%、69%、70%、80%、100%位置创建动画，具体代码如下：

```
@keyframes yanzhu
{
  from{transform:translate(3px,4px) scale(1);}        /*动画开始时的状态*/
```

```
    10%{transform:translate(3px,4px) scale(1);}
    30%{
        transform:translate(24px,4px) scale(3);
        opacity:0
    }
    31%{
        transform:translate(24px,4px) scale(3);
        opacity:1;
        background:url(xin.png) center center no-repeat;
        background-size:11px 9px;
    }
    69%{
        transform:translate(24px,4px) scale(3);
        opacity:1;
        background:url(xin.png) center center no-repeat;
        background-size:11px 9px;
    }
    70%{
        transform:translate(24px,4px) scale(3);
        opacity:0
    }
    80%{transform:translate(52px,4px) scale(1);}
    to{transform:translate(52px,4px) scale(1);}
}
```

（2）引用动画

创建网动画后还需要引用动画，在 span 标签中设置 animation 属性，具体代码如下：

```
animation: yanzhu 8s linear 2s infinite alternate;
```

保存文件，刷新页面，即可出现图 9-20 所示的动画效果。

小结

本章首先介绍了 CSS3 中的过渡和变形，重点讲解了过渡属性及 2D 转换和 3D 转换。然后，讲解了 CSS3 中的动画特效，主要包括 animation 的相关属性。最后，通过 CSS3 中的过渡、变形和动画，制作出了一个表情图片的动画。

通过本章的学习，读者应该能够掌握 CSS3 中的过渡、转换和动画，并能够熟练地使用相关属性实现元素的过渡、平移、缩放、倾斜、旋转及动画等特效。

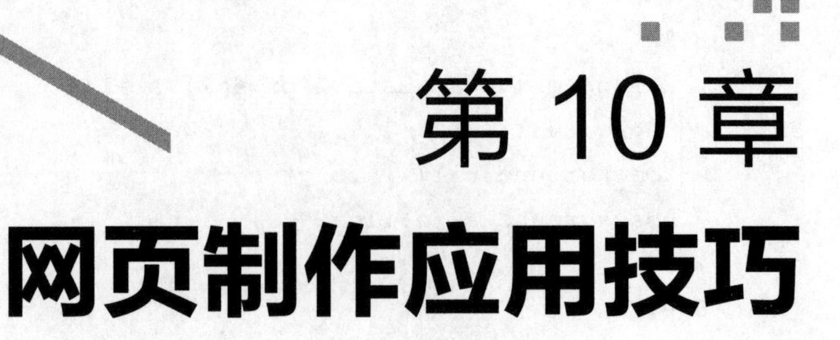

第 10 章 网页制作应用技巧

- 掌握 CSS 精灵技术，能够运用 CSS 精灵技术处理网页图标。
- 掌握 CSS 滑动门技术，能够运用滑动门技术制作网站导航。
- 掌握 margin 负值的设置方法，能够使用 margin 负值设置压线效果。

通过前面几章的学习，我们已经掌握了使用 HTML、CSS 制作网页的原理和技巧，但是在实际制作网页的过程中，除了按部就班运用 HTML、CSS 制作网页外，还需要一些特殊的应用技巧，例如 CSS 精灵技术、滑动门技术、margin 负值设置技巧。由于这些技术之间并不存在关联性，本章将分别对这些网页制作应用技巧进行详细讲解。

10.1 CSS 精灵技术

10.1.1 认识 CSS 精灵

为什么要学习 CSS 精灵技术呢？首先我们从网页的请求原理来分析。当用户访问一个网站时，需要向服务器发送请求，服务器接收请求，会返回请求页面，最终将效果展示给用户。图 10-1 所示为网页请求原理示意图。

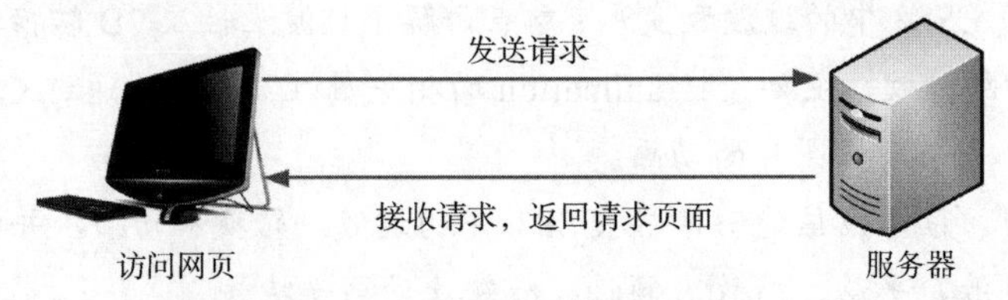

图10-1 网页请求原理示意图

然而，一个网页中往往会应用很多小的背景图像作为修饰，当网页中的图像过多时，服务器就会频繁地接收和发送请求，这将大大降低页面的加载速度。这时使用 CSS 精灵就可以有效地减少服务器接收和发送请求的次数，提高页面的加载速度。

CSS 精灵（CSS Sprites）是一种处理网页背景图像的方式。在网页设计中，CSS 精灵会将一个页面涉及的小图标都集中到一张大图中去，然后将大图应用于网页中，当用户访问页面时，只需向服务器发送一次请求，网页中的图标即可全部展示出来。这个由很多小图标合成的大图称为精灵图。图 10-2 展示的就是某网站中的精灵图。

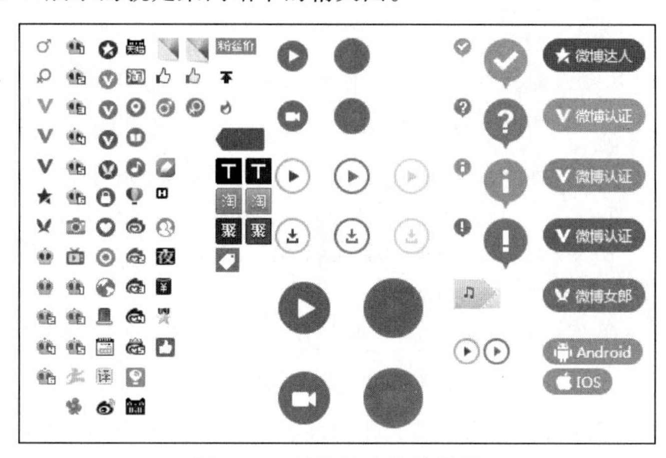

图10-2　某网站中的精灵图

10.1.2　应用 CSS 精灵

CSS 精灵可以把网页中一些背景图片整合为一张图片。我们可以利用 CSS 的 background-image、background-repeat、background-position 属性对图片进行背景定位，其中 background-position 可以用像素值精确地定位出背景图片的位置。

为了使初学者更好地理解 CSS 精灵的工作原理，接下来带领大家制作一个简单的精灵图。精灵图效果如图 10-3 所示。然后使用这个精灵图作为背景，制作出一个图 10-4 所示的页面效果，具体步骤如下：

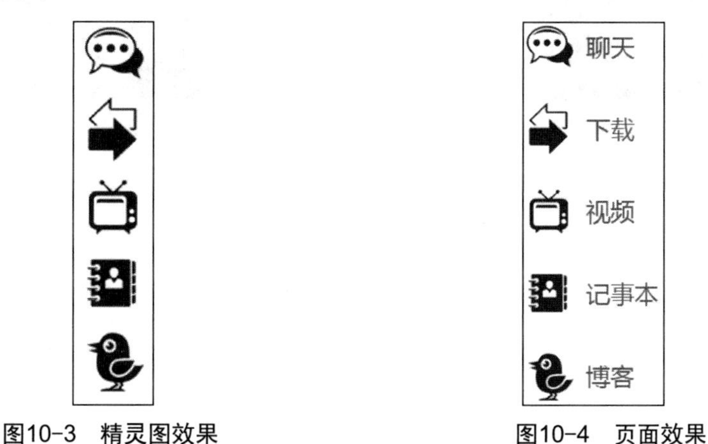

图10-3　精灵图效果　　　　图10-4　页面效果

1. 制作精灵图

（1）打开 Photoshop 软件，新建一个 60px × 300px 的画布，背景设为透明，如图 10-5 所示。

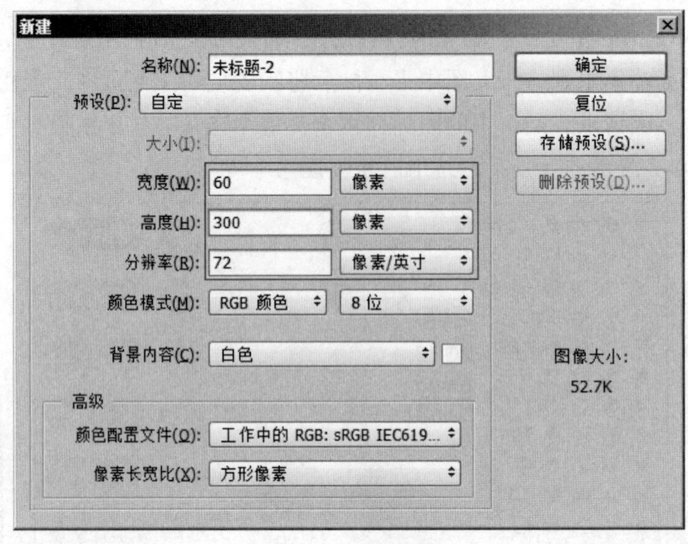

图10-5　新建画布

（2）创建参考线，将画布等分为五份，每份高度 60px，如图 10-6 所示。

（3）将“精灵图素材.psd”中的图片拖动到等分的画布中，排列成图 10-7 所示样式。

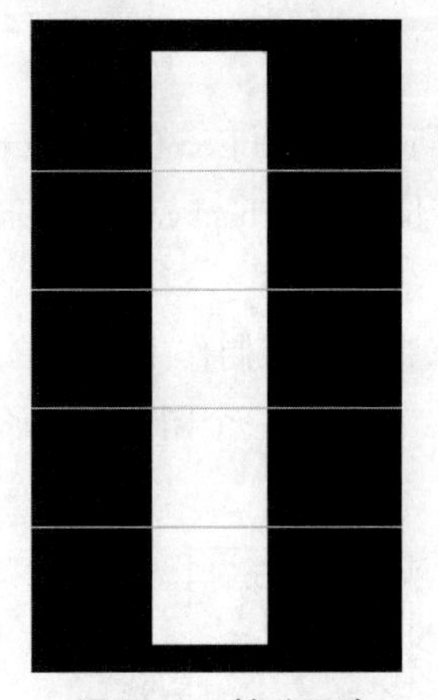

图10-6　等分画布

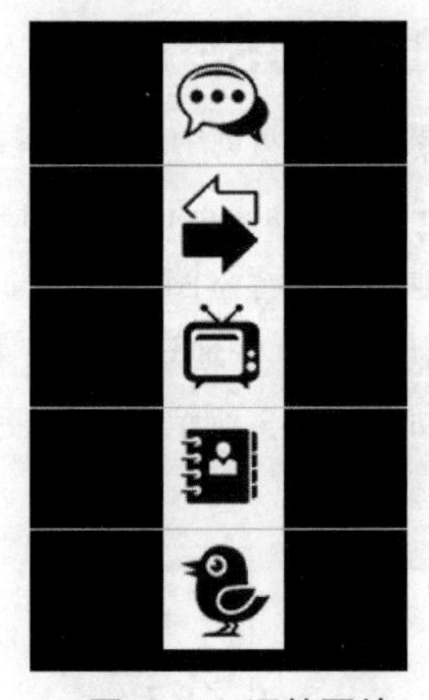

图10-7　调整图片

（4）将合成的图像另存为 png 格式，保存在 chapter10 下的 images 文件夹中，命名为“jingling.png”，完成精灵图的制作工作。

2. 制作页面

（1）搭建页面结构

新建 HTML 文档，创建一个包含五个列表项的无序列表，分别用于定义每个图标，具体代码如例 10-1 所示。

例 10-1　example01.html

```
1 <!doctype html>
2 <html>
3 <head>
```

```
4 <meta charset="utf-8">
5 <title>CSS精灵</title>
6 </head>
7 <body>
8 <ul>
9    <li class="box1">聊天</li>
10   <li class="box2">下载</li>
11   <li class="box3">视频</li>
12   <li class="box4">记事本</li>
13   <li class="box5">博客</li>
14 </ul>
15 </body>
16 </html>
```

运行例 10-1，CSS 精灵页面结构效果如图 10-8 所示。

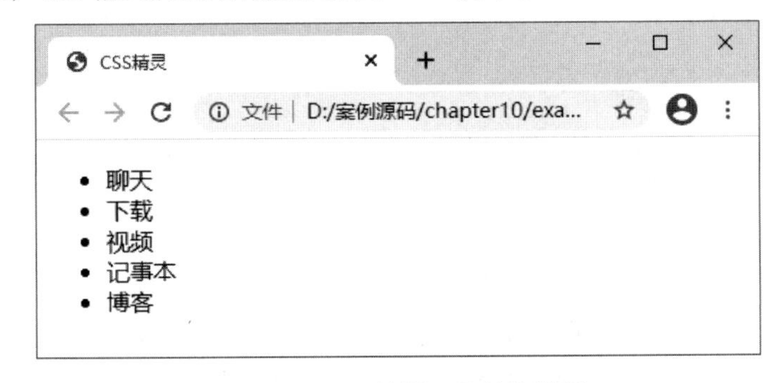

图10-8 CSS精灵页面结构效果

（2）为两个盒子定义相同的样式

从图 10-4 页面效果图中可以看出，五个列表项的宽度和高度均可相同，不同的只有列表项的图标。这些不同的图标需要使用精灵图中不同位置的小图标来填充。这里先不考虑精灵图的位置，将精灵图直接作为列表项的背景，具体 CSS 代码如下：

```
1 body,ul{margin:0; padding:0; list-style:none; }
2 ul{width:100px; height:300px;}
3 li{
4    width:100px;
5    height:60px;
6    line-height:60px;
7    color:#FFF;
8    font-size:12px;
9    background:url(images/jingling.png) no-repeat;/*将精灵图作为盒子的背景 */
10   float:left;
11   margin:10px;
12   padding-left:65px;
13   color:#666;
```

```
14   font-size:24px;
15 }
```

需要注意的是，在上面的样式代码中，列表项的高度要和等分的精灵图高度相同，均设置为 60px，宽度可以任意指定一个大于精灵图的宽度。

将该样式应用于网页文档后，刷新页面，CSS 精灵样式效果如图 10-9 所示。

图10-9 CSS精灵样式效果

在图 10-9 中，五个列表项前的项目符号都是同一个图标，因此需要使用 background-position 属性，通过定位背景图的方式，为各列表项指定合适的背景图像。

（3）调整列表项的背景

默认情况下，背景图像的左上角（坐标为(0,0)）与 li 列表项的左上角（坐标为(0,0)）对齐，背景图像位置如图 10-10 所示。

在图 10-10 中，最外层的橙色线框代表外边距。li 列表项位置是不动的，要想让列表项更换背景图像，只需要将将背景图像每次上移 60px（即更改 li 列表项背景图片的 Y 轴坐标值），如图 10-11 所示。

图10-10 背景图像位置

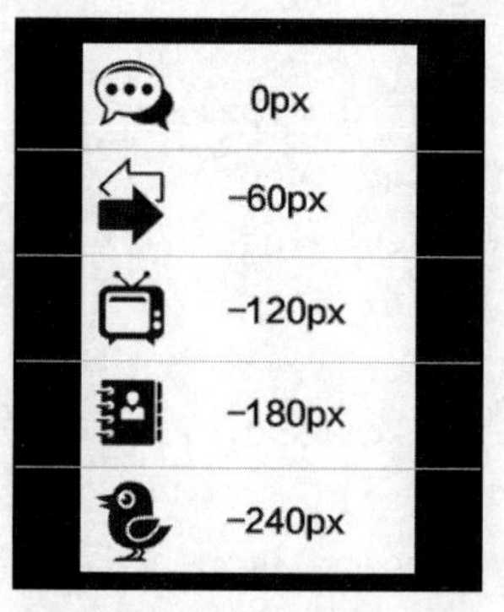

图10-11 设置背景图像

值得一提的是，根据网页的 X 坐标和 Y 坐标第四象限的坐标，背景图像位置越靠下显示，坐标数值将越小。

根据上面的分析，使用 background-position 属性指定各 li 列表项背景图像的位置。具体 CSS 代码如下：

```
.box2{background-position:0px -60px;}
.box3{background-position:0px -120px;}
.box4{background-position:0px -180px;}
.box5{background-position:0px -240px;}
```

将该样式应用于网页后，各列表项显示不同的背景图像，效果如图 10-12 所示。

图10-12　设置背景图标

注意：

① CSS 精灵的关键在于使用 background-position 属性定义背景图像的位置。根据网页的 X 坐标和 Y 坐标原理，背景图像上移时，Y 坐标为负值，背景图像左移时，X 坐标为负值。

② 制作精灵图时，需要将其中的多张小图合理地排列，因此在精灵图中最好留有一定的空白，以便以后添加新图片。

③ CSS 精灵虽然可以加快网页的加载速度，但也存在一定的劣势：如果页面背景有少许改动，就需要修改精灵图和 CSS 样式代码。

10.2　滑动门技术

在制作网页导航时，经常会碰到导航栏长度不同但背景相同的情形，如图 10-13 所示。此时如果通过拉伸背景图的方式来适应文本内容，就会造成背景图变形，如图 10-14 所示。

在制作网页时，为了使各种特殊形状的背景能够自适应元素中的文本内容，并且不会变形，CSS 提供了滑动门技术。本节将对 CSS 滑动门的使用技巧做具体讲解。

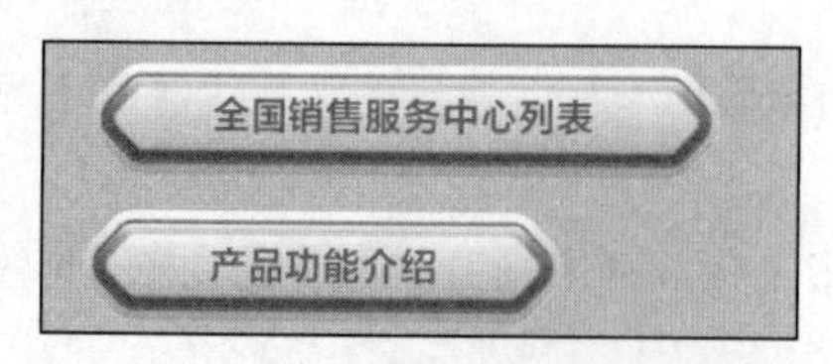

图10-13 正常显示的导航背景

图10-14 变形的导航背景

10.2.1 认识滑动门

滑动门是 CSS 引入的一项用来创造漂亮实用界面的新技术，之所以命名为“滑动门”，是因为它的工作原理和生活中的滑动推拉门（见图 10-15）类似，通过向两侧滑动门板，来扩大中间的空间。

图10-15 滑动推拉门

滑动门技术非常简单，其技术操作的关键在于图片拼接。通常滑动门技术需要将一个不规则的大图切为几个小图（通常为三个），然后将每一个小图用一个单独的 HTML 标签来定义，最后将这几个小图拼接在一起，组成一个完整的背景。图 10-16 所示为滑动门技术拆分的三张背景图片。

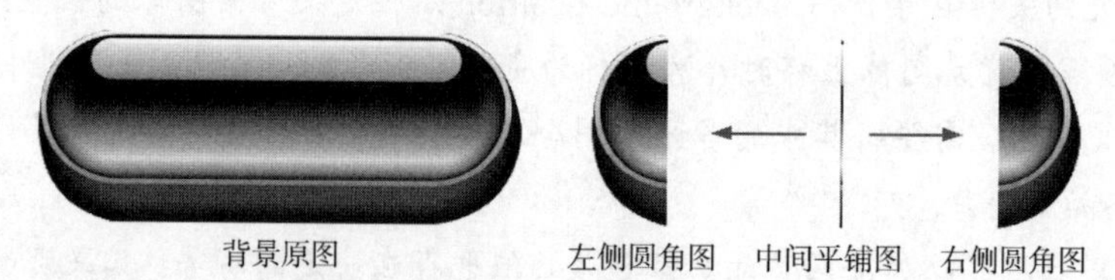

图10-16 滑动门技术拆分的背景图片

在使用滑动门技术时，分别在第一标签个中放入左侧圆角图，在第二个标签中平铺中间平铺图片，第三个标签中放入右侧圆角图。

在网页设计时，滑动门技术非常有用，其好处体现在以下几个方面。

① 实用性：滑动门能够根据导航文本长度自动调节宽度。

② 简洁性：滑动门可以用分割背景图来实现炫彩的导航条风格，提升了图片载入速度。

③ 适用性：滑动门技术既可以用于设计导航条，也可以应用到其他大背景图片的网页模块中。

10.2.2　应用滑动门

滑动门技术的使用非常简单，主要分为准备图片和拼接图片两个步骤，具体介绍如下：

1. 准备图片

滑动门技术的关键在于图片拼接，它将一个不规则的大图切为几个小图，每一个小图都需要一个单独的 HTML 标签来定义。需要注意的是，在切图的时候，设计师一定要明白哪些是不可平铺的背景图，哪些是可以平铺的背景图，对于不可平铺的背景图需要单独切出，可以平铺的背景图，只需切出最小的像素，然后设置平铺即可。

2. 拼接图片

完成切图工作之后，就需要用 HTML 标签来拼接这些图像。定义三个盒子，将三张小图分别作为盒子的背景。其中左右两个盒子的大小固定，用于定义左侧、右侧的不规则形状的背景，中间的盒子只指定高度，靠文本内容撑开盒子，同时将中间的小图平铺作为盒子的背景。

为了使初学者更好地理解 CSS 滑动门技术，接下来，使用滑动门技术制作一个导航栏，如例 10-2 所示。

例 10-2　example02.html

```
1 <!doctype html>
2 <html>
3 <head>
4 <meta charset="utf-8">
5 <title>滑动门技术</title>
6 </head>
7 <body>
8 <ul class="all">
9    <li>
10          <span class="one"></span><a href="#">首页</a><span class= "two">
</span>
11     </li>
12   <li>
13          <span class="one"></span><a href="#">公司产品</a><span class=
"two"></span>
14     </li>
15   <li>
16          <span class="one"></span><a href="#">就业指导信息</a><span class=
"two"></span>
17     </li>
18   <li>
19          <span class="one"></span><a href="#">留言簿</a><span class=
"two"></span>
20     </li>
21   <li>
22          <span class="one"></span><a href="#">添加友情链接</a><span class=
```

```
"two"></span>
    23    </li>
    24 </ul>
    25 </body>
    26 </html>
```

在例 10-2 中，第 8~24 行代码用于定义无序列表，在无序列表中每对<li>标签中都包含两对<span>标签和一对<a>标签，其中第一对<span>标签用于定义左侧的小圆角背景图，第二对<span>标签用于定义右侧的尖角背景图，<a>标签用于定义中间的渐变背景图。

运行例 10-2，滑动门 HTML 结构效果如图 10-17 所示。

图10-17 滑动门HTML结构效果

接下来为例 10-2 所示的页面结构添加 CSS 样式，添加的样式主要包含以下几个部分：

（1）清除浏览器的默认样式

清除浏览器的默认样式，具体 CSS 代码如下：

```
body,ul,li{padding:0; margin:0; list-style:none;}
```

（2）为列表项添加浮动

在图 10-17 所示的结构效果图中，导航中的所有文本均垂直居中，因此需要给<ul>标签指定相同的高度和行高。此外，对于横向导航，需要为每个<li>标签设置左浮动。具体 CSS 代码如下：

```
.all{
  width:500px;
  margin:20px auto;
  height:35px;
  line-height:35px;
}
.all li{ float:left; }
```

（3）应用滑动门技术定义不规则背景图像

在应用滑动门技术定义背景图像时，需要将背景图像分成三个小图，其中左侧和右侧的小图可以使用两对<span>标签定义为背景图像，中间的小图可以运用<a>标签定义为背景图像。滑动门结构如图 10-18 所示。

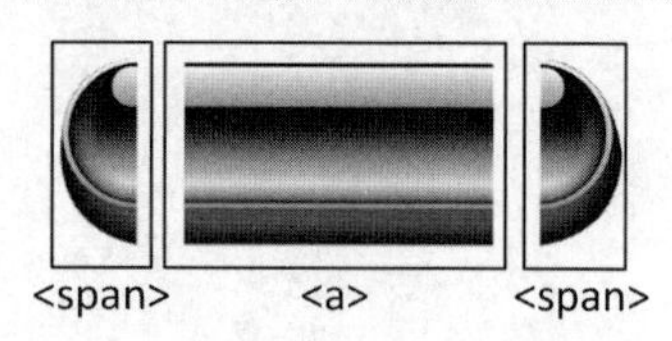

图10-18 滑动门结构

在图 10-18 所示的滑动门结构图中，通过<a>标签自适应的宽度，来容纳不同长度的文本内容。需要注意的是，由于<a>标签和<span>标签都是行内标签，所以要想为它们定义背景图像，必须将<a>标签和<span>标签转换为行内块元素，具体 CSS 代码如下：

```
.all a,.all span{
  display:inline-block;
  height:56px;
  float:left;                              /*设置li中的三个盒子左浮动*/
}
.one{
  width:22px;
  background:url(images/left.png);         /*定义左圆角背景图像*/
}
.two{
  width:22px;
  background:url(images/right.png);        /*定义右圆角背景图像*/
}
.all a:link,.all a:visited{
  color:#FFF;
  font-size:18px;
  font-weight:bold;
  font-style:"微软雅黑";
  text-shadow:3px 3px 5px #333;
  text-decoration:none;
  background:url(images/middle.png) repeat-x;  /*定义中间的渐变背景*/
  padding:0 20px;
}
.all a:hover{
  color:#333;
  text-shadow:3px -3px 5px #FFF;
}
```

至此，页面样式添加完成。将 CSS 样式应用于网页后，刷新页面，效果如图 10-19 所示。

图10-19　导航栏效果

在图 10-19 所示的页面中，运用了滑动门技术后的背景图可以自适应文本的宽度。默认状态下，导航文本显示白色，并带有一个偏右下方的投影。将光标悬浮在任意一个导航栏上，导航栏文字将变成深灰色，文字投影将变成白色，偏右上方。导航栏光标悬浮效果如图 10-20 所示。

图10-20　导航栏光标悬浮效果

注意：

滑动门技术的关键在于不要给中间的盒子指定宽度，其宽度由内部的内容撑开。

10.3 margin 负值设置技巧

制作网页时，为了拉开内容元素之间的距离，经常给标签设置数值为正数的外边距 margin。但是在实际工作中，为了实现一些特殊的效果，例如，图 10-21 所示的导航重叠效果，就需要将标签的 margin 值设置为负数，也就是我们常说的“margin 负值”。接下来，本节将对 margin 负值的应用技巧进行详细讲解。

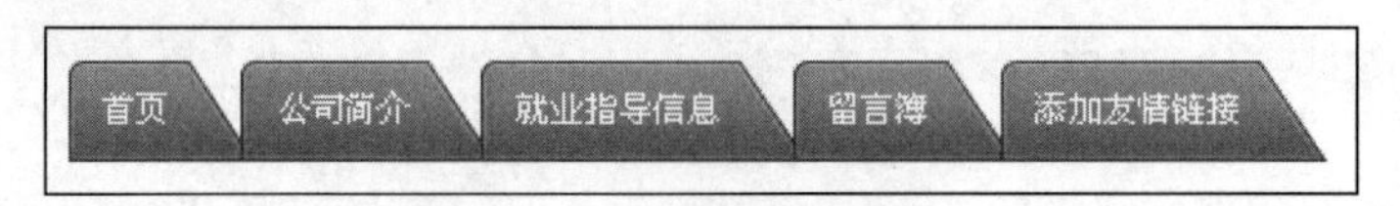

图10-21 导航重叠效果

10.3.1 margin 负值的应用

margin 负值应用主要分为两类：一类是在同级别标签下应用 margin 负值；另一类是在子标签中应用 margin 负值。接下来，将对 margin 负值这两种类型的应用做具体讲解。

1. 对同级标签应用 margin 负值

对同级标签应用 margin 负值时，会出现图 10-21 所示的标签重叠效果。接下来通过一个具体的案例来演示对同级标签应用 margin 负值的效果，如例 10-3 所示。

例 10-3 example03.html

```
1 <!doctype html>
2 <html>
3 <head>
4 <meta charset="utf-8">
5 <title>对同级标签应用margin负值</title>
6 <style type="text/css">
7 div{
8    width:120px;
9    height:48px;
10   background:#0CF;
11   float:left;
12   opacity:0.7;
13   border:2px solid #FFF;
14   border-radius:50px;
15   text-align:center;
16   line-height:48px;
17   color:#000;
18 }
```

```
19 .second,.third,.fourth{
20   margin-left:-15px;                 /*将其余盒子的左外边距设置为负值*/
21 }
22 </style>
23 </head>
24 <body>
25 <div class="first">首页</div>
26 <div class="second">公司简介</div>
27 <div class="third">产品</div>
28 <div class="fourth">联系我们</div>
29 </body>
30 </html>
```

在例 10-3 中，第 20 行代码用于为“公司简介”“产品”“联系我们”三个盒子设置属性值为负数的左外边距，让盒子重叠排列。

运行例 10-3，效果如图 10-22 所示。

图10-22　对同级标签应用margin负值

在图 10-22 中，四个盒子发生了重叠，由于对第二、三、四个盒子应用了属性值为负数的左外边距，它们相对于原来的位置会向左移动，压住前一个盒子的部分边缘。

2. 对子标签应用 margin 负值

对于嵌套的盒子，当对子标签应用 margin 负值时，子标签通常会压住父标签的一部分。接下来通过一个具体的案例来演示对子标签应用 margin 负值的效果，如例 10-4 所示。

例 10-4　example04.html

```
1 <!doctype html>
2 <html>
3 <head>
4 <meta charset="utf-8">
5 <title>对子标签应用margin负值</title>
6 <style type="text/css">
7 .big{
8    width:400px;
9    height:50px;
10   border:2px solid #aaa;
11   border-radius:50px;
12   background-color:#F36;
```

```
13   margin:40px auto;
14 
15 }
16 .small{
17   width:80px;
18   height:50px;
19   background-color:#FFF;
20   border:2px solid #CCC;
21   margin-top:-30px;          /*设置子标签的上外边距为-30px*/
22   margin-left:30px;
23 }
24 </style>
25 </head>
26 <body>
27 <div class="big">
28   <div class="small"></div>
29 </div>
30 </body>
31 </html>
```

在例 10-4 中定义了两对 div，它们为父子嵌套关系，对父 div 应用宽度、高度、边框和背景颜色样式，同时，对子 div 应用宽度、高度、背景颜色和外边距样式。在第 21 行代码中，通过“margin-top:-30px;”将子 div 的上外边距设置为负值。

运行例 10-4，效果如图 10-23 所示。

图10-23　对子标签应用margin负值

注意：

对子标签应用 margin 负值时，在大部分浏览器中，都会产生子标签压住父标签的效果，但是，在一些老版本浏览器中（例如 IE6），子标签超出的部分将被父标签遮盖。

10.3.2　利用 margin 负值制作压线效果

在实际工作中，margin 负值还被用于制作导航的压线效果。什么是压线效果呢？首先我们来看一个登录注册模块的按钮，如图 10-24 所示。当光标移上按钮，按钮会显示长分割线，如图 10-25 所示。

图10-24　登录注册模块的按钮

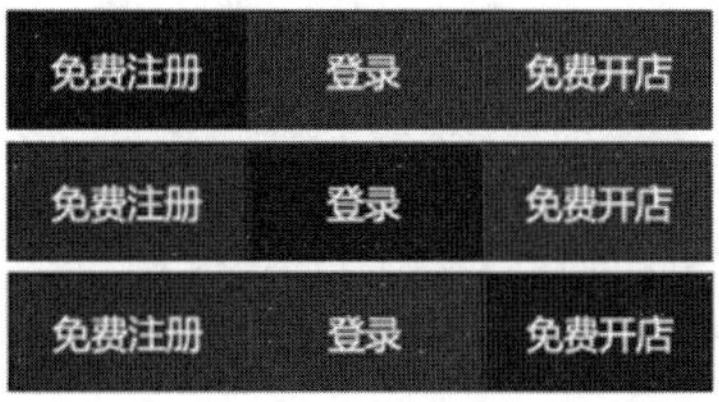

图10-25　光标移上按钮

观察图 10-25 所示效果图，我们会发现当光标移上任意一个按钮时，按钮侧面都会一条长分割线，并且这条长分割线和默认效果的短分割线位置相同，这种就是压线效果。压线效果主要运用 CSS 精灵技术和 margin 负值来实现，接下来分步骤实现图 10-25 所示的压线效果。

1. 分析效果图

（1）结构分析

图 10-24 所示的整个模块由一个大盒子和其中的三个小盒子构成，并且三个小盒子都是可以单击的链接。大盒子可以用<div>标签来定义，小盒子可以使用<a>标签定义。登录注册模块效果图 10-24 对应的结构如图 10-26 所示。

（2）样式分析

效果图中的文字效果比较特殊，需要为<a>标签设置背景图像来实现，并且可以将<a>标签默认的背景图像和光标移上时的背景图像合成为精灵图，如图 10-27 所示。通过调整精灵图的位置，控制不同状态时各个链接的背景。默认状态下，超链接的背景图像为精灵图的上半部分；当光标移上超链接时，超链接的背景图像定位到精灵图的下半部分。

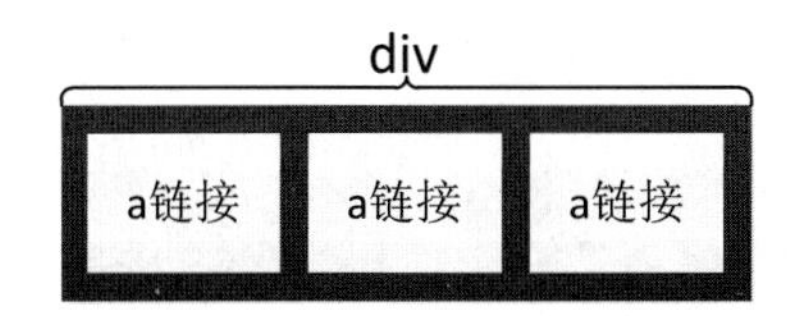

图10-26　登录注册模块结构图

图10-27　精灵图

2. 搭建 HTML 结构

分析完效果图之后，就可以搭建页面结构了，具体代码如例 10-5 所示。

例 10-5　example05.html

```
1 <!doctype html>
2 <html>
3 <head>
4 <meta charset="utf-8">
5 <title>登录注册模块</title>
6 </head>
7 <body>
8 <div class="yaxian">
9     <a href="#" class="one"></a>
10    <a href="#" class="two"></a>
```

```
11   <a href="#" class="three"></a>
12 </div>
13 </body>
14 </html>
```

在例 10-5 中，<div>标签用于定义最外层的大盒子，并且在<div>标签中嵌套三对<a>标签。

3. 定义 CSS 样式

在定义 CSS 样式时，我们可以根据分析的结构，分步骤添加 CSS 样式。

（1）书写页面的基本样式

根据对效果图的分析，书写页面的基本 CSS 样式，具体代码如下：

```
1 .yaxian{
2    width:300px;
3    height:50px;
4    margin:20px auto;
5 }
6 a{
7    width:102px;
8    height:50px;
9    display:block;                              /*将超链接标签转换为块元素*/
10   float:left;                               /*为超链接设置左浮动*/
11   background:url(images/login.png);
12 }
13 .two{
14   width:100px;
15   background-position:-102px 0;
16 }
17 .three{
18   width:98px;
19   background-position:-202px 0;
20 }
```

在上面的 CSS 代码中，第 6~20 行代码用于控制超链接的默认样式，其中第 9 行代码用于将超链接转换为块元素，第 10 行代码用于设置超链接左浮动，第 15、19 行代码分别用于定义默认状态下后两个超链接中精灵图的位置。

将该样式应用于网页后，效果如图 10-28 所示。

图10-28　登录注册模块默认效果

图 10-28 所示为登录注册模块的默认显示效果，当光标移上相应的链接时，其背景图像不会发生任何改变。

（2）制作光标移上时的压线效果

以“登录”所在的盒子为例，默认状态和光标移上时，盒子的变化如图 10-29 所示。

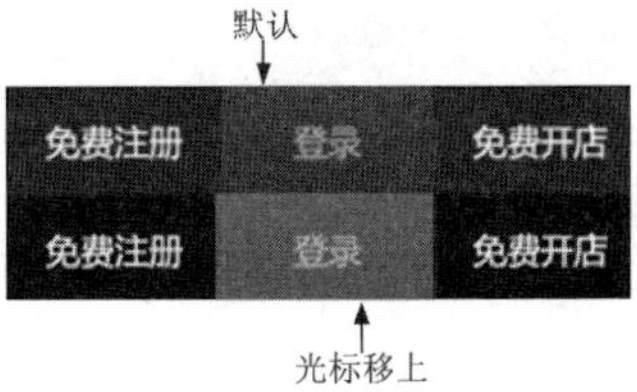

图10-29　默认和光标移上时盒子的变化

从图 10-29 可以看出，光标移到“登录”盒子时，其宽度将增加，但是最外层 div 的宽度是固定的，如果“登录”盒子的宽度增加，“免费开店”盒子必然会被挤掉。解决这个问题的关键在于为“登录”盒子设置左外边距负值，使“登录”盒子向左移动 2px（测量精灵图得到的数据），这样“登录”盒子将压住“免费注册”盒子右侧的短竖线，产生压线效果。“免费开店”盒子压线效果的制作方法与“登录”盒子相同。

根据上面的分析，书写光标移上超链接时的 CSS 样式，具体代码如下：

```
.one:hover{background-position:0 -50px;}
.two:hover{
     width:102px;
   background-position:-100px -50px;
    margin-left:-2px;
}
.three:hover{
    width:100px;
   background-position:-200px -50px;
    margin-left:-2px;
}
```

将该样式应用于网页后，仍然会产生图 10-28 所示的默认效果。当光标移上“登录”和“免费开店”盒子时，这两个背景发生改变，产生压线效果，如图 10-30 和图 10-31 所示。

图10-30　光标移上“登录”的效果

图10-31　光标移上“免费开店”的效果

小结

本章首先讲解了 CSS 精灵技术，并运用 CSS 精灵技术制作了 CSS 精灵图效果。然后讲解了滑动门技术，并运用滑动门技术制作了导航栏效果。最后讲解了 margin 负值设置技巧，并运用 margin 负值制作了导航压线效果。

通过本章的学习，读者应该掌握 CSS 精灵、滑动门和 margin 负值的运用，并熟练地将其应用到网页制作中。

第11章 实战开发——电商网站首页

- 掌握站点的使用方法，能够建立规范的站点并完成初始化设置。
- 掌握大型网页项目的制作方法，能够分步骤完成电商网站首页面的制作。

在学习了前面的知识后，相信读者已经能够熟练使用 HTML 结构标签和 CSS 样式代码对网页进行布局和排版，同时也可以运用 CSS3 的新特性为网页添加音频、视频以及动画等特效。本章将运用前面章节所学的知识开发一个网站项目——电商网站首页。电商网站首页效果如图 11-1 所示。

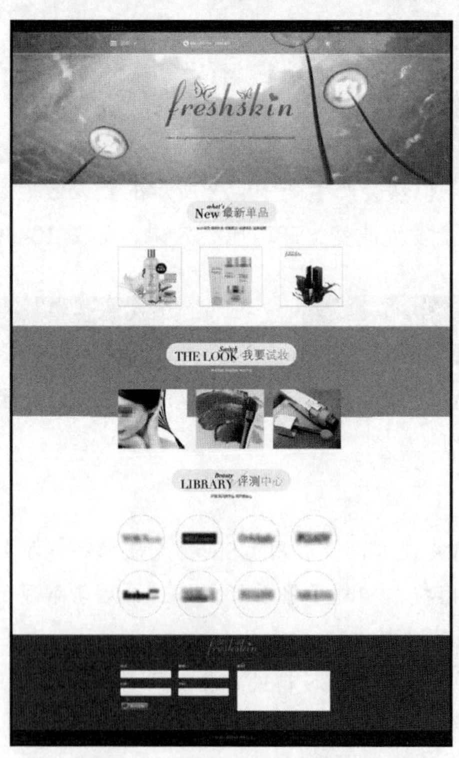

图11-1　电商网站首页效果

11.1　准备工作

作为一个专业的网页制作人员，当拿到一个页面的效果图时，不是直接开始搭建页面，而是做一些准备工作。网页制作的准备工作包括建立站点、效果图分析等。接下来，本节将针对网页制作的相关准备工作进行详细讲解。

1. 建立站点

站点对于制作维护一个网站很重要，它能够帮助我们系统地管理网站文件。一个网站通常由 HTML 结构文件、图片、CSS 样式表文件等构成。建立站点就是设置一个存放网站中零散文件的文件夹。这样，网页的各个文件可以形成清晰的站点组织结构图，方便站内文件夹及文档的增删查改。下面将详细讲解建立站点的步骤。

（1）创建网站根目录

在计算机的本地磁盘任意盘符下创建网站根目录。本书在 D 盘“案例源码”文件夹下，新建一个文件夹作为网站根目录，命名为“chapter11”，如图 11-2 所示。

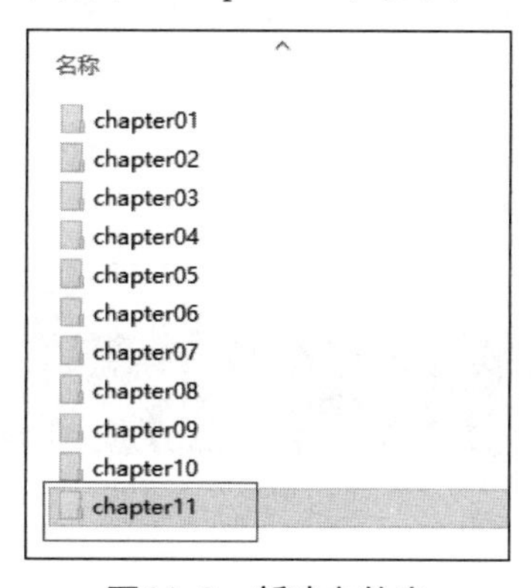

图11-2　新建文件夹

（2）在根目录下新建文件

打开网站根目录 chapter11，在根目录下新建“css”文件夹和“images”文件夹，分别用于存放网站所需的 CSS 样式文件和图像文件，如图 11-3 所示。

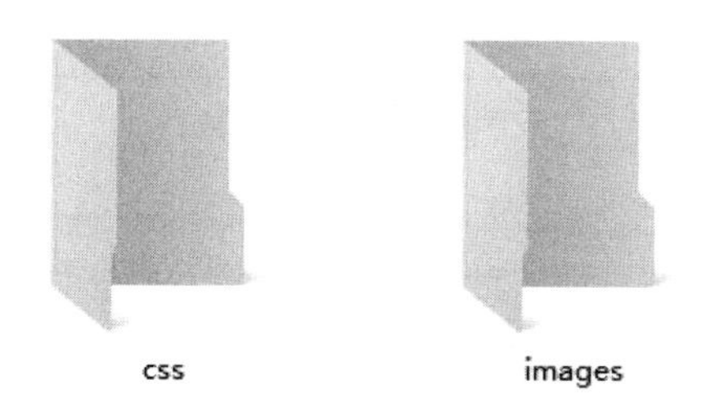

图11-3　新建“css”文件夹和“images”文件夹

（3）新建站点

打开 Dreamweaver 工具，在菜单栏中选择“站点”→“新建站点”选项，在弹出的对话框中输入站点名称。然后，浏览并选择站点根目录的存储位置，如图 11-4 所示。

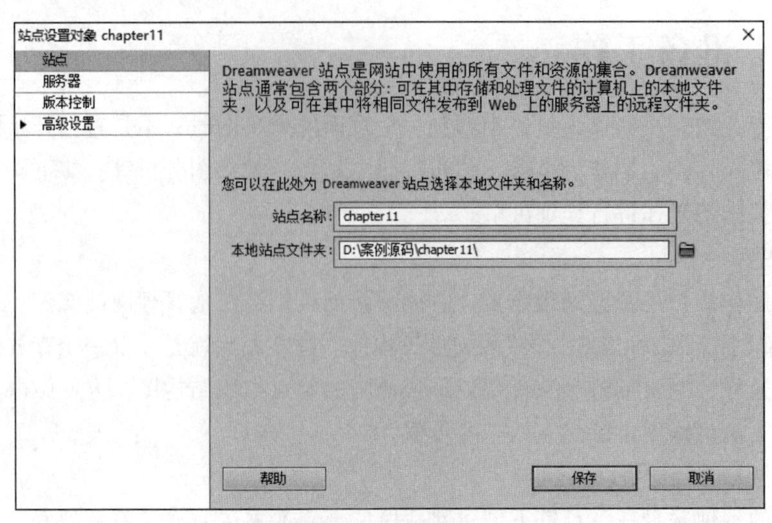

图11-4　新建站点

需要注意的是，站点名称既可以使用中文也可以使用英文，但建议尽量使用英文命名站点。

（4）站点建立完成

单击图 11-4 所示界面中的“保存”按钮。这时，在 Dreamweaver 工具面板组中可查看到站点信息，表示站点创建成功，如图 11-5 所示。

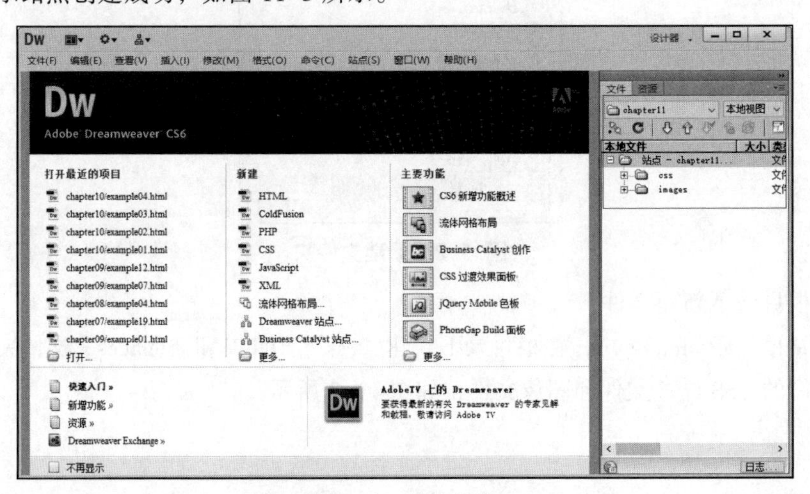

图11-5　站点信息

2. 站点初始化设置

接下来，我们开始创建网站页面。首先，在网站根目录文件夹下创建 HTML 文件，命名为 index.html。然后，在 CSS 文件夹内创建对应的样式表文件，命名为 index.css。

页面创建完成后，站点根目录文件夹结构如图 11-6 所示。

3. 效果图分析

我们只有熟悉页面的结构和样式，才能更加高效地完成网页的制作。下面对首页效果图的 HTML 结构和 CSS 样式进行分析。

图11-6　站点根目录文件夹结构

（1）HTML 结构分析

根据图 11-1 所示的首页效果图，我们可以将头部、导航和视频内容嵌套在一个大盒子里，内容部分可以根据信息的不同划分为三部分，由三个独立的大盒子构成，注册信息和版权信息为独立的两部分。整个页面大致可以分为六个模块。首页的结构如图 11-7 所示。

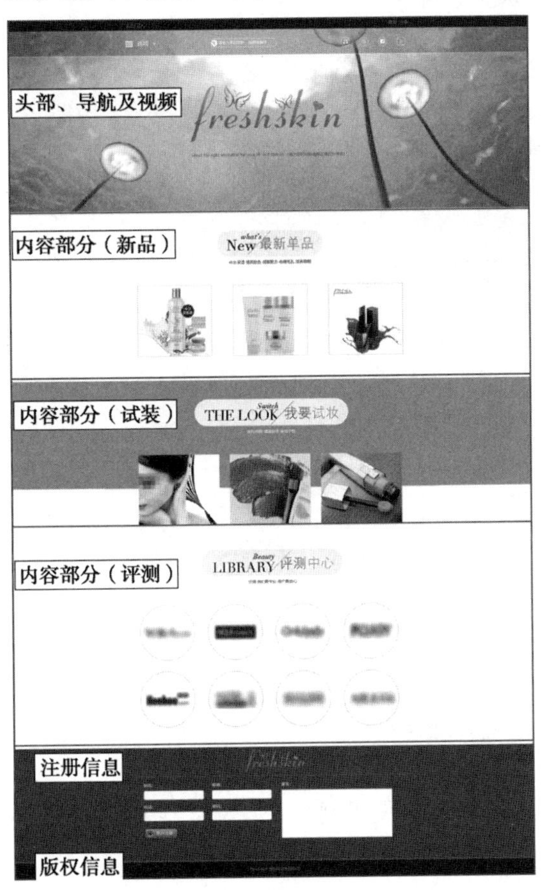

图11-7　首页的结构

（2）CSS样式分析

在首页效果图中，各模块的背景颜色均为通栏显示，因此各个模块的宽度都可设置为100%。页面中大部分字体大小为14px，样式为微软雅黑，这些文字效果可以通过公共样式进行定义。头部和版权信息部分链接文字均显示为#999，当光标移上时变为#fff。关于页面中的CSS3动画效果，将会在制作每一个模块时做详细分析。

4. 页面布局

页面布局对于改善网站的外观非常重要，通过页面布局可以使网站页面结构更加清晰、有条理。接下来，将对电商网站首页面进行整体布局，具体代码如下：

```
1  <!doctype html>
2  <html lang="en">
3  <head>
4  <meta charset="UTF-8">
5  <title>电商网站</title>
6  </head>
7  <body>
8  <!-- videobox begin -->
9  <div class="videobox"></div>
10 <!-- videobox end -->
11 <!-- new begin -->
12 <div class="new"></div>
13 <!-- new end -->
14 <!-- try begin -->
15 <div class="try"></div>
16 <!-- try end -->
17 <!-- text begin -->
18 <div class="text"></div>
19 <!-- text end -->
20 <!-- footer begin -->
21 <footer></footer>
22 <!-- footer end -->
23 <!-- banquan begin -->
24 <div class="banquan"></div>
25 <!-- banquan end -->
26 </body>
27 </html>
```

5. 定义公共样式

为了清除各浏览器的默认样式，使得网页在各浏览器中显示的效果一致，在完成页面布局后，首先要做的就是对CSS样式进行初始化并声明一些通用的样式。打开样式文件index.css，编写通用样式，具体如下：

```
    /*重置浏览器的默认样式*/
    body, ul, li, ol, dl, dd, dt, p, h1, h2, h3, h4, h5, h6, form, img {margin:0;
padding:0; border:0; list-style:none;}
    /*全局控制*/
    body{ font-family:"微软雅黑",Arial, Helvetica, sans-serif; font-size:14px;}
    /*未单击和单击后的样式*/
    a:link,a:visited{ color:#999;text-decoration: none;}
    /*光标移上时的样式*/
    a:hover{color:#fff;}
    input,textarea{outline: none;}
```

11.2　首页面详细制作

在上一节中，我们完成了制作网页所需的相关准备工作，本节将带领大家完成首页面的制作。同前面章节的案例一样，首页面也要分为几个部分进行制作。

1. 制作头部、导航及视频内

（1）分析效果图

在效果图中，存放视频的大盒子包含头部、导航、音视频和按钮等。其中，网页的头部可以分为左（Logo）、右（登录注册）两部分，导航分为左（选项）、中（搜索框）、右（图标）三部分，基本结构如图 11-8 所示。

图11-8　头部、导航及视频内容分析图

当光标悬浮于导航栏的左侧“选项”部分时，效果如图 11-9 所示。

图 11-9 中，在导航栏“选项”下方出现侧边栏。因此，在导航栏左侧的结构中还需添加侧边栏部分。

（2）准备图片及音视频素材

准备各个模块所需的图片，包括头部的 Logo、导航模块的小图标、侧边栏的广告图（导航模块右侧部分的小图标和按钮上的小箭头是通过引入字体图标实现的）和广告图片以及按钮部分大的 Logo 图。

图11-9　侧边栏效果展示

准备音频、视频素材，本案例提供下载好的音视频素材文件。在 chapter11 文件夹内新建 audio 文件夹和 video 文件夹，分别用于存放音频和视频文件。

（3）搭建结构

准备工作完成后，接下来开始搭建网页头部、导航及视频内容部分的结构。打开 index.html 文件，在 index.html 文件内书写头部、导航及视频内容部分的 HTML 结构代码。具体代码如下：

```
 1 <!doctype html>
 2 <html lang="en">
 3 <head>
 4 <meta charset="UTF-8">
 5 <title>Document</title>
 6 </head>
 7 <body>
 8 <!-- videobox begin -->
 9 <div class="videobox">
10   <header>
11      <div class="con">
12         <section class="left"></section>
13         <section class="right">
14            <a href="#">登录</a>
15            <a href="#">注册</a>
16         </section>
17      </div>
18   </header>
19   <nav>
20      <ul>
21         <li class="left">
22            <a class="one" href="#">
23               <img src="images/sanxian.png" alt="">
```

```
24              <span>选项</span>
25              <img src="images/sanjiao.png" alt="">
26           </a>
27           <aside>
28              <span></span>
29              <ol class="zuo">
30                 <li class="con">护肤</li>
31                 <li>>洁面</li>
32                 <li>>爽肤水</li>
33                 <li>>精华</li>
34                 <li>>乳液</li>
35                 <li class="con">彩妆</li>
36                 <li>>BB霜</li>
37                 <li>>卸妆</li>
38                 <li>>粉底液</li>
39                 <li class="con">香氛</li>
40                 <li>>女士香水</li>
41                 <li>>男士香水</li>
42                 <li>>中性香水</li>
43              </ol>
44              <ol class="you">
45                 <li class="con">男士专区</li>
46                 <li>>爽肤水</li>
47                 <li>>洁面</li>
48                 <li>>面霜</li>
49                 <li>>精华</li>
50                 <li class="con">热门搜索</li>
51                 <li>>洗面奶</li>
52                 <li>>去黑头</li>
53                 <li>>隔离</li>
54                 <li>>面膜</li>
55              </ol>
56              <img src="images/tu1.jpg" alt="">
57           </aside>
58        </li>
59        <li class="center">
60           <form>
61           <input type="text" value="请输入商品名称、品牌或编号">
62           </form>
63        </li>
64        <li class="right">
65           <a href="#"></a>
66           <a href="#"></a>
67           <a href="#"></a>
68           <a href="#"></a>
```

```
69            </li>
70         </ul>
71     </nav>
72     <video    src="video/home_loop_720p.mp4"    autoplay="true"    loop=
"true" ></video>
73     <audio src="audio/home.ogg" autoplay="true" loop="true"></audio>
74     <div class="pic">
75         <p>Select the right resolution for your PC and dive in! （请为您的电
脑选择正确的分辨率）</p>
76         <ul>
77             <li class="one"><span></span>STANDARD标准</li>
78             <li class="two"><span></span>HD高清</li>
79         </ul>
80     </div>
81  </div>
82  <!-- videobox end -->
83  </body>
84  </html>
```

在上面的代码中，通过 section 元素定义头部的左右两部分内容，第 27~57 行代码用来定义导航栏左侧的侧边栏，第 64~69 行代码为添加导航栏右侧的文字小图标搭建结构。第 72 行和第 73 行代码分别用来为网页添加视频与音频效果，通过 autoplay 属性和 loop 属性设置音视频在页面完成加载后自动播放且循环播放。第 76~79 行代码用来添加两个视频切换按钮，按钮上的文字小图标由<span>标签定义。

运行代码，头部、导航以及视频的 HTML 结构效果如图 11-10 所示。

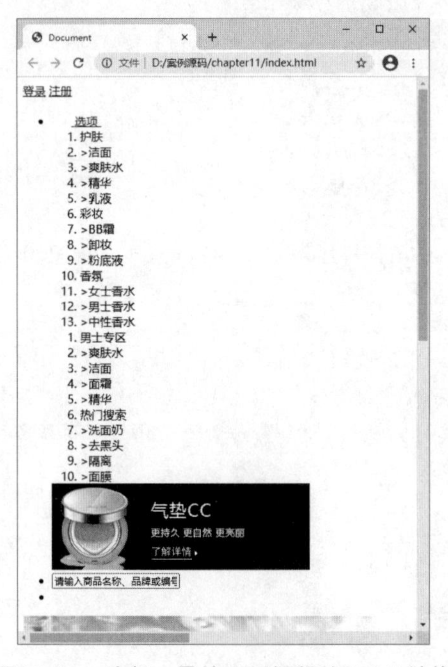

图11-10　头部、导航以及视频的HTML结构

（4）控制样式

在图 11-10 中可以看出头部、导航和视频内容的结构已搭建完成，接下来在样式表 index.css 中书写对应的 CSS 样式代码。具体代码如下：

```
1 /* videobox */
2 .videobox{width:100%;height:680px;overflow: hidden;position: relative;}
3 .videobox video{width:100%;min-width: 1280px; position: absolute;
top:50%;left:50%;transform:translate(-50%,-50%);}
4 .videobox header{width:100%;height:40px;background: #333;z-index: 999;
position: absolute;}
5 .videobox header .con{width:1030px;height:40px;margin:0 auto;}
6 .videobox
header .left{width:75px;height:20px;background:url(../images/logo.png) 0 0
no-repeat;margin-top: 10px;float: left;}
7 .videobox header .right{margin-top: 10px;float: right;}
8 .videobox header .right a{margin-right: 10px;}
9.videobox nav{width:100%;height:90px;background: rgba(0,0,0,0.2);z-index:
1000;position: absolute;top:40px;border-bottom: 1px solid #fff;}
10 .videobox nav ul{width:1030px;height:90px;margin:0 auto;position:
relative;}
11 .videobox nav ul li{float: left;margin-right: 19%;}
12 .videobox nav ul .left a{display: block;height:90px;line-height:
90px;font-size: 20px;color:#fff;}
13 .videobox nav ul .left a img{vertical-align: middle;}
14 .videobox nav ul .left a span{margin:0 10px;}
15 .videobox aside{display: none;width:380px;height:560px;background:
rgba(0,0,0,0.3);position: absolute;left:0;top:90px;color:#fff;}
16 .videobox nav ul .left:hover aside{display: block;}
17 .videobox aside
span{width:20px;height:14px;background:url(../images/liebiao.png) 0 0 no-
repeat;position: absolute;left:50px;top:0;}
18 .videobox aside ol{width:155px;float: left;}
19 .videobox aside ol li{width:155px;height:25px;line-height: 25px;cursor:
pointer;font-family: "宋体";}
20 .videobox aside ol li.con{font-size: 16px;text-indent: 0;font-family: "
微软雅黑";padding: 10px 0;}
21 .videobox aside ol li:hover{color:#fff;}
22 .videobox aside .zuo{margin:35px 0 0 68px;}
23 .videobox aside .you{margin-top: 35px;}
24 .videobox aside img{margin:10px 0 0 13px;}
25 .videobox nav ul .center{margin-top: 32px;}
26 .videobox nav ul .center input{width:240px;height:30px;border:1px solid
#fff;border-radius: 15px; color:#fff;line-height: 32px;background:
```

```
rgba(0,0,0,0);padding-left:
30px;box-sizing:border-box;background:url(../images/search.png) no-repeat 3px
3px;}
    27 .videobox nav ul .right{margin-top: 32px;width:280px;height:32px;
margin-right:0; text-align: center;line-height: 32px;font-size: 16px;}
    28 .videobox nav ul .right a{display: inline-block;width:32px;height:
32px;color:#fff;box-shadow: 0 0 0 1px #fff inset;transition:box-shadow 0.3s ease
0s; border-radius: 16px; margin-left: 30px;}
    29 .videobox nav ul .right a:hover{box-shadow: 0 0 0 16px #fff inset;
color:#C1DCC5;}
    30 .videobox .pic{width:570px;height:210px;position: absolute;left:50%;
top:50%;transform:translate(-50%,-50%);background: url(../images/wenzi.png)
no-repeat;text-align: center;}
    31 .videobox .pic p{margin-top: 240px;color:#4c8174;}
    32 .videobox .pic ul{position: absolute;color:#999;}
    33 .videobox .pic ul li{width:180px;height:56px;border-radius:
28px;background: #fff;text-align: left;}
    34 .videobox .pic ul .one{line-height: 56px;position: absolute;left:
-1920px;top:40px;opacity: 0;transition:all 2s ease-in 0s;}
    35 .videobox .pic ul .two{line-height: 56px;position: absolute;left:
1920px;top:40px;opacity: 0;transition:all 2s ease-in 0s;}
    36 body:hover .videobox .pic ul .one{position: absolute;left:100px; top:
40px;opacity:0.8;}
    37 body:hover .videobox .pic ul .two{position: absolute;left:300px; top:
40px;opacity:0.8;}
    38 .videobox .pic ul .one span,.videobox .pic ul .two span{float:
left;width:40px;height: 40px;text-align: center;line-height: 40px;border-
radius: 20px;margin:8px 10px 0 10px;box-shadow: 0 0 0 1px #90c197 inset;
transition:box-shadow 0.3s ease 0s;font-weight: bold;color:#90c197;}
    39 .videobox .pic ul .two span{margin:8px 30px 0 10px;}
    40 .videobox .pic ul .one:hover span,.videobox .pic ul .two:hover span{box-
shadow: 0 0 0 20px #90c197 inset;color:#fff;}
    41 /* videobox */
```

在上面的 CSS 代码中，第 3 行代码将存放视频的盒子相对于最外层大盒子做绝对定位用于定义视频在屏幕中水平垂直居中显示。第 28、29 行代码用于设置导航栏右侧四个文字图标小按钮，当光标移上移下时边框的过渡样式。第 34~37 行代码，先将两个视频按钮定位在屏幕以外，当光标移动到文档的主题内容部分时，将两个按钮重新定位到 Logo 图片下方。

保存 index.css 样式文件，并在 index.html 静态文件中链入外部 CSS 样式文件，具体代码如下：

```
<link rel="stylesheet" type="text/css" href="css/index.css">
```

保存 index.html 文件，刷新页面，效果如图 11-11 所示。

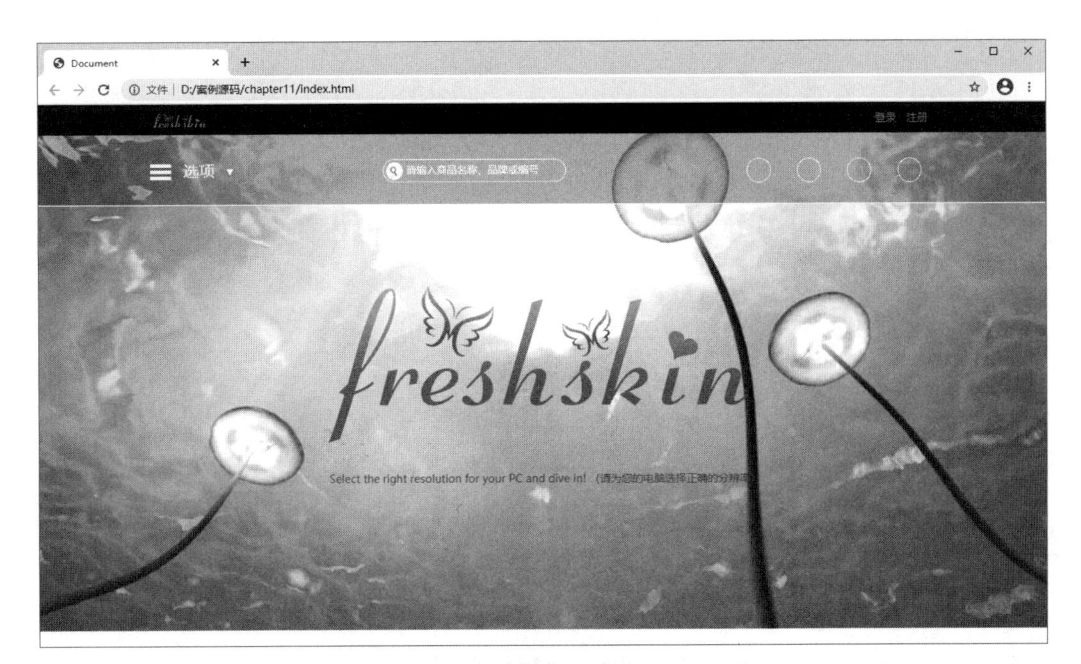

图11-11　头部、导航及视频内容效果1

当光标移动到页面上时，效果如图 11-12 所示。

图11-12　头部、导航及视频内容效果2

从图 11-12 中可以看出，两个视频按钮由屏幕以外移动到了屏幕中间位置。

当光标移动到两个视频按钮上时，效果如图 11-13 所示。

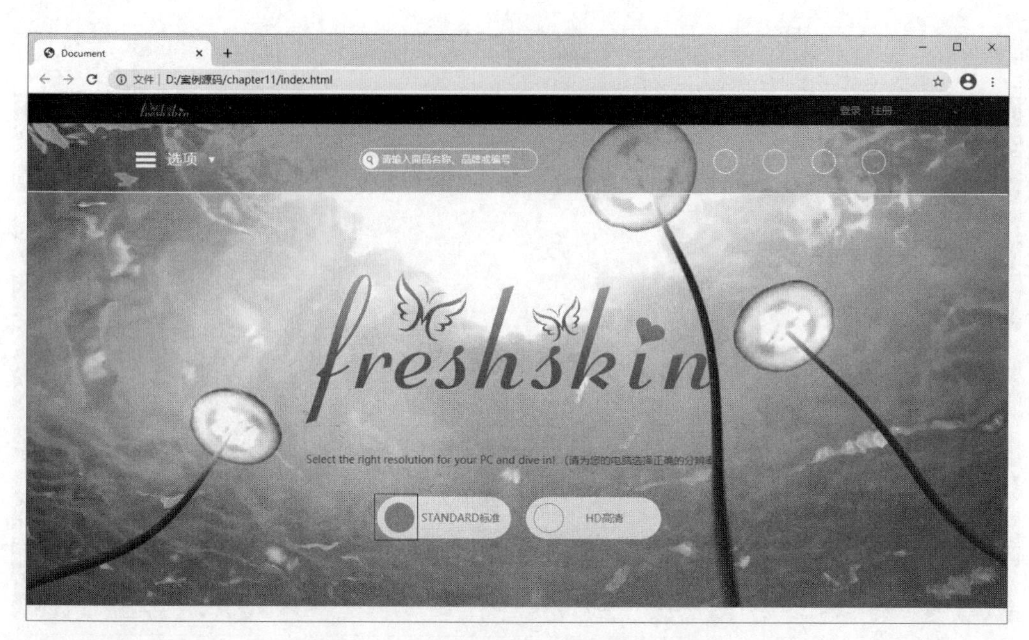

图11-13　头部、导航及视频内容效果3

当光标移动到导航栏左侧部分时，效果如图 11-14 所示。

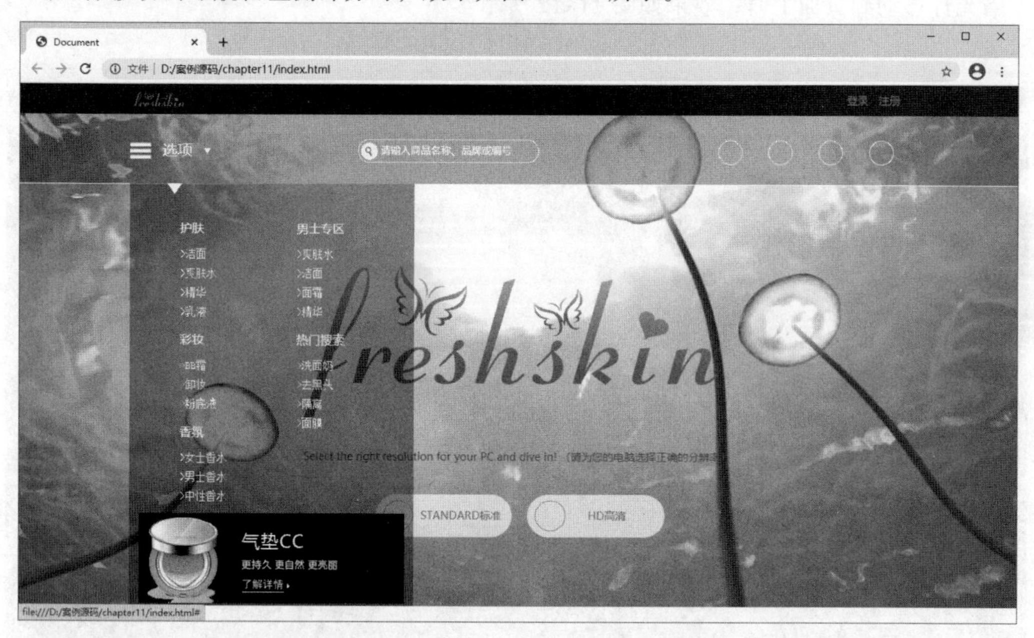

图11-14　头部、导航及视频内容效果4

当光标移动到导航栏右侧的文字小图标上时，效果如图 11-15 所示。

至此，头部、导航及视频内容部分的样式已基本定义完成，接下来通过引入@font-face 属性为导航栏右侧四个文字图标及两个视频按钮添加文字样式，具体步骤如下：

① 下载字体，在 index.html 所在的文件夹内新建 fonts 文件夹，用于存储所下载的字体文件。

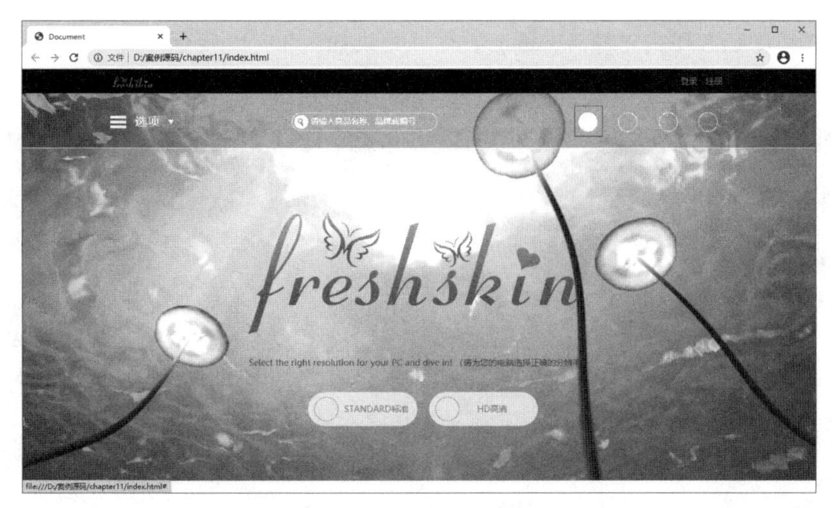

图11-15　头部、导航及视频内容效果5

② 在 CSS 样式文件夹内定义@font-face 属性。具体代码如下：

```
@font-face {font-family: 'freshskin';src:url('../fonts/iconfont.ttf');}
```

③ 为 CSS 样式中第 27 行和第 38 行添加如下代码：

```
font-family: "freshskin";
```

由于本案例引入的是图片文字，在所下载的字体库中，每一个图片对应有一个编号，将此编号写入结构中即可实现最终的图片文字效果。打开所下载的字体库中的 HTML 文件，如图 11-16 所示。

图11-16　字体库中的HTML文件

在图 11-16 中，方框标示的即为图片编码。

④ 在 HTML 结构中插入字体编号。

修改 HTML 文件中第 66 ~ 69 行代码，具体如下：

```
<a href="#">&#xe65e;</a>
<a href="#">&#xe608;</a>
<a href="#">&#xf012a;</a>
<a href="#">&#xe68e;</a>
```

修改 html 文件中第 78 ~ 79 行代码，具体如下：

```
<li class="one"><span>&#xe662;</span>STANDARD标准</li>
<li class="two"><span>&#xe662;</span>HD高清</li>
```

保存 HTML 及 CSS 样式文件后，刷新页面，效果如图 11-17 所示。

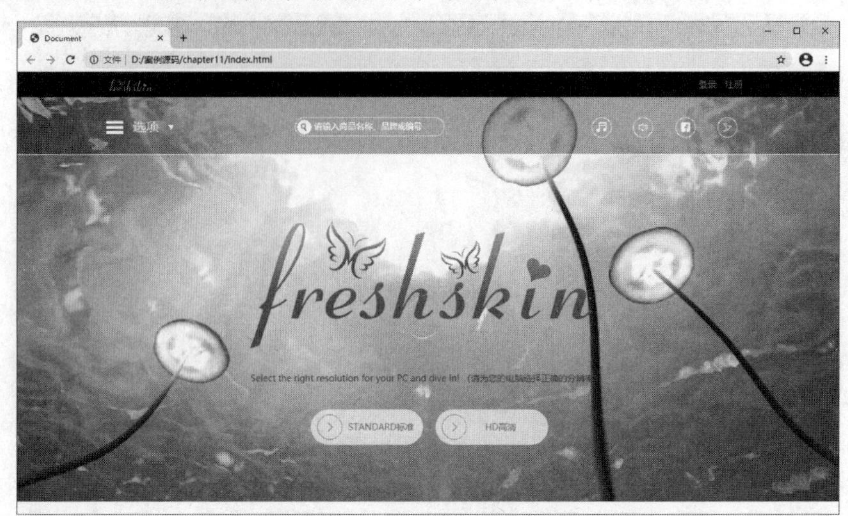

图11-17　添加图片字体效果展示

当光标移到导航栏右侧的小图标和视频按钮时效果如图 11-18 和图 11-19 所示。

图11-18　光标悬浮时小图标字体效果展示

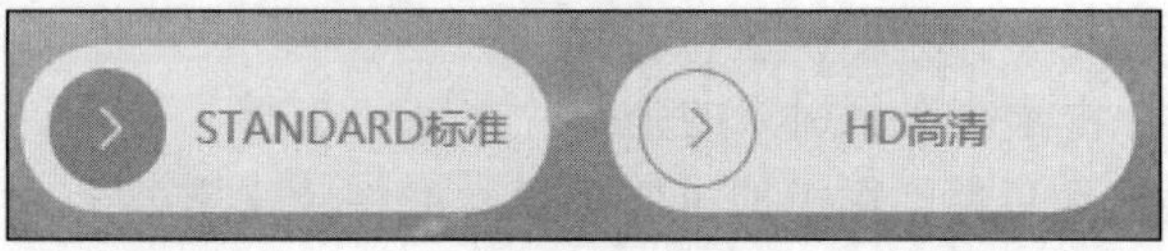

图11-19　光标悬浮时视频按钮字体效果展示

2. 制作内容部分（新品）

（1）分析效果图

我们观察效果图 11-7，可以看出内容部分（新品）模块分为标题和产品两部分，具体结构如图 11-20 所示。

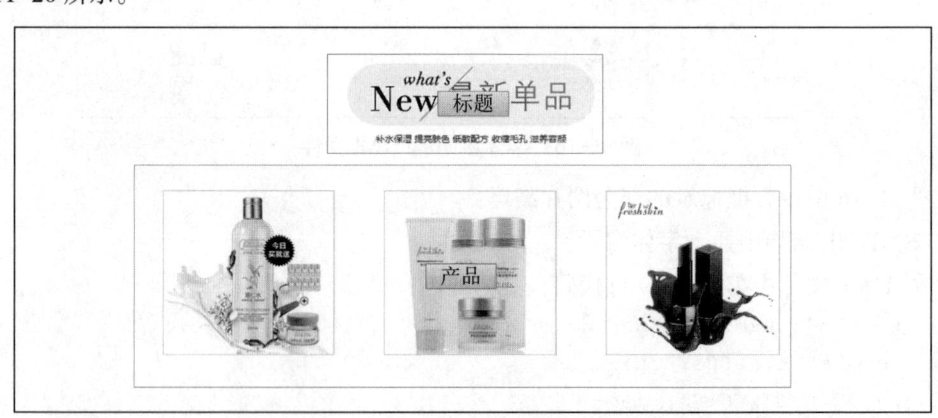

图11-20　内容部分（新品）结构图

当光标悬浮于产品部分的任何一款产品上时，会出现该产品的相关介绍，效果如图 11-21 所示。

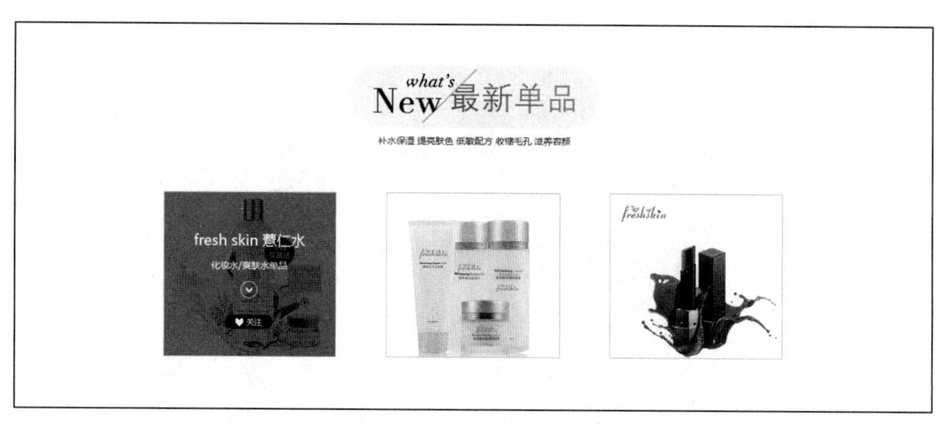

图11-21　光标悬浮于产品

（2）准备图片及音视频素材

准备各个模块所需的图片，包括标题图片、产品图片及产品介绍中的相关小图标。

（3）搭建结构

准备工作完成后，接下来开始搭建内容部分（新品）部分的结构。打开 index.html 文件，在 index.html 文件内书写内容部分（新品）部分的 HTML 结构代码，具体代码如下：

```
 1 <!-- new begin -->
 2 <div class="new">
 3    <header>
 4       <img src="images/new.jpg" alt="">
 5    </header>
 6    <p>补水保湿 提亮肤色 低敏配方 收缩毛孔 滋养容颜</p>
 7    <ul>
 8       <li>
 9          <hgroup>
10             <h2>fresh skin 薏仁水</h2>
11             <h2>化妆水/爽肤水单品</h2>
12             <h2></h2>
13             <h2></h2>
14          </hgroup>
15       </li>
16       <li>
17          <hgroup>
18             <h2>蜂蜜原液天然滋养</h2>
19             <h2>美白护肤套装</h2>
20             <h2></h2>
21             <h2></h2>
22          </hgroup>
23       </li>
24       <li>
```

```
25          <hgroup>
26              <h2>纯情诱惑一抹惊艳</h2>
27              <h2>告别暗淡唇</h2>
28              <h2></h2>
29              <h2></h2>
30          </hgroup>
31      </li>
32  </ul>
33 </div>
34 <!-- new end -->
```

在上面的代码中，header元素用于添加标题图片，无序列表ul用于定义产品部分，其中hgroup元素内为产品内容介绍。

运行代码，效果如图 11-22 所示。

图11-22　内容部分（新品）页面布局图

（4）控制样式

在图 11-22 中可以看出内容部分（新品）的结构已搭建完成，接下来在样式表 index.css 中书写对应的 CSS 样式代码。具体代码如下：

```
1 /* new */
2 .new{width:100%;height:530px;background: #fff;}
3 .new header{width:385px;height: 95px;background: #f7f7f7;border-radius: 48px;margin:70px auto 0;box-sizing:border-box;padding:2px 0 0 35px;}
4 .new p{margin-top: 10px;text-align: center;color: #db0067;}
5 .new ul{margin:70px auto 0;width: 960px;}
6 .new ul li{width:266px;height:250px;border:1px solid #ccc; background: url(../images/pic1.jpg)  0  0  no-repeat;float:  left;margin-right:8%;margin-bottom: 40px;position: relative;}
7 .new ul li:nth-child(2){background-image: url(../images/pic2.jpg);}
```

```
    8 .new ul li:nth-child(3){margin-right: 0;background-image: url(../images/
pic3.jpg);}
    9 .new ul li  hgroup{position:absolute;left:0;top:-250px; width:266px
height:250px;background: rgba(0,0,0,0.5);transition:all 0.5s ease-in 0s;}
    10 .new ul li:hover hgroup{position: absolute;left:0;top:0;}
    11 .new ul li hgroup h2:nth-child(1){font-size: 22px;text-align:
center;color:#fff;font-weight: normal;margin-top: 58px;}
    12 .new ul li hgroup h2:nth-child(2){font-size: 14px;text-align:
center;color:#fff;font-weight: normal;margin-top: 15px;}
    13 .new ul li hgroup h2:nth-child(3){width:26px;height: 26px;margin-left:
120px;margin-top: 15px;background:url(../images/jiantou.png) 0 0 no-repeat;}
    14 .new ul li hgroup h2:nth-child(4){width:75px;height: 22px;margin-left:
95px;margin-top: 25px;background:url(../images/anniu.png) 0 0 no-repeat;}
    15 /* new */
```

在上面的 CSS 代码中，第 3 行代码用于为标题设置背景，通过 border-radius 属性将背景设置为圆角矩形。第 6 行代码将存放产品图的盒子左浮动，且每一个盒子均设置相对定位。第 7、8 行代码用于设置中间和右边盒子所显示的产品图。第 9 行代码将产品介绍所在的盒子相对于产品图片所在的盒子做绝对定位，先定位到产品图以外。第 10 行代码用于设置当光标悬浮到某一款产品时，所对应的产品介绍盒子定位到与图片重叠的位置。

保存 index.css 样式文件，刷新页面，效果如图 11-23 所示。

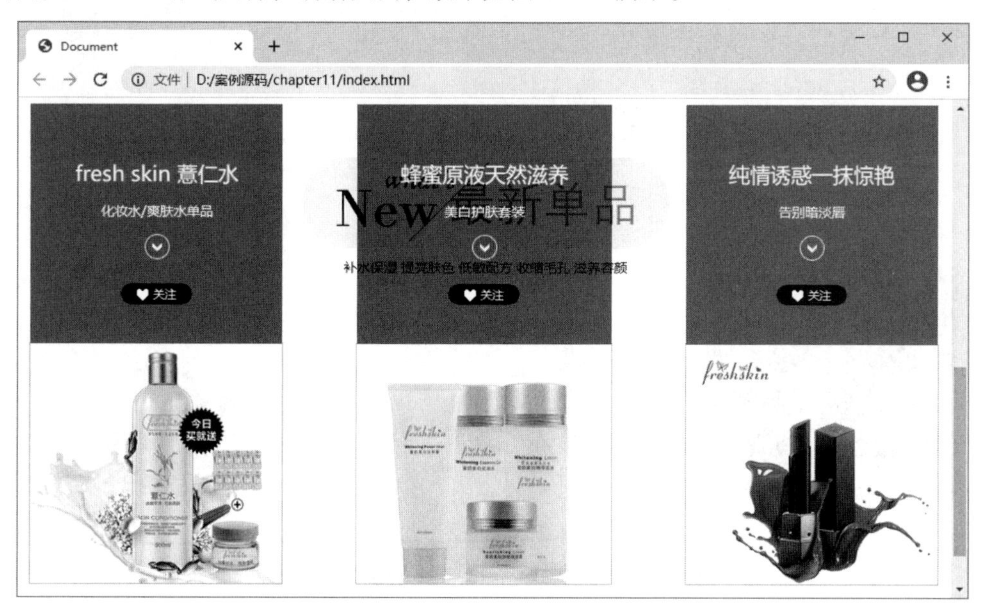

图11-23 内容部分（新品）效果图展示1

从图 11-23 中可以看出，有关产品介绍的三个盒子均定位到了产品图的上方，此时需为 CSS 样式中第 6 行代码添加如下代码，隐藏掉三个产品介绍相关的盒子。

```
overflow:hidden;
```

保存后刷新页面，效果如图 11-24 所示。

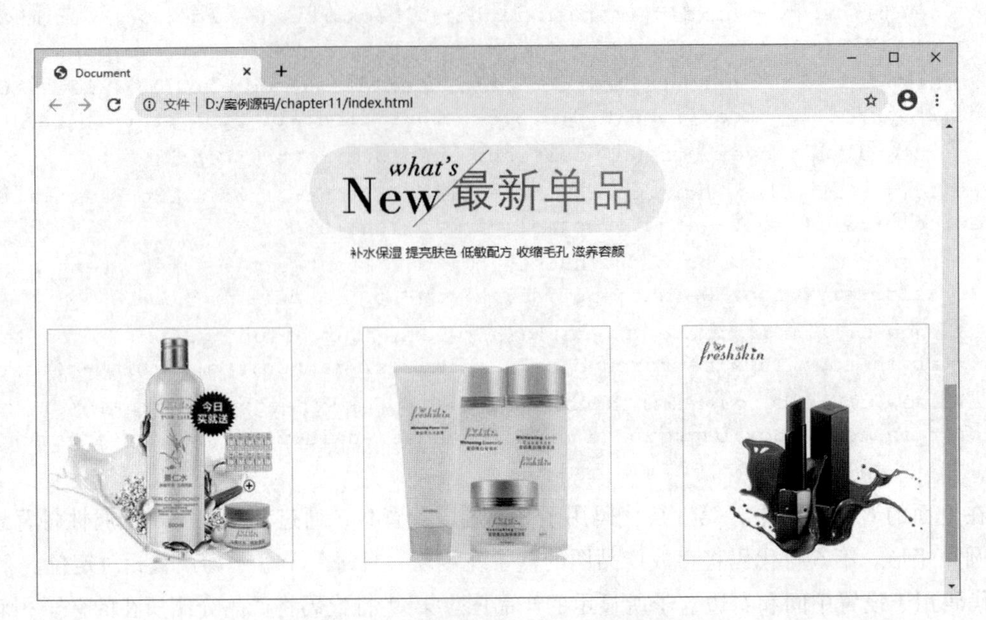

图11-24　内容部分（新品）效果图展示2

当光标悬浮于产品图片上时，效果如图 11-25 所示。

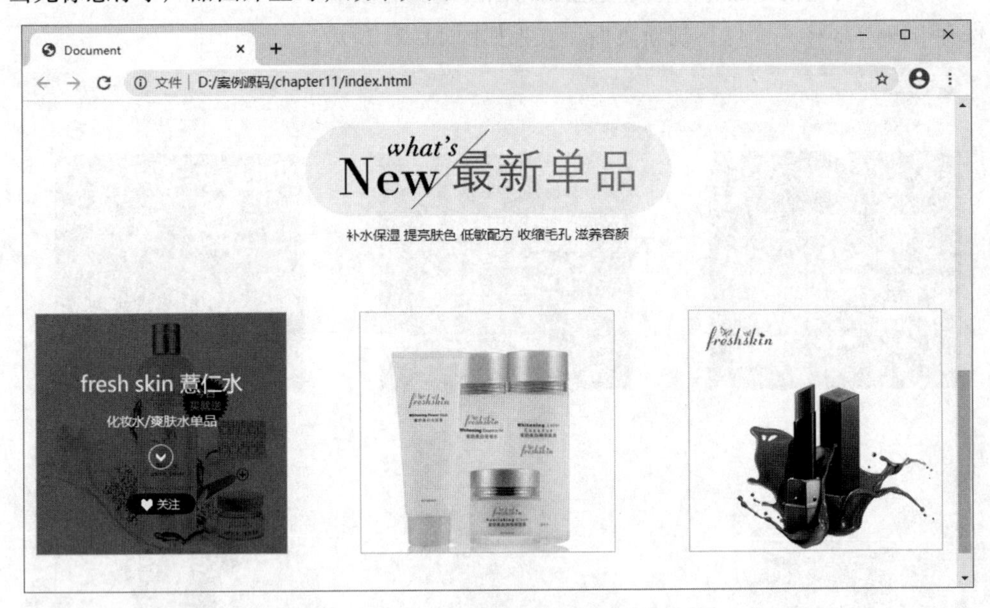

图11-25　内容部分（新品）效果图展示3

3. 制作内容部分（试装）

（1）分析效果图

我们仔细观察效果图 11-7，可以看出内容部分（试装）模块同样分为标题和产品两部分，具体结构如图 11-26 所示。

图11-26 内容部分（试装）结构图

当光标悬浮于产品部分的任何一款产品上时，会翻转出现该产品的相关介绍，翻转后的效果如图 11-27 所示。

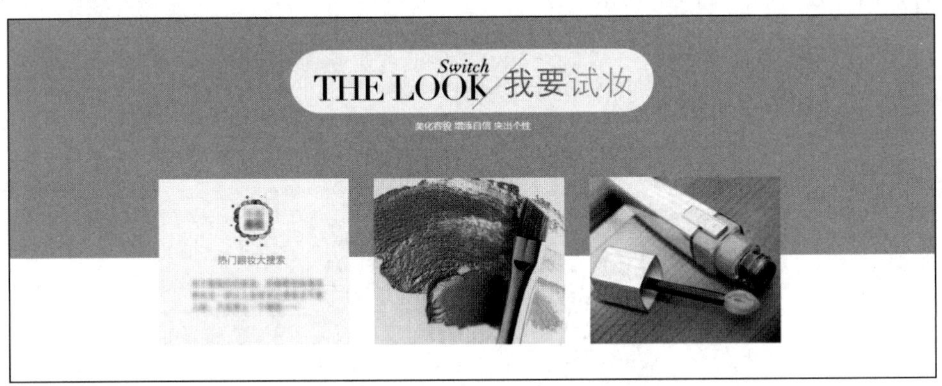

图11-27 产品介绍翻转后的效果

（2）准备图片及音视频素材

准备各个模块所需的图片，包括标题图片、产品图片及产品介绍图。

（3）搭建结构

准备工作完成后，接下来开始搭建内容部分（新品）部分的结构。打开 index.html 文件，在 index.html 文件内书写内容部分（新品）部分的 HTML 结构代码。具体代码如下：

```
1 <!-- try begin-->
2 <div class="try">
3   <header>
4     <img src="images/shizhuang.jpg" alt="">
5   </header>
6   <p>美化容貌 增添自信 突出个性 </p>
7   <ul>
8     <li>
9       <img class="zheng" src="images/try1.jpg" alt="">
10      <img class="fan" src="images/try4.jpg" alt="">
11    </li>
12    <li>
```

```
13          <img class="zheng" src="images/try2.jpg" alt="">
14          <img class="fan" src="images/try5.jpg" alt="">
15       </li>
16       <li>
17          <img class="zheng" src="images/try3.jpg" alt="">
18          <img class="fan" src="images/try6.jpg" alt="">
19       </li>
20    </ul>
21 </div>
22 <!-- try end -->
```

在上面的代码中，header 元素用于添加标题图片，无序列表 ul 用于定义产品部分，且在 li 内存储两张图片：一张为产品图；另一张为产品介绍图。

运行代码，效果如图 11-28 所示。

图11-28　内容部分（试妆）页面布局图

（4）控制样式

在图 11-28 中可以看出内容部分（试妆）的结构已搭建完成，接下来在样式表 index.css 中书写对应的 CSS 样式代码。具体代码如下：

```
1 /* try */
2 .try{width:100%;height:312px;background: #83ba8b;padding-top: 70px;}
3 .try header{width:555px;height: 95px;background: #f7f7f7;border-radius:
48px;margin:0 auto;box-sizing:border-box;padding:7px 0 0 35px;}
4 .try p{margin-top: 10px;text-align: center;color: #fff;}
5 .try ul{margin:70px auto 0;width: 960px;}
```

```
    6 .try ul li{width:291px;height:251px;float: left;margin-right:4%;margin-bottom: 40px;position: relative;-webkit-perspective:230px;    }
    7 .try ul li:last-child{margin-right: 0;}
    8 .try  ul  li  img{position:  absolute;left:0;top:0;-webkit-backface-visibility:hidden;transition:all 0.5s ease-in 0s;}
    9 .try ul li img.fan{-webkit-transform:rotateX(-180deg);}
    10 .try ul li:hover img.fan{-webkit-transform:rotateX(0deg);}
    11  .try ul li:hover img.zheng{-webkit-transform:rotateX(180deg);}
    12 /*  try */
```

在上面的 CSS 代码中，第 3 行代码用于为标题设置背景，通过 border-radius 属性将背景设置为圆角矩形。第 6 行代码将存放产品图的盒子左浮动，且每一个盒子均设置相对定位，perspective 属性用于指定 3D 元素的透视效果，当为元素定义 perspective 属性时，其子元素会获得透视效果，而不是元素本身。第 8 行代码中的 backface-visibility 属性用于定义元素在不面对屏幕时是否可见。第 9 行代码将类名为 fan 的图片沿 X 轴反向旋转 180°。第 10~11 行代码设置了光标悬浮于存放图片的盒子上时，类名为 fan 的图片复位，类名为 zheng 的图片沿 X 轴旋转 180°。

保存 index.css 样式文件，刷新页面，效果如图 11-29 所示。

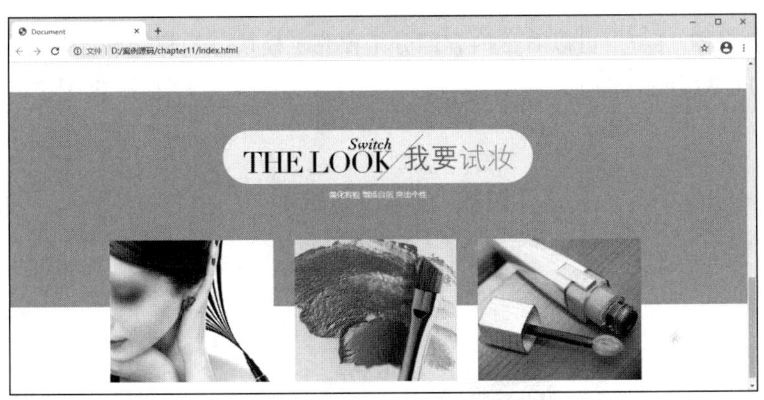

图11-29　内容部分（试妆）效果图展示1

当光标悬浮于第一张图片上时，变换过程中效果如图 11-30 所示。

图11-30　内容部分（试妆）效果图展示2

变换后的最终效果如图 11–31 所示。

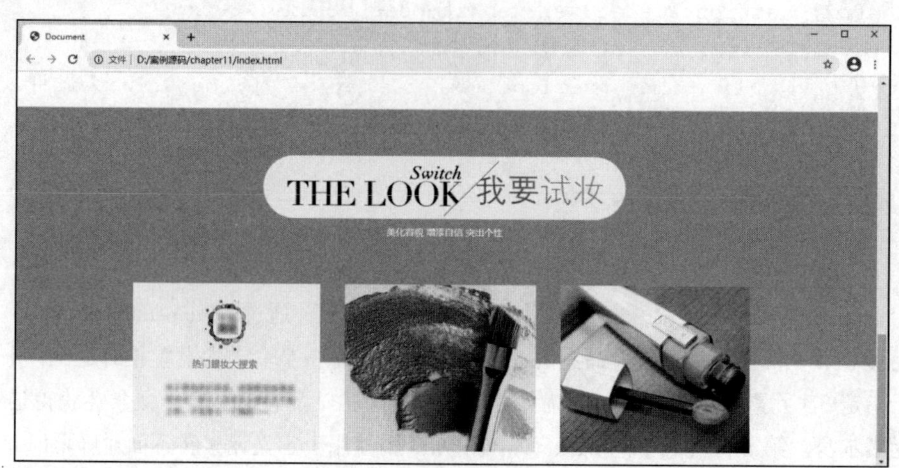

图11–31　内容部分（试妆）效果图展示3

4．制作内容部分（评测）

（1）分析效果图

仔细观察效果图 11–7，可以看出内容部分（评测）模块分为标题和评测公司 Logo 两部分，具体结构如图 11–32 所示。

图11–32　内容部分（评测）结构图

当光标悬浮于任意评测公司的 Logo 上时，Logo 会发生变化。例如，光标悬浮于第一个 Logo 上时，将会有另一张图片替换掉当前的 Logo 图片，效果如图 11–33 所示。

（2）准备图片及音视频素材

准备各个模块所需的图片，包括标题图片及评测公司 Logo 图。

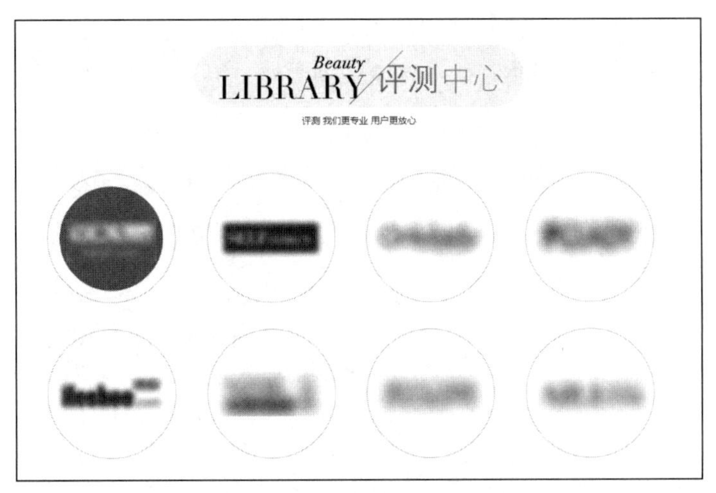

图11-33 Logo替换效果展示

（3）搭建结构

准备工作完成后，接下来开始搭建内容部分（评测）部分的结构。打开 index.html 文件，在 index.html 文件内书写内容部分（评测）部分的 HTML 结构代码。具体代码如下：

```
1 <!-- text begin -->
2 <div class="text">
3     <header>
4         <img src="images/cp.jpg" alt="">
5     </header>
6     <p>评测 我们更专业 用户更放心</p>
7     <ul>
8         <li>
9             <img  class="tu" src="images/cp1.jpg" alt="">
10            <img class="tihuan" src="images/th1.png" alt="">
11        </li>
12        <li>
13            <img class="tu" src="images/cp2.jpg" alt="">
14            <img class="tihuan" src="images/th2.png" alt="">
15        </li>
16        <li>
17            <img class="tu" src="images/cp3.jpg" alt="">
18            <img class="tihuan" src="images/th3.png" alt="">
19        </li>
20        <li>
21            <img class="tu" src="images/cp4.jpg" alt="">
22            <img class="tihuan" src="images/th4.png" alt="">
23        </li>
24        <li>
```

```
25          <img class="tu" src="images/cp5.jpg" alt="">
26          <img class="tihuan" src="images/th5.png" alt="">
27       </li>
28       <li>
29          <img class="tu" src="images/cp6.jpg" alt="">
30          <img class="tihuan" src="images/th6.png" alt="">
31       </li>
32       <li>
33          <img class="tu" src="images/cp7.jpg" alt="">
34          <img class="tihuan" src="images/th7.png" alt="">
35       </li>
36       <li>
37          <img class="tu" src="images/cp8.jpg" alt="">
38          <img class="tihuan" src="images/th8.png" alt="">
39       </li>
40    </ul>
41 </div>
42 <!-- text end -->
```

在上面的代码中，<header>标签用于添加标题图片，<ul>标签用于定义公司 Logo 部分。每个<li>标签内存储两张图片：第一张为页面加载完成时所显示的图片；第二张为光标悬浮时变换到的图片。

运行代码，效果如图 11-34 所示。

图11-34 内容部分（评测）页面布局图

（4）控制样式

在图 11-34 中可以看出内容部分（评测）的结构已搭建完成，接下来在样式表 index.css 中书写对应的 CSS 样式代码。具体代码如下：

```
1 /* text */
2 .text{width:100%;height:700px;background: #fff;}
3 .text header{width:508px;height: 95px;background: #f7f7f7;border-radius: 48px;margin:220px auto 0;box-sizing:border-box;padding:7px 0 0 35px;}
4 .text p{margin-top: 10px;text-align: center;color: #db0067;}
5 .text ul{margin:70px auto 0;width: 960px;}
6 .text ul li{width:195px;height:195px;border:1px solid #ccc;border-radius: 50%;float: left;margin-right:5%;margin-bottom: 40px;position: relative;}
7 .text ul li img{position: absolute;top:50%;left:50%;transform: translate(-50%,-50%);}
8 .text ul li:nth-child(4),.text ul li:nth-child(8){margin-right:0;}
9 .text ul li .tihuan{opacity: 0;transition:all 0.4s ease-in 0.2s; }
10 .text ul li:hover .tihuan{opacity: 1;transform:translate(-50%,-50%) scale(0.75); }
11 .text ul li .tu{transition:all 0.4s ease-in 0s;}
12 .text ul li:hover .tu{opacity: 0;transform:translate(-50%,-50%) scale(0.5);}
13 /* text */
```

在上面的 CSS 代码中，第 3 行代码用于为标题设置背景，通过 border-radius 属性将背景设置为圆角矩形。第 6 行代码将存放 Logo 图片的盒子左浮动，且每一个盒子均设置相对定位。第 7 行代码将所有的图片在 li 内水平垂直居中显示。第 9、10 行代码将用于替换的图片不透明度设置为 0，使加载页面完成时处于隐藏状态。当光标悬浮于 li 盒子上时，li 盒子不透明度变为 1，且大小变为原图的 0.75 倍。第 12 行代码用于设置当光标悬浮于 li 盒子上时，将变换前的 Logo 图片大小调整为原来的一半，不透明度设置为 0。

保存 index.css 样式文件，刷新页面，效果如图 11-35 所示。

图11-35　内容部分（评测）效果图展示1

当光标悬浮于任何评测公司的 Logo 图片上时，Logo 图片会发生变化。例如，悬浮于第一个 Logo 图片上时效果如图 11-36 所示。

图11-36　内容部分（评测）效果图展示2

5. 注册信息和版权信息部分

（1）分析效果图

仔细观察效果图 11-7，可以看出信息注册模块分为 Logo 和用户信息两部分，版权信息独立作为一部分，具体结构如图 11-37 所示。

图11-37　脚部和版权信息模块分析图

（2）准备图片及音视频素材

准备各个模块所需的图片，包括 Logo 图片和注册按钮图片。

（3）搭建结构

准备工作完成后，接下来开始搭建脚部和版权信息部分的结构。打开 index.html 文件，在 index.html 文件内书写脚部和版权信息部分的 HTML 结构代码，具体代码如下：

```
1 <!-- footer begin -->
2 <footer>
3    <div class="logo"></div>
4    <div class="message">
```

```
5        <form>
6            <ul class="left">
7                <li>
8                    <p><label for="">姓名：</label></p>
9                    <input type="text">
10               </li>
11               <li>
12                   <p>邮箱：</p>
13                   <input type="email">
14               </li>
15               <li>
16                   <p>电话：</p>
17                   <input type="tel" pattern="^\d{11}$" title="请输入11位数字">
18               </li>
19               <li>
20                   <p>密码：</p>
21                   <input type="password">
22               </li>
23               <li>
24                   <input class="but" type="submit" value="">
25               </li>
26           </ul>
27           <div class="right">
28               <p>留言：</p>
29               <textarea></textarea>
30           </div>
31       </form>
32   </div>
33 </footer>
34 <!-- footer end -->
35 <!-- banquan begin -->
36 <div class="banquan">
37   <a href="#">fresh skin 美肤科技有限公司</a>
38 </div>
39 <!-- banquan end -->
```

在上面的代码中，类名为 logo 的 div 元素用于添加 logo 图片，将用户信息分为左右两部分，左边通过无序列表 ul 用于搭建用户注册信息结构，内部嵌套 input 表单控件，根据表单控件所输入的内容的不同分别设置相对应的 type 值，右边的留言框通过文本域 textarea 定义。最后的版权信息部分通过类名为 banquan 的 div 定义。

运行代码，效果如图 11-38 所示。

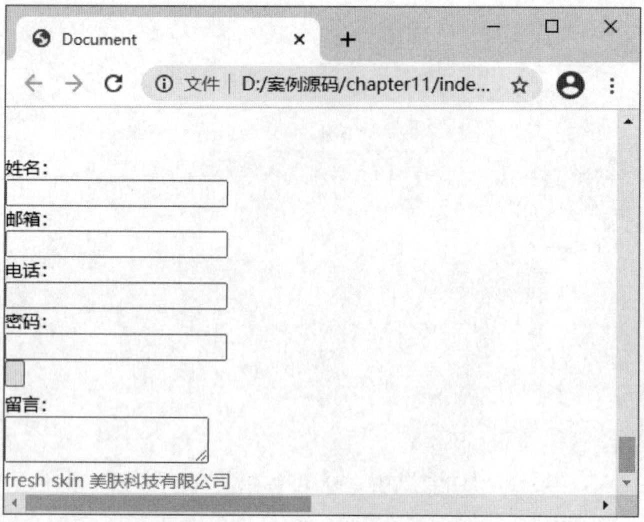

图11-38 脚部和版权信息部分页面布局图

（4）控制样式

在图 11-38 中可以看出脚部和版权信息部分的结构已搭建完成，接下来在样式表 index.css 中书写对应的 CSS 样式代码。具体如下：

```
1 /* footer */
2 footer{width:100%;height:400px;background: #545861;border-bottom: 1px solid #fff;}
3 footer .logo{width:1000px;height:100px;margin:0 auto;background: url(../images/logo1.jpg) no-repeat center center;border-bottom: 1px solid #8c9299;}
4 footer .message{width:1000px;margin:20px auto 0;color:#fffada;}
5 footer .message .left{width:525px;float: left;padding-left: 30px;box-sizing:border-box;}
6 footer .message .left li{float: left;margin-right: 30px;}
7footer .message .left li input{width:215px;height:32px;border-radius: 5px;margin:10px 0 15px 0;padding-left: 10px;box-sizing:border-box;border: none;}
8 footer .message .left li:last-child input{width:120px;height:39px;padding-left: 0;border:none;background: url(../images/but.jpg) no-repeat;}
9 footer .message .right{float: left;}
10 footer .message .right p{margin-bottom: 10px;}
11 footer .message .right textarea{width:400px;height:172px; padding:10px;box-sizing:border-box;resize:none;}
12 /* footer */
13 /* banquan */
14 .banquan{width:100%;height:60px;background: #333333;text-align: center;}
15 .banquan a{line-height: 60px;}
16 /* banquan */
```

在上面的代码中，第 3 行代码用于插入 Logo 图片，并且设置其水平垂直居中显示。第 5、9 行代码分别设置用户信息部分左右两侧的盒子左浮动和右浮动。第 8 行代码用于为“用户注册”

按钮添加背景图片并设置相关样式。第 11 行代码中的 resize 属性用于固定留言框的大小，使其不被调整。

保存 index.css 样式文件，刷新页面，效果如图 11-39 所示。

图11-39　脚部和版权信息部分效果图展示1

当在邮箱文本输入框中输入一个不符合 E-mail 邮件地址的格式时，例如，输入“12345”，单击“提交”按钮，效果如图 11-40 所示。

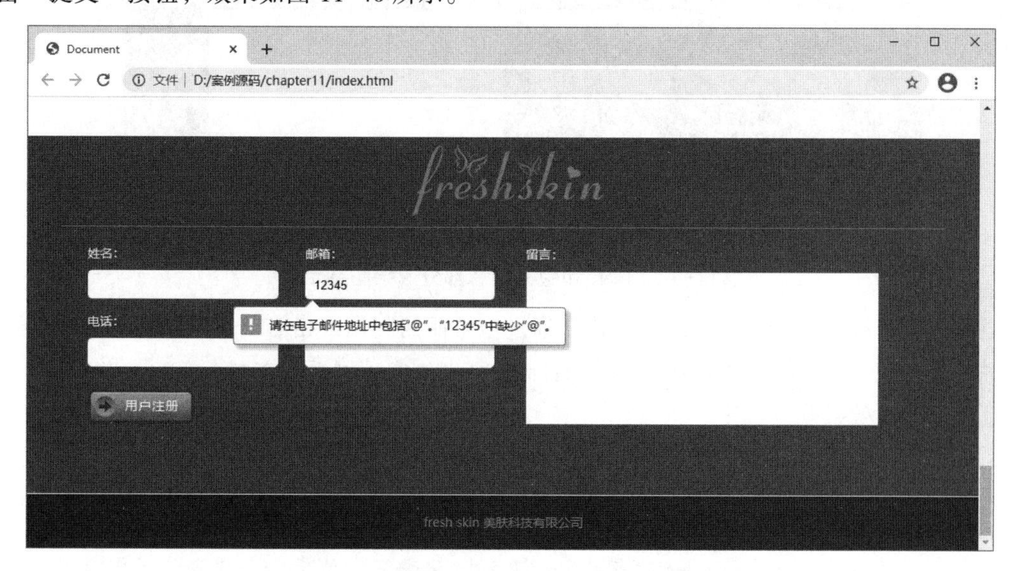

图11-40　脚部和版权信息部分效果图展示2

从图 11-40 中可以看出，邮箱输入框得到了验证。

当在电话文本输入框中输入一个不符合移动电话号码的格式时，例如，输入“6666”，单击“提交”按钮，效果如图 11-41 所示。

图11-41　脚部和版权信息部分效果图展示3

从图 11-41 中可以看出，电话文本输入框得到了验证。

当在密码框中输入文字或字母时，其内容将以圆点的形式显示，效果如图 11-42 所示。

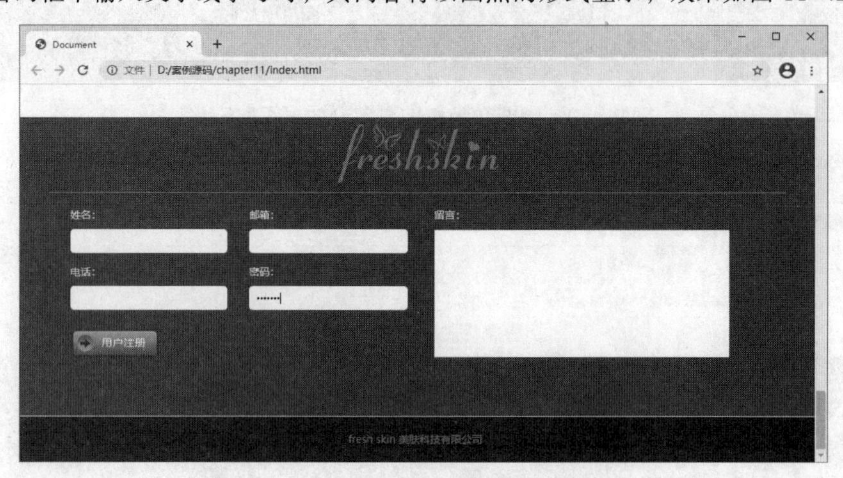

图11-42　脚部和版权信息部分效果图展示4

至此，电商网站首页面已经制作完成。通过本页面的制作，相信读者已经能够对网页制作有了进一步的理解和把握，能够熟练运用 HTML5+CSS3 实现网页的布局及美化，并运用 CSS3 为网页添加动态效果。

小结

本章首先介绍了 Dreamweaver 站点的创建和初始化设置，然后分步骤分析了电商网站首页面的制作思路及流程，最后运用 HTML 和 CSS 完成了页面的制作。

通过本章的学习，读者能够进一步熟悉 HTML 和 CSS 的相知识，并熟练运用 Dreamweaver 工具完成网页项目代码的编辑工作。